理 论 篇 / 操 作 篇 / 应 用 篇

青少年同伴关系研究
中介与调节效应

祁乐瑛 著

中国广播影视出版社

图书在版编目（CIP）数据

青少年同伴关系研究：中介与调节效应/祁乐瑛著. -- 北京：中国广播影视出版社，2022.12
ISBN 978-7-5043-8962-6

Ⅰ.①青… Ⅱ.①祁… Ⅲ.①青少年心理学 Ⅳ.① B844.2

中国版本图书馆 CIP 数据核字（2022）第 256168 号

青少年同伴关系研究：中介与调节效应
祁乐瑛　著

责任编辑	杨　凡
封面设计	文人雅士
责任校对	龚　晨

出版发行	中国广播影视出版社
电　　话	010-86093580　010-86093583
社　　址	北京市西城区真武庙二条 9 号
邮　　编	100045
网　　址	www.crtp.com.cn
电子邮箱	crtp8@sina.com

经　　销	全国各地新华书店
印　　刷	廊坊市海涛印刷有限公司

开　　本	710 毫米 ×1000 毫米　1/16
字　　数	262（千）字
印　　张	16.5
版　　次	2023 年 1 月第 1 版　2023 年 1 月第 1 次印刷

书　　号	ISBN 978-7-5043-8962-6
定　　价	78.00 元

（版权所有　翻印必究·印装有误　负责调换）

目　录

理论篇

第一章　回归分析的基本理论 ……………………………………… 3
　　第一节　回归分析…………………………………………………… 3
　　第二节　心理学中的回归分析……………………………………… 5

第二章　中介效应的基本理论 ………………………………………… 13
　　第一节　中介效应…………………………………………………… 13
　　第二节　心理学中的中介效应……………………………………… 14

第三章　调节效应的基本理论 ………………………………………… 23
　　第一节　调节效应…………………………………………………… 23
　　第二节　心理学中的调节效应……………………………………… 26

操作篇

第四章　回归分析的操作 ……………………………………………… 35
　　第一节　回归分析模型的基本结构………………………………… 35

第二节　多变量回归模型实例……………………………………… 40
　　第三节　线性回归模型衍生方法——曲线拟合…………………… 43
　　第四节　线性回归模型衍生方法——加权最小二乘法（WLS）…… 46
　　第五节　线性回归模型衍生方法——最优尺度回归……………… 49

第五章　中介效应的操作………………………………………………… 59
　　第一节　利用SPSS逐步回归的算法……………………………… 59
　　第二节　利用SPSS的process插件的算法……………………… 68

第六章　调节效应的操作………………………………………………… 73
　　第一节　利用SPSS分层回归的算法……………………………… 73
　　第二节　利用SPSS的process插件的算法……………………… 94

应用篇

第七章　回归分析的应用………………………………………………… 107
　　第一节　中职生同伴关系、情绪调节效能感与攻击行为的关系研究…… 107
　　第二节　文献综述…………………………………………………… 110
　　第三节　研究设计…………………………………………………… 124
　　第四节　研究结果…………………………………………………… 128
　　第五节　分析与讨论………………………………………………… 142
　　第六节　结论与建议………………………………………………… 154

第八章　中介效应的应用………………………………………………… 158
　　第一节　初中生校园欺凌、情绪调节自我效能感、
　　　　　　敌意归因偏向与愤怒沉浸的关系研究……………………… 158

目录

  第二节 文献综述………………………………………………… 162
  第三节 研究设计………………………………………………… 177
  第四节 研究结果………………………………………………… 181
  第五节 分析与讨论……………………………………………… 207
  第六节 结论与建议……………………………………………… 215

第九章 调节效应的应用……………………………………………… **217**
  第一节 内外向在初中生友谊质量对自我概念的调节作用……… 217
  第二节 文献综述………………………………………………… 218
  第三节 研究设计………………………………………………… 230
  第四节 研究结果………………………………………………… 233
  第五节 分析与讨论……………………………………………… 247
  第六节 结论与建议……………………………………………… 248

参考文献 ……………………………………………………………… **251**

后 记 …………………………………………………………… **258**

理 论 篇

同伴关系在个体个性发展、社会化发展过程中有着其他关系无法替代的作用。同伴关系是一种平行、平等的关系，除了能为儿童提供情感需要外，还是个体获得情感支持的一个重要来源。同伴关系的研究主要采用回归分析、中介效应和调节效应建立模型。

第一章 回归分析的基本理论

第一节 回归分析

回归分析是探讨变量间数量关系的一种常用的统计方法。通过建立变量间的数学模型对变量进行预测和控制。在进行回归分析之前，先要进行相关分析。回归分析是中介效应和调节效应的基础。在心理学研究中，特别是回归分析中，自变量（independent variable）和因变量（dependent variable）是两种常见的变量类型。除了这两种变量外，还有其他类型的变量，如中介变量（mediator）和调节变量（moderator），两种类型的变量在回归分析中所起的作用不同。当一个变量与自变量和因变量关系密切，这个变量有可能是中介变量，也有可能是调节变量，究竟是哪种变量，需要文献依据和统计检验。当一个变量与自变量或因变量关系不密切的时候，这个变量不可能是中介变量而只能是调节变量。理想的调节变量与自变量和因变量的相关都不大。一般来讲，M如果是中介变量，则M应与X、Y相关；M如果是调节变量，则M可与X、Y相关也可以不相关，以不相关为佳。有些变量很明显是不受自变量影响的，如性别、年龄、年级、民族等，自然不能成为中介变量，这种变量作为调节变量比较合适，也就是那些不容易受别的变量影响的变量，最好作为调节变量，不宜作为中介变量。[①]

一、相关分析与回归分析的联系与区别

相关分析一般用来简单地分析数据之间的相关性关系，研究的是连续性的数值变量或者量表的数据，只能分析出每两个变量之间的相关性关系。回归分析是通过大量的观测发现变量之间存在的统计规律性，并用一定的数学模型表示变量相关关系的方法。

[①] 心理学研习社. 心理学等研究领域中的中介与调节效应[EB/OL]. https://baijiahao.baidu.com/s?id=1661247544720926944&wfr=spider&for=pc, 2020-03-16.

一元线性回归是当只有一个自变量并且统计量大体呈一次函数的线性关系的回归分析。多元线性回归是有多个自变量的线性关系的回归分析。曲线回归是研究因变量与自变量之间的非线性关系，并从中查找到回归方程的一种技术。

相关分析与回归分析的区别是：相关分析是用相关系数来度量变量间的密切程度。相关分析是双向的，不强调哪个是自变量哪个是因变量；回归分析旨在用数学模型来表示变量之间数量关系的可能形式。回归分析是单向的，要找出一个变量随着另一个或多个变量的变化而变化的关系。

相关分析与回归分析的联系是从广义上而言，二者的共同起点是确定变量之间是否存在关系，另外在一元线性回归中相关系数等于两回归系数的几何平均数。

二、回归分析模型的基本结构

在一元线性回归中，我们用Y=a+bX作为回归方程代表X与Y之间的线性关系，其中：X表示自变量，Y表示对应于X的Y变量的估计值，a表示该直线在Y轴的截距，b表示该直线的斜率，即X变化时Y的变化率，表示X变化一个单位时，Y变化b个单位。又叫作Y对X的回归系数，用$b_{Y \cdot X}$表示。

线性关系的第一个假设是线性关系，回归方程Y=a+bX，假设X与Y在总体上具有线性关系，这是线性回归的最基本假设。第二个假设是正态分布，在回归分析中的Y服从正态分布。第三个假设是独立性假设，假设一个X对应的Y值与另一个X对应的Y值间独立，不同X产生的误差相互独立，误差与X间也相互独立。

三、回归模型的基本结构

在统计学中，回归分析是确定两种或两种以上变量间相互依赖的定量关系的一种统计分析方法。

按照所涉及变量的多少，分为一元回归和多元回归分析；按照因变量的多少，可分为简单回归分析和多重回归分析；按照自变量和因变量之间的关系类型，可分为线性回归和非线性回归分析；按照因变量是否连续可分为线性回归和逻辑回归。

回归分析建立模型的流程是：分析目的→确定变量→建立回归模型→回归方程检验→建立回归公式。回归分析的假设是：自变量之间不存在多重共线性（VIF小于5），残差服从正态分布（PP图），样本之间不存在序列相关（DW值在2左右）。

建立回归模型的方法有两种：一种是均数法，假设回归方程为Y=a+bX，将数据按照奇偶分成两组，然后分别带入回归方程，形成二元一次方程组后分别解出a和b。另一种是最小二乘法，原理是散点图中每一点沿着Y轴方向到直线的距离的平方和最小，即误差的平方和最小。

第二节　心理学中的回归分析

在统计学中，回归分析指的是确定两种或两种以上变量间相互依赖的定量关系的一种统计分析方法。有各种各样的回归技术用于预测，这些技术主要有三个度量：自变量的个数、因变量的类型以及回归线的形状。

在心理学文献中，大多学者根据研究目的与数据类型使用了简单线性回归（Linear Regression）、逻辑回归（Logistic Regression，当因变量的类型属于二元变量时）、多项式回归（Polynomial Regression）（如果自变量的指数大于1）、逐步回归（Stepwise Regression）（处理多个自变量时）、最优尺度回归（基于模型效果最优化的原则，首先对原始变量进行变换，将各变量转换为适当的、最佳的量化评分，然后使用量化评分代替原变量进行回归分析）。

杨斌芳等人（2021）调查了"全面二孩"背景下甘肃省育龄人口的生育意愿和心理影响因素。进行了生育意愿影响因素的二元Logistic逐步回归，将"生育意愿"作为因变量Y，自变量X为家庭价值观和生育价值观，其中家庭价值观有家庭责任和孩子责任两个因子，生育价值观有传统价值观、家庭价值观和情感价值观、生活和关系损失、个人能力限制与传统阻碍和担忧孩子的未来六个因子。最终得出，孩子责任、传统价值和情感价值是影响意愿生育孩子数量的有利因素。

张宛筑等人（2021）采用逐步回归分析法对大学生网络成瘾的影响因素进行分析。其中中文版网络成瘾量表得分为因变量，性别、年级、是否独生子女、父亲文化程度、母亲文化程度、上网历史、上网间隔时间、平均每次上网时间及EPQ的各维度为自变量。逐步回归分析结果显示，性别、E维度负向预测网络成瘾、是否独生子女、上网间隔时间、每次平均上网时间、N维度及P维度均正向预测网络成瘾，得出大学生的网络成瘾与人格特质具有密切关系。

闫洁等人（2021）探讨了北京市社区老年人认知功能及其与微信使用的关系。采用简易智力状态检查量表（MMSE）、言语流畅性测验（VFT）、数字广度倒背测验（DST）、数字符号转换测验（DSST）来评估认知功能。对认知功能相关因素进行多重回归分析，其中因变量为评估认知功能的四项测验得分，自变量为年龄、受教育年限和微信使用情况。多重回归分析结果显示，微信使用与总体认知、言语功能、执行控制、加工速度正向关联。得出结论：社区老年人认知功能存在差异，使用微信的老人可能有较高的认知功能。

徐向荣等人（2021）研究了船员自尊与死亡焦虑的关系，对船员死亡焦虑水平影响因素进行多元线性逐步回归分析，以死亡焦虑为因变量，年龄、健康状况和自尊水平为自变量。回归分析发现，船员的年龄、健康和自尊对其死亡焦虑水平存在预测作用。促进船员的身体健康，提升其自尊水平，将有助于缓解其死亡焦虑。

刘宇丹等人（2021）研究了5种儿童虐待经历与5种大学生健康危险行为之间的关系，使用Logistic回归进行多因素分析。以大学生的健康危险行为为因变量（有=1、无=0），具体有：吸烟、一次喝≥5瓶啤酒、打架斗殴、自杀意念、暴饮暴食；以各类儿童期虐待经历为自变量，具体有：躯体忽视、情感忽视、躯体虐待、情感虐待、性虐待。多因素Logistic回归分析显示，儿童期至少经历1种虐待与大学生打架斗殴、自杀意念及暴饮暴食行为呈正向关联；儿童期情感忽视与大学生吸烟、自杀意念行为呈正向关联；儿童期情感虐待与大学生打架斗殴、自杀意念及暴饮暴食行为呈正向关联；儿童期性虐待与大学生吸烟行为呈正向关联。结果说明儿童期虐待经历会增加大学生健康危险行为的发生风险。

刘影等（2021）为了解低龄儿童独生子女发展现状，探究哪些因素影响了独生子女的社会性发展。对独生子女社会性发展的多因素进行Logistic回归分析，以独生子女社会性评价各维度是否异常（0=否，1=是）为因变量，具体为：情绪症状、品行问题、同伴交往问题、亲社会行为；以单因素分析中有统计学意义的变量（性别、年级、主要抚养人和家庭社会经济地位）为自变量进行多因素Logistic回归分析。结果显示，家庭社会经济地位高的独生子女发生同伴交往问题的风险高。

杨少萌等人（2021）采用有序Logistic回归分析父母养育效能一致性与儿童社会性发展的关联。以性别、是否独生、父/母亲养育效能及其一致性为自变量，以情绪、品行行为、多动——注意力不能、同伴交往、困难和亲社会行为为因变量。结果显示，相较于男生，女生出现情绪异常的可能性更高，出现多动——注意力异常的可能性更低；与独生子女相比，一孩出现情绪异常的可能性更高；与低母亲养育效能相比，母亲养育效能高的儿童出现情绪、品行行为、多动——注意力不能、同伴交往、困难和亲社会行为异常的风险更低；与父亲养育效能低相比，高养育效能父亲的儿童出现情绪和品行行为、多动——注意力不能、同伴交往和亲社会行为问题的风险更低；与父母养育效能一致相比，母亲养育效能高于父亲的儿童出现情绪、品行行为和亲社会行为异常状况的可能性更高，父亲养育效能高于母亲养育效能的儿童出现品行问题、多动——注意力不能异常的风险更高。

陈长香等人（2021）为了解高龄女性老年人寂寞情绪的现状，探讨了家庭支持对高龄女性老年人寂寞情绪的影响。对影响因素进行多分类有序Logistic回归分析，以3个有序情绪等级变量为因变量，以单因素分中有统计学意义的因素为自变量（与子女关系、子女是否会轮流看望、是否有不管自己的子女等），结果显示与子女关系一般、子女不轮流看望、有无不管自己的子女、子女主动与老人通话、家人认为老人不重要、选择倾诉心事是高龄女性老年人寂寞情绪的影响因素。

吴弦（2021）考察了高校学生学业拖延行为、心理控制源、父母的教养方式三者之间的关系，发现父母的教养方式和心理控制源对学业拖延行为具有显著的预测作用。分别把父母教养方式和心理控制源作为自变量，把拖延作为因变量进行了两次回归分析，最终得出父母的教养方式一共可以解释关于学业拖延行为14.7%的变化，心理控制源一共可以解释学业拖延行为25.2%的变化。

李丹（2021）等人研究汉族、布依族儿童情绪化进食行为现况及相关因素，对不同民族儿童情绪化进食相关因素进行最优尺度回归分析。以汉族、布依族儿童情绪化进食总分作为因变量，以一般情况因素（即性别、年龄、两周患病、家庭经济、与父亲关系、与母亲关系、留守、校园欺凌及自杀意念）为自变量，按照 $\alpha=0.05$ 水平筛选自变量建立最优尺度回归模型2、3，最终纳入除性别、年龄（$P>0.05$）的其他自变量进入模型2，纳入除性别、年龄、两周患病及与母亲关系（$P>0.05$）的其他自变量进入模型3。最终回归结果显示，有自杀意念、有留守、有校园欺凌、家庭经济差及与母亲关系差的汉族儿童情绪化进食得分更高，有留守、家庭经济差、有校园欺凌及与父亲关系差的布依族儿童情绪化进食得分更高。

刘琴等人（2021）等人探索了怀二孩前后父母陪伴时间变化对学龄前大孩情绪行为问题的影响。用多重线性回归模型比较不同父母陪伴情况下大孩内化问题、外化问题和整体问题的差异。以内化问题、外化问题、整体问题作为因变量，以父亲陪伴时间情况、母亲陪伴时间情况、总陪伴情况作为自变量，得出结论：母亲陪伴时间减少和父母总陪伴时间减少的大孩内化问题得分更高；父母总陪伴时间减少的大孩外化问题与整体问题得分更高。

张宝山（2021）等人用问卷法对257名老年人进行了历时1年的3次追踪测试。为检验家人情感卷入与老年自我刻板印象随时间推移的领先滞后关系，加强对因果方向的论证，根据马顿斯（Martens）和哈斯（Haase，2006）的推荐，作者对3次测量的家人情感卷入与老年自我刻板印象进行了交叉滞后回归分析。交叉滞后回归分析通过设定稳定性系数对每个变量的自回归效应进行了控制，被认为是检验变量间"单纯"效应方向的最佳方法［普里彻（Preacher），2015］，可以用于了解一个变量对另一个变量的总体预测程度。其回归分析结果均支持了家人情感卷入对老年自我刻板印象的预测作用，同时均不支持老年自我刻板印象对家人情感卷入的预测作用。

朱丽（2021）等人探究家庭环境对青少年拒绝上学心理特征的影响，采用二分类logistic回归分析研究了各因素与拒学与否之间的相关关系，以是否拒学为因变量。回归分析显示：父母离异、独生子女、家庭矛盾的发生与否为影响孩子产生拒绝上学心理的危险性因素，家庭成员亲密度、情感表达、家庭成员自主独立性、家庭知识性文化普及、组织性、控制性是防止青少年产生拒绝上学心理保护性因素。

刘军军（2021）等人探讨临床医师情感耗竭与家庭——工作冲突之间的关系，采用多因素分段线性回归分析，以情感耗竭维度得分为因变量（EE），以家庭工作冲突维度得分为自变量（FWC），对FWC进行分段：FWC<6，FWC≥6。结果显示当FWC得分＜6.0时，EE得分随FWC得分升高而降低；当FWC得分≥6.0时，EE得分随FWC得分升高而升高。

唐银霜等人（2021）采用多重线性回归分析了留守儿童青春期知识信念行为与生活质量的关系。以生活质量总分、生理维度、心理维度、社会维度和青春期维度为因变量，以青春期知识、青春期行为、青春期态度、青春发动时相、学段、性别、经济状况、教养方式为自变量。回归分析显示，青春期态度、行为与留守儿童总生活质量总分及生理、心理、社会、青春期各维度得分均呈正相关，青春期知识与生活质量中的青春期维度呈正相关，与其他维度及总生活质量呈负相关。

罗小漫等人（2021）探究了厌学、自悯对留守青少年问题行为的影响。将性别、是否独生以及学段作为控制变量，以厌学、自悯以及厌学与自悯交互项作为自变量，以留守青少年问题行为作为因变量进行分层逐步回归分析。厌学对留守青少年问题行为具有正向预测作用，自悯对留守青少年问题行为具有负向预测作用；在加入厌学和自悯的交互项后，回归方程能解释留守青少年问题行为变化的59%，交互项对留守青少年问题行为的预测作用有统计学意义，即自悯在厌学和留守青少年问题行为的关系中具有调节效应。

张艳梅等人（2021）为探讨童年期虐待与青少年自杀行为的关联，运用多因素Logistic回归模型分析童年期忽视、虐待与自杀意念、自杀计划和自杀未遂的关联。在控制年龄、性别、独生子女、父母文化程度、经济收入、情绪管理和社会支持因素后，童年期忽视、虐待与自杀意念、自杀计划、自杀未遂差异均有统计学意义。得到结论：童年期忽视和虐待可能会增加农村青少年自杀行为发生风险。

张焕等人（2020）探讨了青少年攻击行为倾向与情感忽视的关系，将有统计学意义的5个因素作为自变量（是否留守、学习成绩、父母婚姻状况、家庭经济条件、情感忽视）。多重线性回归分析显示，进入回归分析模型且对攻击问卷（BWAQ-RC）总分影响作用最大的因素为情感忽视，其次为留守、父母婚姻状况等。结论：青少年情感忽视是攻击行为倾向的独立危险因素。

谢威士等人（2021）通过分层逐步回归分析，探究青少年领悟社会支持与社会责任心的关系。以社会责任心为因变量，以领悟社会支持、积极心理资本为自变量，以性别为控制变量，分别建立领悟社会支持、积极心理资本对社会责任心的回归模型。结果表明：领悟社会支持预测社会责任心的回归模型极其显著，在控制性别变量的前提下，领悟社会支持正向预测了社会责任心。以领悟社会支持和积极心理资本共同预测社会责任心的回归模型显著，正向预测作用显著。

刘向明等人（2022）探讨了自杀未遂的青少年抑郁障碍患者父母的生活质量及影响因素。以患者父母的生活质量（PCS／MCS）得分作为因变量，以患者汉密尔顿抑郁量表（HAMD-17）评分、病程、与患者儿关系、患者父母受教育年限、患者父母婚姻状况、患者父母职业状况、患者父母ZBI总分、患者父母中文版疾病不确定感家属量表（MUIS-FM）总分作为自变量，进行多元逐步线性回归分析。结果显示：患者病程越长、患者母亲、在职的患者父母、患者父母ZBI得分越高，其PCS和MCS得分越低。患者父母离异/丧偶、患者父母中文版疾病不确定感家属量表（MUIS-FM）总分越高，其MCS得分越低。

归冰等人（2021）采用Logistic回归分析，对饮酒行为和自伤行为关系进行分析。以性别、居住地、年龄、首次饮酒年龄、近1年是否醉酒、近30天饮酒天数为自变量，自伤行为为因变量。结果显示：男生开始饮酒年龄越小、有醉酒行为及近期饮酒更频繁增加自伤发生率。女生开始饮酒年龄越小、有醉酒行为及家居城镇者，自伤风险更高。

黄波（2021）等人分析了留守儿童行为生活方式因素与焦虑症状的关联强度。采用多项式逻辑（Logistic）回归分析了留守儿童生活方式与焦虑状况的关系。以行为生活方式为自变量（5个因子），以儿童焦虑状况为因变量。在控制年龄、性别条件下，逻辑（Logistic）回归分析显示，留守儿童焦虑状况与不良生活方式电脑使用时间＞3小时/天、手机使用时间＞3小时/天、不吃早餐行为呈正相关，与适当的睡眠时间呈负相关。

高偲博等人（2022）为探讨失独父母的心理弹性特点及其与社会支持的

关系，以中国成年人心理弹性量表总分和维度得分为因变量，以家庭支持，朋友支持，失独时间等为自变量作序列回归分析。结果显示：家庭支持维度得分正向预测心理弹性总分和内控性、应对能力、乐观性、接纳性维度得分；朋友支持维度得分正向预测心理弹性总分和内控性、乐观性、支持利用能力维度得分；失独时间正向预测心理弹性总分和内控性、应对能力、乐观性维度得分；受教育程度正向预测应对能力维度得分。

何锐等人（2021）用二元逻辑（Logistic）回归分析了高新企业员工抑郁和焦虑的影响因素，以年龄、月收入、职务为自变量，得出结果：18~20岁、职务经理/高管、基础疾病是焦虑发生的危险因素，月收入在8000元及以下，是焦虑发生的保护因素，≥51岁以及其他职务是抑郁发生的危险因素。

曾练平等人（2021）采用稳健三步法（R3STEP）的多项式逻辑（logistic）回归分析探讨社会适应类型的相关因素，以社会适应的3个潜在类别为因变量，性别、留守情况、年龄、年级以及学校氛围为自变量。回归分析分析发现，相较于社会适应良好型而言，教师支持和同伴支持获得较少者和男性更容易产生社会适应问题。

马莎等人（2021）分析了杭州市在职职工的睡眠质量及其主要影响因素。研究以睡眠质量作为因变量，性别、年龄、婚姻状况、是否浙江户籍、文化程度、单位类型、职位、停工时间、收入变化、吸烟情况、饮酒情况、是否锻炼等因素作为自变量纳入多元回归模型。结果发现疫情期间停工时间长、吸烟、饮酒和缺乏体育锻炼会影响在职职工的睡眠质量。

吴文懿等人（2021）比较了重庆市某城区学龄前角色转换期大孩与独生子女的情绪行为特征。以内化问题、外化问题、整体问题得分为因变量。多重线性回归结果显示，在调整了儿童年龄、性别、家庭经济压力、气质类型、家庭氛围以及家庭类型等变量后，独生子女在内化问题、外化问题和整体问题的得分均高于大孩。

王红等人（2021）通过多因素逻辑（Logistic）回归分析了导致自杀未遂的危险因素，以自杀未遂为因变量，以年龄、性别、受教育年限、有无家族史、是否伴非典型特征、婚姻状况、诊断分类、是否伴有混合特征、是否伴有自杀意念、是否伴有精神病性症状、是否伴有焦虑、是否存在自杀风险、既往发病次数、既往住院次数、首次起病年龄为自变量，进行逻辑

（Logistic）回归分析，结果发现抑郁症及双相障碍抑郁发作患者中伴有自杀意念、伴有混合特征、伴有焦虑与发生自杀未遂相关。

张新荷等人（2021）考察了宠物依恋与神经质、生活满意度的关系。以生活满意度（SWLS）得分为因变量，宠物依恋（LAPS）得分、神经质得分、宠物依恋（LAPS）得分与神经质得分交互项为自变量，并控制性别、年龄、身体健康状况、家庭经济状况、是否为宠物的第一负责人等人口学变量，进行逐步回归分析。结果发现：当神经质得分低时，宠物依恋正向预测生活满意度；当神经质得分高时，宠物依恋对生活满意度的预测没有统计学意义。

席璇等人（2021）探讨了重庆市某城区角色转换期大孩情绪行为问题与家庭关系之间的关联。分别对1.5—5岁和6—13岁年龄段大孩的内、外化问题和整体问题得分进行简单线性回归，父母关系、亲子关系、家庭氛围为自变量，内、外化和整体问题得分为因变量。结果显示，父母关系很好、亲子关系很好、家庭氛围很和谐的大孩内、外化和整体问题得分均较低。

关于二孩政策下大孩情绪行为方面的研究较多。在回归分析中，因变量多为：网络成瘾，拖延，拒绝学习心理，自杀行为，攻击行为等问题行为；死亡焦虑，高龄女性寂寞情绪，情感耗竭等情绪变量；社会性发展，心理弹性，社会适应，睡眠质量，生活满意度等。自变量多为人口学变量，家庭环境，自尊，童年经历，教养方式，心理控制源，社会关系，生活工作冲突，社会支持等。

第二章　中介效应的基本理论

第一节　中介效应

中介变量指如果自变量X通过某一变量M对因变量Y产生一定影响，则称M为X和Y的中介变量。研究中介作用的目的是在已知X和Y关系的基础上，探索产生这个关系的内部作用机制。例如：上司的归因研究中，下属表现→上司对下属表现归因→上司对下属表现的反应，其中"上司对下属表现归因"为中介变量。

学生听老师讲课，有一部分知识是学生直接听老师讲的，有一部分是由于翘课、玩手机等原因没听到而听室友转述的，这里室友起的作用就是中介效应。

中介效应有部分中介效应，即X影响Y时，一部分是直接影响，一部分是通过中介变量M去影响。还有完全中介效应：X影响Y时，是全部通过中介变量M去影响，即X要想影响Y，一定首先通过M才能影响到Y。

模型1：　$Y=cX+e_1$

模型2：　$M=aX+e_2$

模型3：　$Y=c'X+bM+e_3$

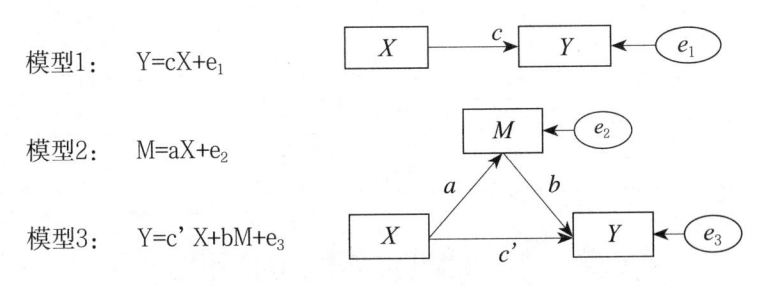

图2-1-1　中介效应模型图

具体分析见图2-1-2和图2-1-3。系数c为自变量X对因变量Y的总效应；系数a为自变量X对中介变量M的效应；系数b是在控制了自变量X的影响后，中介变量M对因变量Y的效应；系数c'是在控制了中介变量M的影响后，自变量X对因变量Y的直接效应；e_1~e_3是回归残差。对于这样的简单中介模型，中介效应等于间接效应（indirecteffect），即等于系数乘积ab，它与总效应和直接效应有下面关系：c=c'+ab。直接效应是c'，间接效应是ab，总效应是c。

$$Y=cX+e_1 \qquad (1)$$

$$M=aX+e_2 \qquad (2)$$

$$Y=c'X+bM+e_3 \qquad (3)$$

$$c=c'+ab \qquad (4)$$

图2-1-2　中介效应的模型分解图

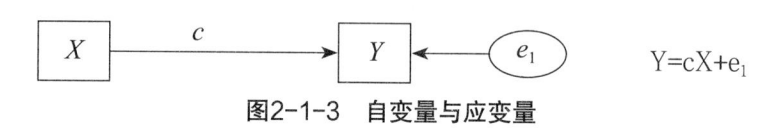

图2-1-3　自变量与应变量

完全中介与部分中介的具体区别是，如果c显著，即H_0：c=0被拒绝；a显著，即H_0：a=0被拒绝，且b显著，即H_0：b=0被拒绝；同时满足以上两种条件，则中介效应显著。如果c'=0，即c'不显著，则成为完全中介；c'≠0，即c'显著，则成为部分中介。中介效应的检验见表2-1-1。

表2-1-1　中介效应的检验表

检验方法	核心	优点	缺点
逐步检验法	依次检验c、a、b、c'	易操作	统计功效低 易犯第二类错误
系数乘积法	H_0：ab=0	容易检验出中介效应	要求ab正态分布 易犯第一类错误
差异检验法	H_0：c-c'=0	易操作	ab不全为0时， 第一类错误很高

第二节　心理学中的中介效应

中介变量是一个重要的统计概念，如果自变量X通过某一变量M对因变量Y产生一定影响，则称M为X和Y的中介变量。研究中介作用的目的是在已知X和Y关系的基础上，探索产生这个关系的内部作用机制。在这个过程中可以把原有的关于同一现象的研究联系在一起，把原来用来解释相似现象的理论整合起来，而使得已有的理论更为系统。随着统计理论的发展和分析软件的进步，中介效应分析模型也有了长足的发展，包括类别变量的中介模型、多重中介模型、多水平中介模型、有中介的调节模型与有调节的中介模型等。中介效应可以分析变量之间影响的过程和机制，相比单纯分析自变量对因变量影响的同类研究，中介分析不仅方法上有进步，而且往往能得到更多更深入的结果，因此，中介分析受到心理学和其他社科研究领域的重视。

心理学中介效应的研究大部分是关注家庭和父母对青少年儿童或留守儿童的心理品质的影响，以及青少年儿童的社会适应、问题行为、主观幸福感、抑郁、利他行为等，一般选择的中介变量有自尊、自我效能感、心理韧性、攻击性、亲社会行为、相对剥夺感、认知重评、积极认同等；在新冠疫情背景下，研究公正世界信念和民众有意传谣行为；护理人员的心理弹性对负性情绪的影响，选择应对方式为中介变量。

张卫国等（2022）研究普通话能力对居民主观幸福感的影响，其中心理健康和社会经济地位是中介变量。普通话能力可以通过作用于心理健康和社会经济地位等进而影响主观幸福感。

高峰等（2022）探讨心理虐待与忽视对志愿投入的影响，涉及心理虐待与忽视、志愿投入、公正世界信念、道德认同，其中，公正世界信念在心理虐待与忽视和志愿投入之间起部分中介作用，道德认同在心理虐待与忽视和志愿投入之间起部分中介作用，公正世界信念和道德认同的链式中介效应显著。心理虐待与忽视对志愿投入的影响主要由公正世界信念与道德认同的中介作用来实现。

杜秀莲等（2019）探讨初中生学校道德氛围与亲社会行为的关系，以及道德认同的中介作用。其中，道德认同是中介变量。学校道德氛围、道德认同和亲社会行为存在两两正相关，在良好的学校道德氛围中，初中生具有较高的道德认同与较多的亲社会行为；初中生的道德认同水平越高，越易表现出亲社会行为。道德认同在学校道德氛围和亲社会行为关系中起中介作用，学校道德氛围通过影响初中生的道德认同而影响其亲社会行为。

贾晓珊等（2022）探讨家庭社会经济地位与青少年主观幸福感的关系，涉及家庭社会经济地位、青少年主观幸福感、领悟社会支持、积极心理资本四个内容。其中，领悟社会支持和积极心理资本的中介变量。家庭社会经济地位、领悟社会支持、积极心理资本和主观幸福感两两之间相关显著；家庭社会经济地位对主观幸福感的直接效应不显著，但领悟社会支持、积极心理资本在家庭社会经济地位与主观幸福感之间的三条中介路径均显著。

李娇娇等（2022）探讨成人依恋对青少年宽恕的影响，涉及成人依恋、青少年宽恕行为、自尊、反刍思维。其中，自尊、反刍思维是中介变量。成人依恋不能直接预测宽恕行为，但是可以通过自尊和反刍思维作为中介效应预测宽恕行为。自尊、反刍思维在成人依恋与青少年宽恕行为之间三条中介路径均显著。王一方（2017）研究成人依恋、自尊和人际关系三者的状况和相互关系，以及自尊在成人依恋对人际关系影响中的中介变量作用。自尊是中介变量。自尊在成人依恋与人际关系间起中介作用。

熊敏等（2022）研究童年期情感虐待对青少年问题行为的影响，涉及童年期情感虐待和忽视、青少年的内化和外化问题行为、相对剥夺感、父母情感温暖。相对剥夺感在情感虐待和忽视与青少年的外化和内化问题行为间起中介作用；父母情感温暖发挥了调节作用，父母情感温暖调节了童年期情感虐待、忽视→相对剥夺感→内化和外化问题行为这一中介过程的路径，同时，还调节了童年期情感虐待、忽视对青少年内化问题行为的直接路径。

顾红磊等（2022）探讨了自我批评与青少年自伤行为的关系，构建一个有调节的中介模型。其中，心理痛苦是中介变量，认知重评是调节变量。心理痛苦在自我批评与青少年自伤行为之间起中介作用，同时该过程受到认知重评的调节，认知重评可以减弱自我批评对自伤行为的间接影响。

雷辉等（2022）探究了社会支持对青少年抑郁的影响、压力知觉的中介作用以及心理弹性在中介作用中的调节作用。压力知觉是中介变量，心理弹性是调节变量。社会支持与青少年抑郁呈显著的负相关，压力知觉在社会支持与青少年抑郁关系中起部分中介作用，心理弹性显著调节压力知觉为中介过程的后半段，相较于心理弹性水平高的个体，压力知觉对抑郁的预测作用在心理弹性水平低的个体中更显著。表明社会支持通过压力知觉的中介作用和心理弹性的调节作用对青少年抑郁产生影响。

孙俊才等（2022）探讨了人际情绪调节与内隐/外显积极情绪的关系，涉及人际情绪调节、内隐/外显积极情绪、表达抑制、情绪调节困难。表达抑制是中介变量。随着调节困难水平的升高，人际情绪调节影响内隐积极情绪的效应量呈降低趋势，并且表达抑制是调节效应的中介变量，具有部分中介作用，表现为随着表达抑制的增强，中介作用具有增强趋势。人际情绪调节显著预测外显积极情绪，而且通过表达抑制这一中介变量，显著预测外显积极情绪；且随着情绪调节困难水平的增高，中介效应具有增强趋势。

张和颐等（2022）研究了家庭认知环境与0—3岁婴幼儿发展的关系，其中，婴幼儿努力控制是中介，入托经历是调节。婴幼儿努力控制在家庭认知环境与婴幼儿发展中具有中介效应，即家庭认知环境通过作用于努力控制而对婴幼儿发展产生影响。婴幼儿入托经历在"家庭认知环境→努力控制→婴幼儿发展"这一中介路径的前半段中具有调节效应：当婴幼儿有入托经历时，家庭认知环境对婴幼儿努力控制的影响更大；当婴幼儿没有入托经历时，家庭认知环境对婴幼儿努力控制的影响更小。邢晓沛等（2017）探讨父母心理控制与儿童自我控制和问题行为，其中儿童抑制控制和情绪控制是中介，父母自主支持是调节。父母自主支持在父母心理控制和儿童内外化问题行为中起调节作用，而这种调节作用部分通过儿童抑制控制和情绪控制起作用。

胡伟等（2021）探讨了新冠疫情中公正世界信念和民众有意传谣行为的关系，其中，敌意归因偏向是中介，敌意归因偏向和伦理型情绪是链式中介。公正世界信念、敌意归因偏向、伦理型情绪和有意传谣行为显著相关，公正世界信念可以直接预测有意传谣行为，同时通过敌意归因偏向的单独中介和敌意归因偏向、伦理型情绪的序列中介对有意传谣行为产生影响。

王彬钰等（2021）探讨攻击性与恶意创造力的关系，其中不信任、创造性思维是中介变量，不信任和创造性思维是链式中介。攻击性是恶意创造力的直接预测因素，而不信任和创造性思维则是攻击性诱发恶意创造力的间接因素。不信任在攻击性与恶意创造力之间的起中介作用；创造性思维在攻击性与恶意创造力之间起中介作用；不信任和创造性思维在攻击性与恶意创造力之间起链式中介作用。攻击性→不信任→恶意创造力的间接效应显著大于攻击性→不信任→创造性思维→恶意创造力的间接效应。

窦运来等（2021）探讨参与式领导是如何影响团队成员的工作表现的，其中，内部人身份感知是中介，团队公平氛围是调节变量。参与式领导可以借助内部人身份感知的中介作用，对员工的工作投入和工作主动性产生间接的积极影响；团队公平氛围能够正向调节参与式领导与员工内部人身份感知之间的关系；内部人身份感知在参与式领导与员工工作投入和工作主动性关系间的中介作用会受到团队公平氛围的调节，表现为被调节的中介作用模式。

孟婧等（2021）探讨失独家庭帮扶人的应对方式在共情与替代性创伤关系中的中介效应。失独家庭帮扶人员的应对方式是中介变量。应对方式是共情和替代性创伤（VT）的中介变量，帮扶人员的共情能力和应对方式均可以影响替代性创伤发生，消极应对方式、共情性关心和个人痛苦对替代性创伤具有正向预测作用，积极应对方式对替代性创伤具有负向预测作用；且共情还可以通过影响应对方式间接影响替代性创伤发生，但其中介效应值较低。

马利等（2022）探讨残疾儿童心理健康对家长亲职压力的影响，涉及残疾儿童情绪行为问题、家长亲职压力、亲社会行为、问题影响程度，其中亲社会行为是中介变量，问题影响程度是调节变量。残疾儿童情绪行为问题对家长的亲职压力有显著的正向预测作用；亲社会行为在残疾儿童情绪行为问题与亲职压力之间起着部分中介的作用，残疾儿童的情绪行为问题越少，亲社会行为就越多，家长的亲职压力也会越小；问题影响程度能够调节该中介路径的前半段，当问题影响程度越小时，中介效应越显著。

周全（2022）探讨阅读为何能提升主观幸福感，涉及阅读、主观幸福感、相对剥夺感、抑郁情绪。其中相对剥夺感、抑郁情绪是单独的中介变量。阅读和主观幸福感的提升之间具有显著的因果关系，随着阅读频率的提高，个体的主观幸福感会显著上升；相对剥夺感和抑郁情绪在阅读和主观幸福感间发挥着多重中介作用，一方面阅读能通过降低相对剥夺感来增进主观幸福感，另一方面阅读能通过疏导抑郁情绪来提升主观幸福感。

周敏等（2022）探讨疫情谣言认同度、批判性思维、父母心理控制之间的关系，降低网络谣言的社会和心理危害性。认知成熟度（批判性思维的一个维度）是中介变量。父母心理控制对网络谣言认同度有正向预测作用；批判性思维与疫情谣言认同度的关系并不显著，批判性思维其中一个维度认知成熟度对网络谣言认同度有负向预测作用；认知成熟度在父母心理控制和网络谣言认同度之间起中介作用。

王海燕等（2021）探讨家庭暴力对青少年饮酒及攻击行为的影响，并分析心理需求和道德推脱的中介作用。心理需求和道德推脱在家庭暴力与饮酒及攻击行为之间起链式中介作用。家庭暴力导致青少年饮酒及攻击行为的直接效应不显著，心理需求和道德推脱在家庭暴力导致饮酒及攻击行为中发挥中介作用（家庭暴力→心理需求→道德推脱→饮酒及攻击行为）。马丁（Martin）等（2017）则从生理学层面揭示了青少年家庭暴力导致其心理需求降低的中介途径，即家庭暴力带来的冲突可使青少年皮质醇反应性升高，由此导致下丘脑—垂体—肾上腺轴等系统发生改变，进而影响心理需求。

高丽等（2021）探讨认知评价在文化震荡与成年初期个体心理健康间的中介效应，认知重评是中介变量。物质文化震荡和行为文化震荡对心理健康的直接效应均不显著，但通过认知重评起间接作用。其中物质文化震荡通过认知评价对个体的心理健康产生消极影响；而行为文化震荡通过认知评价对心理健康产生积极影响。面对外来压力与冲击，个体持有积极的认知评价，可以帮助其降低或消除文化震荡对心理健康的消极影响。

顾璇等（2022）探讨儿童环保行为的形成机制，尤其是来自家庭代际的影响。涉及家长对自然活动的态度、儿童环保行为、儿童接触自然的频率、儿童自然联结。其中儿童接触自然的频率、儿童自然联结是单独的中介变量，儿童接触自然的频率和儿童自然联结是链式中介。家长对自然活动的积极态度能正向预测儿童的环保行为；"家长对自然活动的态度→儿童接触自然的频率→儿童环保行为""家长对自然活动的态度→儿童自然联结→儿童环保行为""家长对自然活动的态度→儿童接触自然的频率→儿童自然联结→儿童环保行为"这三条中介路径的效应均显著。

张世娟等（2021）探讨应对方式在心理弹性与负性情绪间的中介效应，应对方式是中介变量。中缅边境新冠肺炎疫情隔离病区护理人员的心理弹性对负性情绪有负向影响；应对方式在心理弹性与负性情绪间起中介作用，心理弹性对积极应对具有正向作用，心理弹性对消极应对具有负向作用；积极应对对负性情绪具有负向作用，说明当积极应对越多时，其负性情绪越少；消极应对对负性情绪具有正向作用。

耿毅博等（2021）探讨留守儿童家庭亲密度对社会适应的影响，构建了一个有调节的中介模型，其中，攻击性是中介变量，认知重评是调节变量。家庭亲密度与社会适应呈正相关，留守儿童的家庭亲密度能够显著正向预测社会适应，留守儿童家庭亲密度越高，社会适应发展越好；家庭亲密度与攻击性呈显著负相关关系,且负向预测作用也显著,家庭亲密度越高,攻击性就越低;家庭亲密度既能直接影响留守儿童的社会适应性发展情况,还可以影响留守儿童的攻击性进而间接作用于社会适应,即攻击性在其中起到部分中介作用。认知重评这一情绪调节策略调节了家庭亲密度→攻击性→社会适应这一中介模型的前半段路径,具体而言,与低认知重评的留守儿童相比,高认知重评的留守儿童能够更加有效地缓解低家庭亲密度对其造成的不良影响,降低攻击性,进而发展出更好的社会适应。

马文燕等(2021)探讨留守青少年领悟社会支持和主观幸福感的关系,其中自尊、心理韧性是中介变量。领悟社会支持、自尊、心理韧性和主观幸福感两两之间呈显著正相关;留守青少年的领悟社会支持对主观幸福感的作用,可以分别通过自尊和心理韧性的简单中介作用来实现,也可以通过自尊和心理韧性的链式中介作用来实现。宋潮等(2018)探讨社会支持的利用度与流动儿童心理韧性的关系,其中,自尊是中介变量。社会支持的利用度与流动儿童的心理韧性呈正相关;自尊在社会支持的利用度与心理韧性中起到部分中介作用。社会支持的利用度通过自尊对流动儿童的心理韧性产生更积极的效果。

佘皓君(2021)探讨感知不平等和"黑暗三联征"的关系,涉及童年期感知不平等、黑暗三联征(将黑暗三联征分为马氏、精神病态、自恋三个维度)、生命史策略。其中,生命史策略是中介变量。居住地的不同对个体童年期感知不平等有影响,存在着城市、乡镇和农村三者的地区差异;童年期感知不平等不能够显著负向预测个体的马氏特征和精神病态特征;生命史策略在童年期感知不平等对马氏的影响中起完全中介作用,在童年期感知不平等对精神病态的影响中起完全中介作用;在童年期感知不平等对自恋的影响中起部分中介作用。

迟新丽等(2021)探讨家庭功能对青少年问题行为(外向性问题行为和内向性问题行为)的影响以及青少年积极认同的中介作用及性别的调节作用。其中,积极认同是中介变量,性别是调节变量。家庭功能对问题行为有负向预测作用;积极认同在家庭功能与青少年外向和内向问题行为的关系中起中介作用,家庭功能可以正向预测青少年的积极认同水平,积极认同可以显著预测青少年问题行为;性别调节了家庭功能与青少年外向问题行为的关系，家庭功能对男生外向性问题行为的直接影响比女生的更为显著，性别调节了家庭功能与积极认同的关系，女生的积极认同水平更容易受到家庭功能的影响。

何灿等（2021）探讨网络被欺负对青少年自伤的影响，其中，抑郁、自伤行为是中介变量。网络被欺负不仅直接影响自伤行为，而且存在三条间接路径：抑郁的单独中介作用、体验回避的单独中介作用、抑郁和体验回避的序列中介作用。抑郁在网络被欺负与青少年自伤行为之间起中介作用，网络被欺负通过增加个体的抑郁情绪而加大自伤行为发生的可能性；体验回避在网络被欺负与青少年自伤行为之间起中介作用，网络被欺负通过增加体验回避从而导致自伤行为；抑郁和体验回避在网络被欺负与青少年自伤之间起序列中介作用，表明网络被欺负会增加自伤行为的风险，并且这种效应是通过情绪反应（抑郁）和应对方式（体验回避）的共同作用形成的。

王馥芸等（2021）探讨中国成年人自省、问题解决倾向与主观幸福感三者间的关系，其中，问题解决倾向是中介变量。中国成年人的自省水平能够显著正向预测其主观幸福感（个人取向和社会取向的自省对幸福感均有正向预测作用）；问题解决倾向在中国成年人自省与主观幸福感间起完全中介作用。

谢园梅等（2021）考察生命意义感对大学生网络利他行为的作用机制，涉及生命意义感、网络利他行为、核心自我评价、正性情绪。其中，核心自我评价和正性情绪是中介变量。生命意义感、核心自我评价、正性情绪和网络利他行为各变量之间均呈显著正相关。生命意义感对网络利他行为有显著的正向预测作用，生命意义感主要通过性情绪的单独中介作用和核心自我评价与正性情绪的链式中介作用两种间接效应对网络利他行为产生影响。

李旭等（2021）探讨父母信任和沟通影响留守儿童心理弹性的心理机制。其中自尊水平和自我效能感是中介变量。自尊在父母信任对心理弹性影响中的中介效应显著，为完全中介效应，留守儿童在与父母的依恋关系中所体验到的尊重和信任通过影响其对自身的看法，进而影响其应对压力和逆境的适应水平；自我效能在父母沟通对心理弹性影响中的中介效应显著，为完全中介效应，留守儿童在与父母的依恋关系中的交流程度和质量通过影响其对应对压力的能力评估，进而影响其对生活挫折和逆境的复原能力。

麦晓浩等（2020）探讨同性恋群体内化同性恋嫌恶对抑郁的影响，以及拒绝预期与希望的中介效应。其中，拒绝预期和希望是中介变量。内化同性恋嫌恶与抑郁呈显著正相关；内化同性恋嫌恶对抑郁不存在显著的直接影响，而是通过拒绝预期和希望的双重中介效应对抑郁产生间接影响。

第三章 调节效应的基本理论

第一节 调节效应

一、调节变量

如果变量Y与变量X的关系是变量M的函数，Y=f（X，M）+e，则称M为调节变量。即Y与X的关系受到第三个变量M的影响。

调节变量可以是定性的（如性别、种族、学校类型等），也可以是定量的（如年龄、受教育年限、刺激次数等），它影响因变量和自变量之间关系的方向和强弱，如夫妻关系受到第三者影响。既可以是潜变量（实际工作中无法直接测量到的变量），又可以是显变量（可以直接测量到的变量）它影响因变量和自变量之间关系的方向（正或负）和强弱。调节变量一般不受自变量和因变量影响，但是可以影响自变量和因变量，调节变量一般不能作为中介变量，用Y=f（X，M）+e表示。

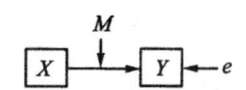

图3-1-1 调节效应的理论模型图

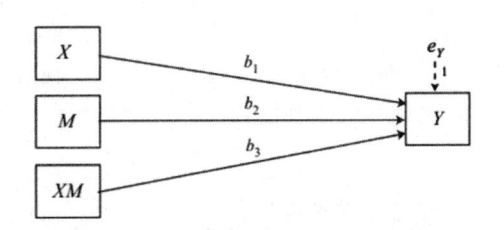

图3-1-2 调节效应的统计模型图

在做调节效应分析时，通常要将自变量和调节变量做中心化转化（即变量减去均值）。我们主要考虑最简单常用的调节模型，即假设Y与X有如下关系：Y=aX+bM+cXM+e（1），可以把上式重新写成：Y=bM+（a+cM）X+e（2）。

对于固定的M，这是Y对X的直线回归。Y与X的关系由回归系数a+cM来表示，它是M的线性函数，c衡量了调节效应（moderateing effect）的大小。使用X表示自变量，M表示调节变量，Y表示因变量，XM表示自变量和调节变量的乘积，其中系数C显著，我们则认为调节效应显著。

判断中介和调节的方法，第一，与自变量和因变量都相关的是中介；第二，与自变量和因变量都无关的是调节；第三，与因变量相关但和自变量无关的是协变量；第四，根据前人研究或者个人经验；第五，把M当做中介或者调节做一下分析。

表3-1-1 调节变量与中介变量的比较

	调节变量	中介变量
研究目的	X何时影响Y或何时影响较大	X如何影响Y
关联概念	调节效应、交互效应	中介效应、间接效应
什么情况下考虑	X对Y的影响时强时弱	X对Y的影响较强且稳定
典型模型	Y=aX+bM+cXM+e	$M=aX+e_2$ $Y=c'X+bM+e_3$
模型中M的位置	X、M在Y前面，M可以在X前面	M在X之后、Y之前
M的功能	影响Y和X之间关系的方向（正或负）和强弱	代表一种机制，X通过它影响Y
M与X、Y的关系	M与X、Y的相关可以显著或不显著（后者较理想）	M与X、Y的相关都显著
效应	回归系数c	回归系数乘积ab
效应估计	$\hat{c}$	$\hat{a}\hat{b}$
效应检验	c是否等于零	ab是否等于零
检验策略	做层次回归分析，检验偏回归系数c的显著性（t检验）；或者检验测定系数的变化（F检验）	做依次检验，必要时做Sobel检验

二、显变量的调节效应分析方法

（1）当自变量是类别变量，调节变量也是类别变量时，做两因素交互效应的多因素方差分析，交互效应即调节效应。

（2）自变量使用伪变量，调节变量是连续变量时，将自变量和调节变量中心化，做$Y=aX+bM+e_1$；$Y=aX+bM+cXM+e_2$的层次回归分析。作XM的回归系数检验，若显著，则调节效应显著。

（3）当自变量是连续变量时，调节变量是类别变量，做分组回归分析。按M的取值分组，将因变量和自变量中心化后做Y对X的回归，若回归系数的差异显著，则调节效应显著。

（4）当自变量是连续变量时，调节变量是连续变量时，将自变量和调节变量中心化后，同（2）做层次回归分析。

表3-1-2　显变量的调节效应分析方法

调节变量（M）	自变量	
	类别	连续
类别	两因素有交互效应的方差分析，交互效应即调节效应。	分组回归：按M的取值分组，做Y对X的回归，若回归系数的差异显著，则调节效应显著。
连续	自变量使用伪变量，将自变量和调节变量中心化，做$Y=aX+bM+cXM+e$的层次回归分析：先做Y对X和M的回归，得到决定系数R_1^2再做Y对X，M和XM的回归，得到R_2^2，若R_2^2显著高于R_1^2，则调节效应显著，或者，做XM的回归系数检验，若显著，则调节效应显著。	将自变量和调节变量中心化，做$Y=aX+bM+cXM+e$的层次回归分析（同左）：除了考虑交互效应项XM外，还可以考虑高阶交互效应项（如XM^2，表是非线性调节效应，MX^2表示曲线回归的调节）。

三、潜变量的调节效应分析方法

分两种情形讨论：一是调节变量是类别变量，自变量是潜变量；二是调节变量和自变量都是潜变量。

（1）当调节变量是类别变量时，做分组结构方程分析。做法是，先将两组的结构方程回归系数限制为相等，得到一个χ^2值和相应的自由度，然后去掉这个限制，重新估计模型，又得到一个χ^2值和相应的自由度。前面的χ^2减去后面的χ^2得到一个新的χ^2，其自由度就是两个模型的自由度之差。如果χ^2检验结果是统计显著的，则调节效应显著。

（2）当调节变量和自变量都是潜变量时，有许多不同的分析方法，最方便的是马什（Marsh），温（Wen）和豪（Hau）提出的无约束的模型。

第二节　心理学中的调节效应

调节效应是指是用来理解自变量X对因变量Y的影响是如何随着调节变量Z而变化的。调节变量Z既可以是定量数据，也可以是定性数据。它不仅能影响自变量X与因变量Y直接的强弱，还能改变两者之间的方向（正负）。调节变量是目前研究心理学变量之间常用的分析方法，在心理学众多领域都有应用。在大部分的心理学文献中，调节变量一般会是人本身的一些特质。例如：人格（自恋、精神病态、人格特质、行动控制风格、自尊）；情绪（敬畏、感恩、自悯）；心理弹性；心理资本；冲动性；自我分化；安全感等。

郭丰波和莫魏萍（2020）选取大学生作为被试，探究自恋（调节变量）在妒忌与人际反刍之间的调节作用。将自恋水平分为敬佩型自恋和竞争型自恋。结果发现，竞争型自恋在妒忌和人际反刍之间有调节作用，具体表现为相对于低竞争型自恋个体，高竞争型自恋个体的妒忌诱发更多人际反刍，但是随着妒忌程度的增加，高竞争型自恋个体的人际反刍增加程度显著低于低竞争型自恋个体。

张田和傅宏（2018）以人格特质作为调节变量，基于虚拟的囚徒困境博弈范式，并结合人格问卷的测试，以369名大学生作为被试，探究冒犯者得到宽恕与否与其后续行为之间的关系，结果表明，大五人格中的宜人性在宽恕的程度（自变量）对行为（因变量）中的调节作用显著。具体表现为：在高宜人性组，得到宽恕的被试更倾向于不再伤害对方，而没有得到宽恕的被试则倾向于再次伤害对方；而在低宜人性组，无论是否得到宽恕，被试都倾向于再次伤害对方。

耿耀国等人（2018）探索宽恕水平（自变量）对攻击行为（因变量）的影响，以及精神病态、自恋特质（调节变量）对此二者关系的调节作用。以报复、回避两因子为自变量，以攻击行为五因子为因变量，考察精神病态、自恋对宽恕—攻击行为关系的调节作用。结果表明，精神病态可正向调节报复因子对指向自我的攻击、回避因子对敌意的预测作用。对于高精神病态被试而言，当报复水平增强时，其指向自我的攻击显著增强，而对于低精神病态被试而言，当报复水平增强时，其指向自我的攻击未见明显变化；对于高精神病态被试而言，当回避水平升高时，其敌意显著增强，而对于低精神病态被试而言，当回避水平升高时，其敌意未见明显变化。自恋可负向调节回避因子对言语攻击和愤怒的预测作用，对于高自恋被试而言，当回避水平升高时，其言语攻击减少，而对于低自恋被试而言，当回避水平升高时，其言语攻击则增强；对于高自恋被试而言，当回避水平升高时，其愤怒降低，而对于低自恋被试而言，当回避水平升高时，其愤怒则升高。

冯墨女和刘晓明（2019）以90名大学生为被试，探讨行动控制风格（调节变量）对情绪与空间工作记忆关系的影响。结果表明，中性与积极情绪体验下，行动导向与状态导向空间工作记忆的反应时与正确率均无显著差异；消极情绪体验下，行动导向与状态导向空间工作记忆结果差异显著，行动导向的反应时更短，正确率更高。也就是说，消极情绪体验下，行动控制风格对情绪与空间工作记忆的关系起调节作用。

张雅菲和张国胜（2018）探讨大学生自尊水平（调节变量）在父母教养方式与冒险性间的调节作用。结果表明，大学生的自尊水平在教养方式对冒险性的影响中起到了调节作用，培养大学生的自尊水平和提升父母的教养水平有助于增强大学生的冒险性，提升创新能力。具体表现为：自尊水平越高的孩子，父母自主支持的水平对其的风险偏好影响较大。也就是说，高自尊水平的孩子在面对较高自主支持与较低自主支持的父母时，风险偏好的水平有显著的差异，在面对高自主性的父母时，孩子会更倾向于冒险。

柯金宏和赵娜（2020）将敬畏作为调节变量，探究物质主义与孤独感之间的关系。结果发现，物质主义对孤独感具有正向预测作用；敬畏能调节物质主义价值观和孤独的关系，敬畏情绪能缓冲物质主义对孤独的正向预测作用；对于特定类别的物质主义，敬畏情绪对物质幸福和孤独的关系具有调节作用，较高水平的敬畏情绪能使物质幸福对孤独的作用逆转。

许学华等人（2021）探讨老年人（≥60周岁）主观幸福感的影响因素及

感恩（调节变量）在社会支持与主观幸福感间的调节作用。结果表明，感恩在老年人客观支持及对支持的利用度与主观幸福感的关系中起调节作用。随着客观支持水平的增加，高水平感恩组主观幸福感水平升高，而低水平感恩组则没有升高趋势。虽然两组随着对支持利用度的增加，主观幸福感水平升高，但低水平感恩组的升高趋势不如高水平感恩组明显。

马敬华、王葵和崔玉庆（2020）考察在校大学生自悯水平（调节变量）对外表社会压力与身体欣赏之间关系的调节作用。结果表明：在女大学生中外表社会压力能够预测（负向）身体欣赏水平，自悯调节外表社会压力对身体欣赏的负向作用。在男大学生中，外表社会压力并不能显著预测身体欣赏水平，但自悯与身体欣赏依然存在显著的正相关。

刘慧瀛和王婉（2020）探讨自闭特质（自变量）、人际关系问题（中介变量）、冲动性（调节变量）和自杀意念（因变量）的关系。结果表明：自闭特质既可以直接正向预测自杀意念，又可以通过人际关系问题的中介作用间接预测自杀意念。冲动性既调节了自闭特质对自杀意念的直接作用，又调节了自闭特质通过人际关系问题对自杀意念的中介作用。具体而言，冲动性水平越高，自闭特质和人际关系问题对自杀意念的预测作用越强。

张振（2021）考察了自恋对攻击行为的影响以及观点采择和共情关注（调节变量）在其中的调节效应。结果发现：自恋显著正向预测攻击行为；观点采择和共情关注均可负向调节自恋与攻击行为的关系，两者都能显著抑制高自恋者的攻击行为，却无法影响低自恋者的攻击行为。

祁明德等人（2022）以心理资本为调节变量，探究创业失败成本对创业失败学习的影响。结果表明：对有过创业失败经历的连续创业者而言，创业失败成本正向影响创业失败学习，即在创业失败情境下，创业者所遇到的财务成本、社会成本等会引起创业者的反思修正行为，从而激发起创业失败学习。同时，创业失败成本影响失败学习的过程会受到心理资本的约束与调节。具体而言，不同水平的心理资本对失败成本和失败学习的关系起到不同的调节效应：低水平的心理资本起负向调节效应，高水平心理资本起正向调节效应，而中水平心理资本对两者没有调节作用。

毋嫘等人（2019）考察了原生家庭功能对亲密关系质量的影响，以及共依附和个体自我分化在其中的作用。结果发现：家庭功能显著正向预测亲密关系质量；共依附在家庭功能与亲密关系质量之间起部分中介作用；共依附的中介效应受到自我分化（调节变量）的调节。

王东方等人（2019）探讨留守儿童心理弹性（自变量）、同伴依恋（调节变量）和精神病性体验（因变量）的关系。结果表明；同伴依恋在留守儿童的心理弹性和精神病性体验之间存在显著的调节效应，随着同伴依恋水平的提高，心理弹性对精神病性体验的负向主效应会相应减弱。

齐亚楠和杨宁（2020）以4—5岁的留守学前儿童为研究对象，以心理弹性为调节变量，探究自我概念和社会退缩之间的关系。结果表明，心理弹性在自我概念与社会退缩及害羞沉默、主动退缩两个子维度间起中介作用和调节作用。增强留守家庭责任意识，培养留守学前儿童积极自我概念，提高留守学前儿童心理弹性水平，有助于减少留守学前儿童社会退缩行为。

刘潇潇和廖传景（2021）将安全感作为调节变量，探究青少年生活事件与心理健康之间的关系。结果表明，安全感在内地新疆班青少年生活事件对心理健康的影响过程中具有明显的调节作用。

方建华（2020）以新疆地区三所幼儿园的285名幼儿为研究对象，考察父母婚姻质量与幼儿社会认知和独立性发展的关系以及幼儿社交障碍（调节变量）在其间起到的调节作用。结果表明，幼儿的社交障碍水平在父母婚姻质量与幼儿社会认知和独立性之间的调节效应显著，均起负向调节的削弱作用。具体表现为：幼儿的社交障碍水平在父母婚姻质量各维度上对幼儿社会认知起负向调节的削弱作用，在夫妻交流和解决冲突方式两个维度上对幼儿独立性发展起负向调节的削弱作用。

云祥和李小平（2019）将197名大学生为研究对象，探讨了个人权力感（调节变量）在同情影响大学生内隐暴力态度过程中的调节效应。结果表明，同情启动对内隐暴力态度的影响受到个人权力感的调节作用。当个人权力感处于低水平时，同情启动与内隐暴力态度的拟合线比较陡峭，同情启动对内隐暴力态度的影响显著；而随着个体权力感的提高，拟合线渐趋平缓，同情启动对内隐暴力态度作用不显著。当权力感低于中等或以下水平时，同情状态的启动才能增强个体对暴力的内隐消极态度；当个人权力感水平较高时，个体对暴力的内隐态度并未受到启动的同情状态的影响。

黄明明（2019）选取了532名大学生为被试，以经验性回避为调节变量，探究孤独感与手机成瘾倾向之间的关系。结果表明，经验性回避在孤独感对大学生手机成瘾倾向的影响过程中具有调节作用，经验性回避水平越高，孤独感对大学生手机成瘾倾向的影响效果越明显，而低水平经验性回避情况下，孤独感对大学生手机成瘾倾向的影响不明显。

除了一些关于人的特质作为调节变量，一些人口学变量（性别、文理科、是否独生、民族）也可以当作调节变量；所处的环境因素（亲子关系、组织公正性、共事时间）也可以当作调节变量；另外，被试的行为（出轨）也可以作为一种调节变量。

罗杰等人（2018）考察成就动机对大学新生适应的影响以及性别（调节变量）在他们之间的调节作用。大学新生的成就动机与其入学适应表现存在紧密关联，成就动机对大学新生适应具有明显影响作用，成就动机的不同心理倾向对新生适应的影响力不同。性别在追求成功的动机和大学新生适应的关系之间存在调节作用，在低追求成功的动机时，男生的适应表现要好于女生，而在高追求成功的动机时，女生的适应表现则强于男生。

高岩、李文福和郝春东（2019）以在校大学生作为研究对象，在测量信息素养和创造力的基础上，探索信息素养对创造性的影响以及文理分科（调节变量）的调节作用。结果表明，信息素养正向影响创造性，这种影响受到文理分科的调节。主要表现为理科生的信息能力、信息观念和信息伦理与创造性倾向的关系强于文科生的信息能力、信息观念和信息伦理与创造性倾向的关系。

余培林等人（2020）考察了父母教养方式对大学生亲社会行为的影响以及是否独生（调节变量）的调节效应。结果表明，是否独生在父母教养方式对大学生亲社会行为的影响中具有调节效应。具体表现为：是否独生对父亲情感温暖与大学生亲社会行为之间的关系具有显著调节作用。非独生子女随着父亲情感温暖的升高，其的亲社会行为也会升高，相较于独生子女，随着父亲情感温暖的变化，并没有显著的变化。

阴桐桐（2019）考察亲子执行功能的代际传递以及父母和儿童的性别（调节变量）和家庭社会经济地位（调节变量）对代际传递的调节效应。结果发现：父母与儿童的执行功能存在代际传递性，且这一传递受到亲子性别和家庭社会经济地位的调节。在高社会经济地位的家庭中，母亲的执行功能对男孩的执行功能水平的预测不显著;但是在低社会经济地位的家庭中,母亲的执行功能能够显著预测男孩的执行功能水平。即在家庭社会经济地位较低的家庭中,母亲的执行功能水平越高,男孩的执行功能发展得越好。

金灿灿、王博晨和赵宝宝(2019)考察了北京和昆明共计1934名中学生的父母监控(自变量)、自我控制(中介变量)和网络适应(因变量)之间的关系。结果发现:自我控制在父母监控和网络适应关系间起部分中介作用;性别(调节变量)能够调节父母监控、自我控制和网络适应间的中介作用,即自我控制完全中介女生的父母监控与网络适应间的关系,部分中介男生的父母监控与网络适应间的关系。

余明友、周玉娟和饶穗琦(2021)以性别和民族作为调节变量,探究贵州南部农村儿童自尊发展特点以及自尊发展与人格结构因子之间的关系。结果表明,儿童人格结构的四个因子对自尊发展的预测作用均具有显著性。在儿童自尊发展与人格结构因子的关系中,性别在内外向因子中具有调节效应,民族因素在情绪稳定性、精神质和掩饰性因子中具有调节效应。儿童人格结构的四个因子对自尊发展的预测作用均具有显著性。在儿童发展与人格结构因子的关系中,性别在内外向因子中具有调节效应,民族因素在情绪稳定性、精神质和掩饰性因子中具有调节效应。

姜永志和金荣(2018)将性别作为调节变量,探究人格特质对青少年移动社交网络使用的影响。研究结果表明:性别在神经质与移动社交网络使用间起到调节作用。即对于低神经质的青少年来说,男生比女生更易形成移动社交网络过度使用行为,而对于高神经质的青少年来说,女生比男生更易形成移动社交网络过度使用行为。

路红等人(2020)对1389名初中生进行调查,考察了学校参与在父母婚姻冲突与青少年亲社会行为之间的中介效应,以及亲子关系(调节变量)在其中的调节效应。结果表明,亲子关系对中介路径"父母婚姻冲突→学校参与→亲社会行为"具有显著的调节作用。具体而言,父母婚姻冲突通过降低学校参与进而减少青少年亲社会行为的中介效应在高亲子关系青少年中显著强于低亲子关系青少年。

田云龙等人(2018)对1389名初中生进行调查,考察了学校参与在父母体罚与青少年网络游戏成瘾(Internet Gaming Addiction,IGA)关系间的中介效应，以及父子关系和母子关系（调节变量）在其中的调节效应。结果表明，学校参与在父母体罚与青少年网络游戏成瘾的关系中起中介作用。母子关系显著调节中介路径"父母体罚→学校参与→网络游戏成瘾"，具体表现为：父母体罚通过侵蚀青少年的学校参与进而增加其网络游戏成瘾的中介效应在高母子关系青少年群体中显著，但在低母子关系青少年群体中不显著。

杨文强和张静（2020）探究了组织公正性（调节变量）在员工的愤怒情绪（自变量）与职业倦怠间（因变量）的调节作用。结果表明，组织公正感的"互动公正""程序公正"以及"分配公正"维度在职场愤怒情绪与职业倦怠（去个性化）的关系中均存在调节效应。

汤一鹏等人（2022）将共事时间作为调节变量，探究员工真诚与同事关系之间的关系。结果表明：在共事时间较短的情况下，员工真诚会引发同事怀疑降低同事信任，减少人际帮助并增加人际排斥。在共事时间较长的情况下，员工真诚则有助于打消同事怀疑增加同事信任，增多人际帮助并减少人际排斥。通过引入共事时间作为调节变量，该研究发现员工真诚对同事关系的影响由消极转化为积极需要经过足够长时间的共事才能实现。

张严文和叶宝娟（2019）基于社会生态视角和应激—易感模型，调查了493名中国同性恋者，探讨父母拒绝教养方式（自变量）、歧视知觉（中介变量）及出柜（调节变量）对中国同性恋者自杀（因变量）的影响。结果表明，即歧视知觉在父亲拒绝教养方式和母亲拒绝教养方式对同性恋者自杀的影响中起中介作用，父亲拒绝教养方式、母亲拒绝教养方式对同性恋者自杀具有正向预测作用，父亲拒绝教养方式、母亲拒绝教养方式对歧视知觉具有正向预测作用，歧视知觉对同性恋者自杀具有正向预测作用。出轨调节了歧视知觉对同性恋者自杀的影响。具体表现为：对于未出柜的同性恋者，在歧视知觉增加时，其自杀呈现出十分显著的上升趋势；对于出柜的同性恋者，在歧视知觉增加时，其自杀变化不显著。

操作篇

同伴关系研究中的变量很多,中介效应和调节效应模型的建立可以使同伴关系的影响因素清晰明了。

第四章 回归分析的操作

第一节 回归分析模型的基本结构

一、相关分析的具体操作

（一）相关分析及结果

1.双变量相关分析

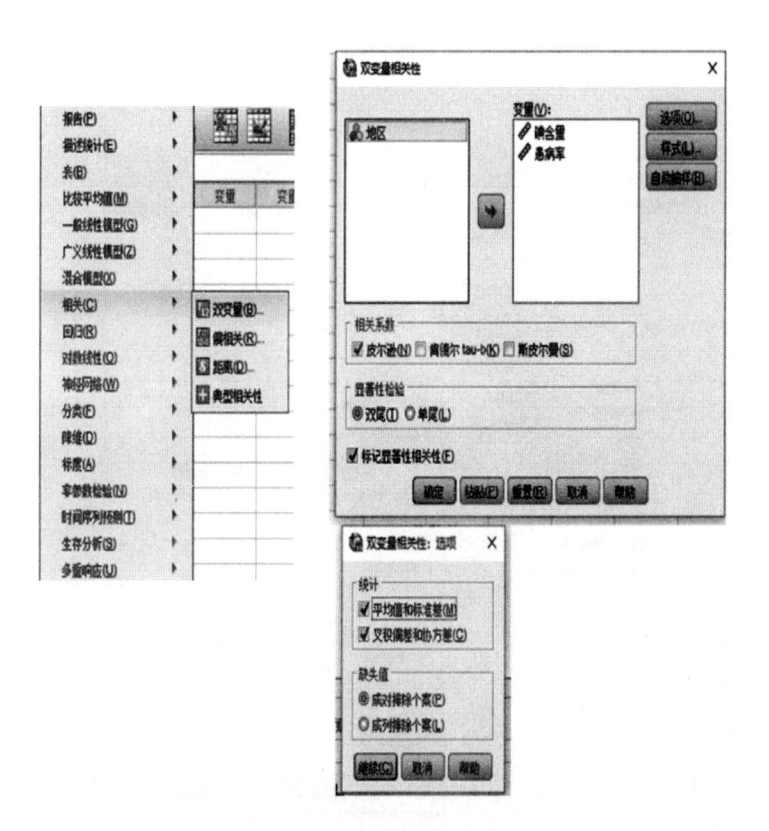

图4-1-1 双变量相关分析

相关分析的结果见图4-1-2。

图4-1-2 双变量相关分析结果

2.偏相关分析具体操作

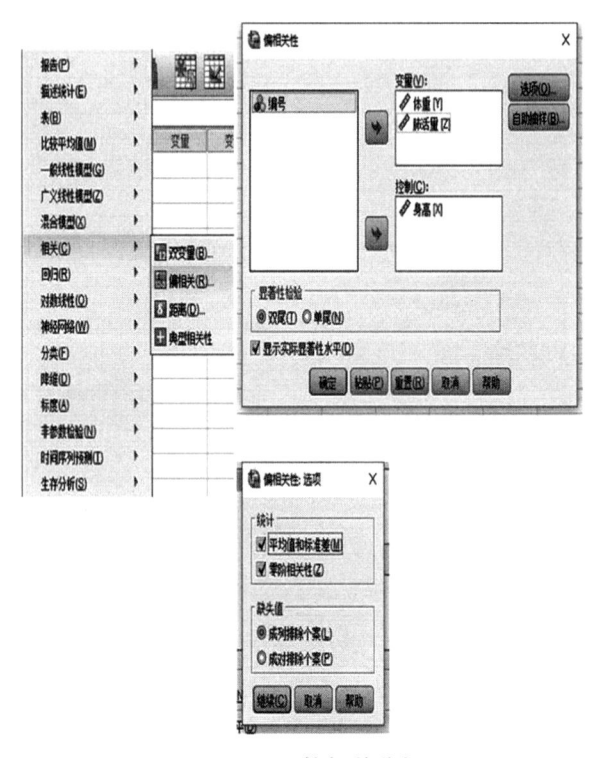

图4-1-3 偏相关分析

第四章 回归分析的操作

偏相关分析的结果见图4-1-4。

相关性

控制变量			体重	肺活量	身高
-无-a	体重	相关性	1.000	.705	.853
		显著性（双尾）	.	.001	.000
		自由度	0	18	18
	肺活量	相关性	.705	1.000	.601
		显著性（双尾）	.001	.	.005
		自由度	18	0	18
	身高	相关性	.853	.601	1.000
		显著性（双尾）	.000	.005	.
		自由度	18	18	0
身高	体重	相关性	1.000	.461	
		显著性（双尾）	.	.047	
		自由度	0	17	
	肺活量	相关性	.461	1.000	
		显著性（双尾）	.047	.	
		自由度	17	0	

a. 单元格包含零阶（皮尔逊）相关性。

图4-1-4 偏相关分析结果

3.距离相关分析及结果

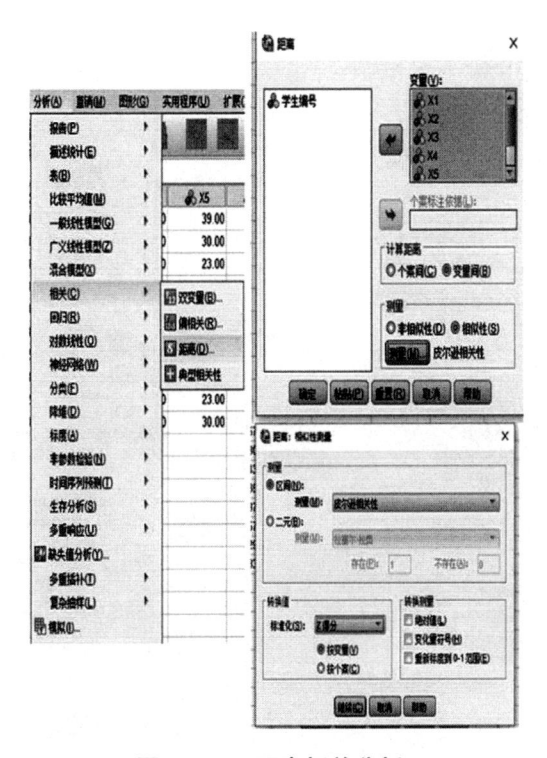

图4-1-5 距离相关分析

距离相关分析结果见图4-1-6。

近似值矩阵

欧氏距离

	1	2	3	4	5	6	7	8	9	10
1	.000	3.888	4.163	3.643	6.033	3.950	5.805	3.313	4.767	4.449
2	3.888	.000	2.141	3.120	4.606	3.760	4.654	2.793	3.610	2.958
3	4.163	2.141	.000	2.888	5.279	2.908	4.592	2.390	3.320	2.754
4	3.643	3.120	2.888	.000	3.994	3.013	3.820	3.388	2.096	2.087
5	6.033	4.606	5.279	3.994	.000	5.229	3.566	5.352	3.457	4.504
6	3.950	3.760	2.908	3.013	5.229	.000	4.219	1.597	2.871	2.629
7	5.805	4.654	4.592	3.820	3.566	4.219	.000	4.541	1.918	3.153
8	3.313	2.793	2.390	3.388	5.352	1.597	4.541	.000	3.439	2.984
9	4.767	3.610	3.320	2.096	3.457	2.871	1.918	3.439	.000	1.684
10	4.449	2.958	2.754	2.087	4.504	2.629	3.153	2.984	1.684	.000

这是非相似性矩阵

图4-1-6 距离相关分析结果

二、一元线性回归分析的具体操作

（一）一元线性回归分析的步骤

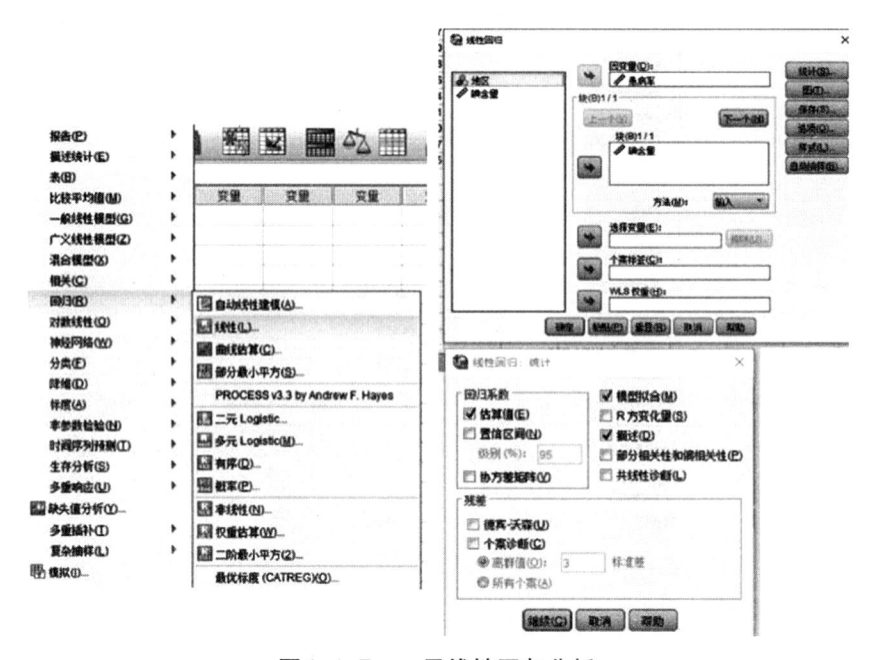

图4-1-7 一元线性回归分析

一元线性回归分析的结果见图4-1-8。

ANOVA^a

模型		平方和	自由度	均方	F	显著性
1	回归	285.504	1	285.504	115.136	.000^b
	残差	17.358	7	2.480		
	总计	302.862	8			

a. 因变量：患病率
b. 预测变量：（常量），碘含量

系数^a

模型		未标准化系数 B	标准误差	标准化系数 Beta	t	显著性
1	（常量）	17.484	1.507		11.600	.000
	碘含量	4.459	.416	.971	10.730	.000

a. 因变量：患病率

图4-1-8　一元线性回归分析结果1

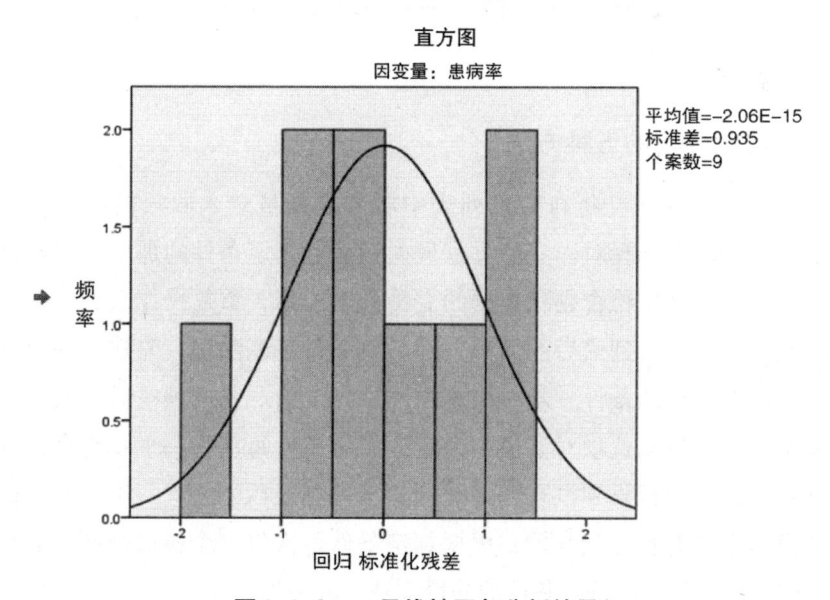

直方图
因变量：患病率

平均值=-2.06E-15
标准差=0.935
个案数=9

图4-1-9　一元线性回归分析结果2

图4-1-10 一元线性回归分析结果3

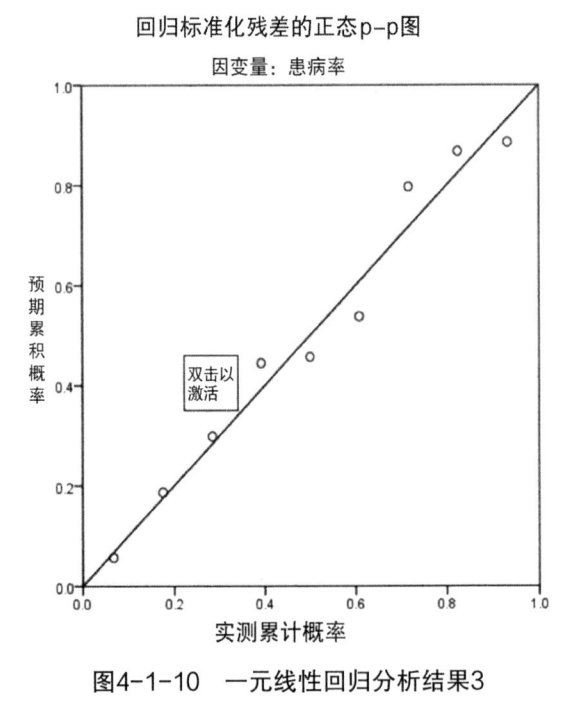

第二节 多变量回归模型实例

一、回归分析的五种方法

第一种是输入法，将自变量列表中所有自变量选入回归模型。第二种是逐步回归法，先选择对因变量贡献最大且满足判定条件的那个自变量进入回归方程，将模型中符合剔除数据的变量移出模型，重复操作直到没有变量被加入或者移出，得到最后的回归方程。第三种是删除法，先建立一个全模型，然后根据设定的条件一步一步剔除部分自变量。第四种是后退法，先建立全模型，然后根据选项对话框中设定的判定条件每次将一个不符合条件的变量剔除，反复进行直到没有变量被剔除，得到最后的方程。第五种是前进法，从模型中没有自变量开始，根据判定条件每次将一个最符合条件的自变量引入模型，直到所有符合条件的变量都被引入模型。

二、多元线性回归分析实例

（一）步骤

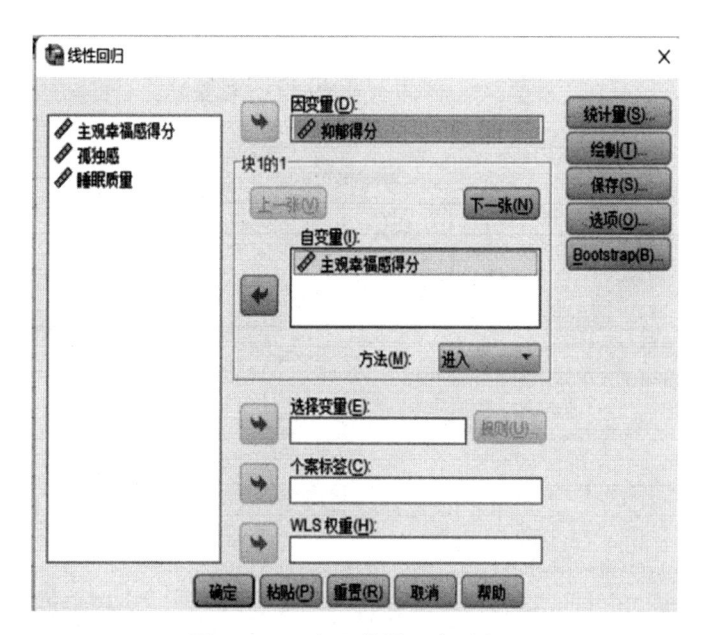

图4-2-1　多元线性回归分析1

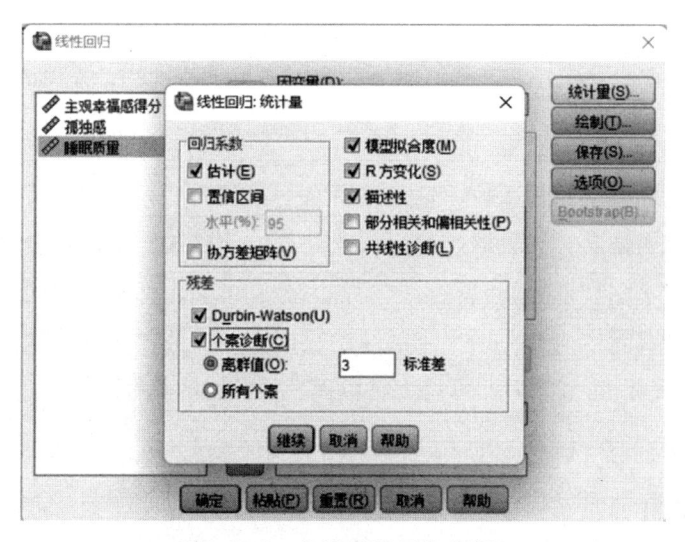

图4-2-2　多元线性回归分析2

模型汇总b

模型	R	R方	调整R方	标准估计的误差	R方更改	F更改	df1	df2	Sig. F更改	Durbin-Watson
1	.986a	.972	.972	2.660	.972	3384.900	1	98	.000	1.002

a. 预测变量: (常量), 主观幸福感得分。
b. 因变量: 抑郁得分

图4-2-3 元线性回归分析结果1

Anovaa

模型		平方和	df	均方	F	Sig.
1	回归	23950.930	1	23950.930	3384.900	.000b
	残差	693.430	98	7.076		
	总计	24644.360	99			

a. 因变量: 抑郁得分
b. 预测变量: (常量), 主观幸福感得分。

图4-2-4 多元线性回归分析结果2

（二）结果分析

1.未标准化回归系数

通常我们在构建多因素回归模型时，方程中呈现的是未标准化回归系数，它是方程中不同自变量对应的原始的回归系数。它反映了在其他因素不变的情况下，该自变量每变化一个单位对因变量的作用大小。通过未标准化回归系数和常数项构建的方程，便可以对因变量进行预测，并得出结论。

2.标准化回归系数

而对于标准化回归系数，它是在对自变量和因变量同时进行标准化处理后所得到的回归系数，数据经过标准化处理后消除了量纲、数量级等差异的影响，使得不同变量之间具有可比性，因此，可以用标准化回归系数来比较不同自变量对因变量的作用大小。通常我们主要关注的是标准化回归系数的绝对值大小，绝对值越大，可认为它对因变量的影响就越大。

3.两者的区别

未标准化回归系数体现的是自变量变化对因变量的绝对作用大小，而标准化回归系数反映的是不同自变量对因变量的相对作用大小，可以显示出不同自变量对因变量影响的重要性。

如果用标准化回归系数构建方程，得到的结论是有偏差的，因为此时自变量和因变量的数据都发生了转化，成为标准化数据，因此标准化回归系数不能用于构建回归方程。标准化回归系数=未标准化回归系数*该自变量的标准差/因变量的标准差。

第三节 线性回归模型衍生方法——曲线拟合

一、曲线拟合模型简介

在大量的回归分析中，变量之间的关系都是线性关系，或是能够被转化为线性关系。然而，也存在着许多非线性的关系。例如，在匀变速直线运动中，运动距离与时间之间的关系就是二次函数关系；自由落体运动、抛物轨迹等都是非线性关系。曲线回归是研究因变量与自变量之间的非线性关系，并从中查找到回归方程的一种技术。

SPSS中的曲线回归，对数据有两个要求：第一，只处理仅有一个自变量的曲线方程。第二，只处理满足本质是线性关系的曲线方程。本质是线性关系是指变量之间的关系虽然在形式上呈现为非线性关系，但是通过数据变换，仍然可以转化为线性关系。如曲线函数：y=a+b/x中，设z=1/x，从而将方程转化为线性函数：y=a+bx，此时就可以进行标准的线性回归。

曲线拟合过程，在SPSS中，可实施曲线回归的曲线包括：二次曲线、三次曲线、复合曲线、增长曲线、指数曲线、对数曲线、S曲线、幂曲线、逆函数和逻辑函数共10种类型。这些类型已经基本能够满足常规分析的需要。

二、主要曲线类型及其表达式

表4-3-1 曲线类型及其表达式

曲线类型	表达式
线性	$Y=b_0+b_1 X$
二次式	$Y=b_0+b_1 X+b_2 X^2$
三次式	$Y=b_0+b_1 X+b_2 X^2+b_3 X^3$
增长函数	$Y=e^{(b_0+b_1 X)}$

续表

曲线类型	表达式
幂函数	$Y=b_0 X^{b_1}$
指数函数	$Y=b_0 e^{b_1 X}$
对数函数	$Y=b_0+b_1 \ln X$
复合函数	$Y=b_0 * b_1^X$
S曲线	$Y=e^{(b_0+b_1/X)}$
逆函数	$Y=b_0+b_1/X$
逻辑函数	$Y=\dfrac{1}{\dfrac{1}{u}+b_0 * b_1^X}$

三、曲线拟合过程

（1）利用散点图，初步判断曲线类型。

这要求大家熟悉曲线的形状。由于在具体的回归分析中，可能的曲线类型种类繁多，为了减少曲线估计的盲目性，通常先用散点图观测自变量与因变量之间的关系，判定因变量与自变量是否存在清晰的逻辑关系。如果散点图中的散点向曲线附近几种，比较接近于一条曲线，则初步判断可以做曲线回归分析，否则无法做曲线估计。对于可作曲线估计的数据，先认真观察曲线的形状，判定大概属于哪类曲线，是抛物线，还是对数曲线、指数曲线。

（2）执行曲线回归分析。

启动曲线估计功能，在"曲线估算"的配置界面下，正确地设置因变量和自变量，并可同时选择若干种曲线类型。在完成了曲线回归的计算机处理后，根据计算机的输出结果，参考判定系数R方值和检验概率的p值，选择最恰当的曲线类型。

（3）最后根据曲线类型的各个系数值，写出最终的函数式。

四、曲线拟合的操作

1.选择菜单【图形】—【旧对话框】—【散点图/点图】命令，然后从中选择【简单散点图】。

从散点图的结果来看，x与y之间的关系可能是二次曲线。

第四章　回归分析的操作

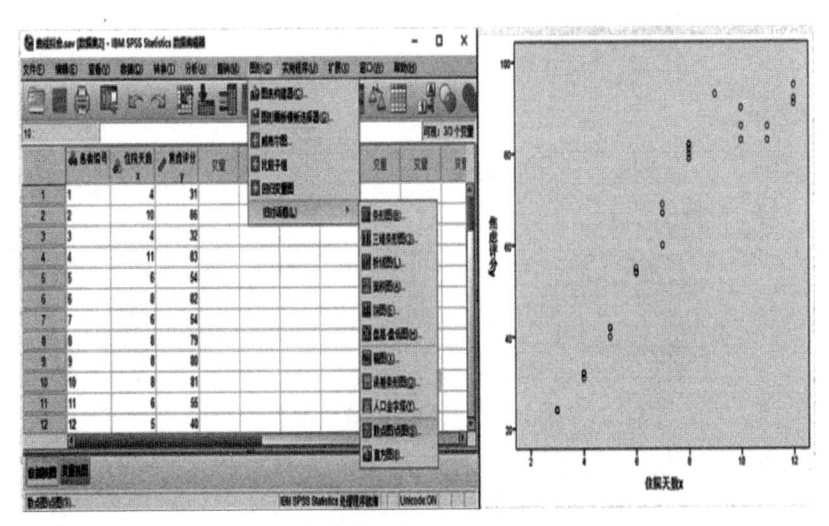

图4-3-1　散点图

2.选择菜单【分析】—【回归】—【曲线估算】命令，启动曲线估算对话框，填入参数，如下图所示：

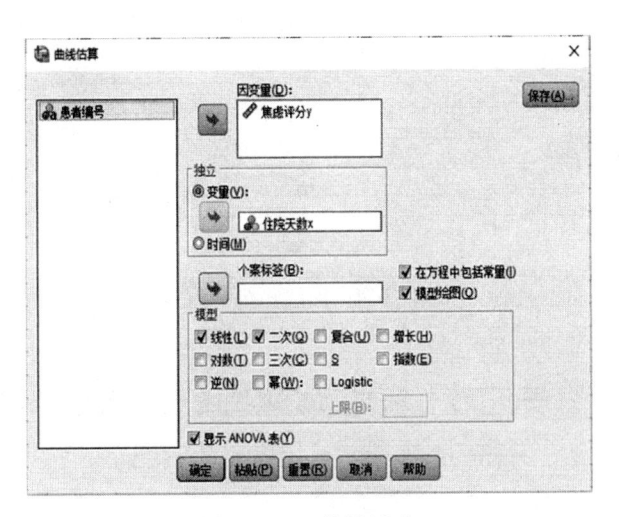

图4-3-2　曲线拟合

3.结果分析

从模型和参数评估表格中可以发现，线性模型和二次曲线模型的R方值分别为0.902和0.961，说明两个回归模型的质量都很好，但是二次曲线模型更优。此外，两个模型的显著性结果都是0.000，证明了结论。表格也输出

- 45 -

了回归模型参数结果，根据回归参数，可以得到两个回归模型公式是线性：Y=3.259+8.378x，二次：Y=-33.534+19.826x-0.778X^2。

模型摘要和参数估算值

因变量：焦虑评分y

方程	模型摘要					参数估算值		
	R方	F	自由度1	自由度2	显著性	常量	b1	b2
线性	.902	331.749	1	36	.000	3.259	8.378	
二次	.961	436.984	2	35	.000	-33.534	19.862	-.778

自变量为住院天数x。

图4-3-3　曲线拟合结果1

最后的回归曲线可以看出趋势，此函数更符合二次曲线模型。

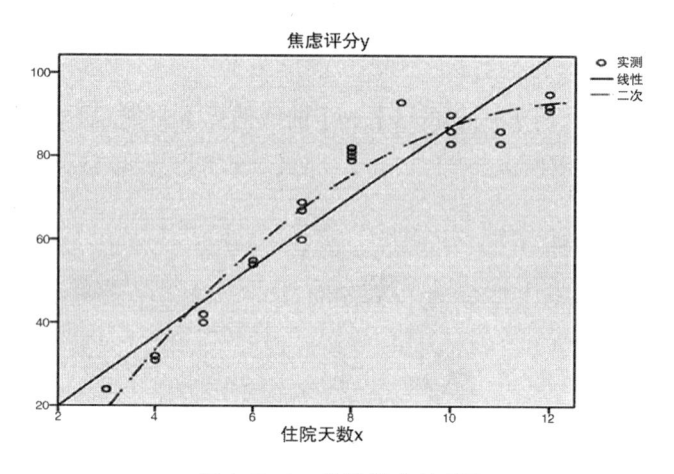

图4-3-4　曲线拟合结果2

第四节　线性回归模型衍生方法
——加权最小二乘法（WLS）

一、加权最小二乘法（WLS）模型简介

线性回归的假设条件之一为方差齐性，若不满足方差齐性（即因变量的变异程度会随着自身的预测值或者其他自变量的变化而变化）这个假设条件时，就需要用加权最小二乘法（WLS）来进行模型估计。加权最小二乘法

（WLS）会根据变异程度的大小赋予不同的权重，使其加权后回归直线的残差平方和最小，从而保证了模型有更好的预测价值。

除方差波动外，另外一种情况是根据分析目的，人为照顾某些样本数据，这最常见于实验室研究中绘制标准曲线的问题。在这些情况下，如果采用普通的最小二乘法（OLS）来分析，就使得结果主要受变异较大数据的影响，从而可能发生偏差。而如果能够根据变异的大小对相应数据给予不同的权重，在拟合时对变异较小（即测量更精确）的测量值赋予较大的权重，则能够提高模型的精度，达到更好的预测效果。

为了解决上述为不同测量值给予不同权重的问题，SPSS专门提供了加权最小二乘法（WLS），它可以根据用户提供的权重变量的大小为不同的数据给予不同的权重，从而有效地平衡了不同变异数据的影响。

需要指出的是，加权最小二乘法是一种有偏估计，如果变异程度实际上并无波动，或选择了错误的变量用于预测变异程度，则其拟合结果不如普通最小二乘法准确。因此在使用上应比较慎重。加权最小二乘法（WLS）有明确的权重。

二、加权最小二乘法的操作

（一）个案加权

【数据】—【个案加权】勾选加权个案，填入相应需要加权的变量，然后做线性回归分析。

（二）在线性回归中直接选入

1.操作

【分析】—【回归】—【线性】—在【WLS权重】中选入权重即可，非明确权重SPSS案例分析。

（1）选择"分析"→"回归"→"权重估算"菜单项。

（2）将"销售额y"选入"因变量"列表框，将"人均收入x"选入"自变量"列表框，将n选入"权重变量"列表框。

（3）单击"确定"按钮。

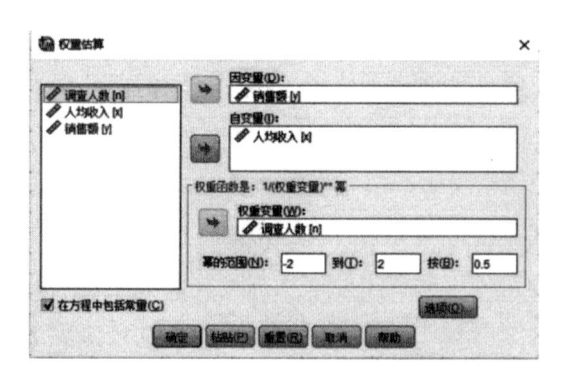

图4-4-1 加权最小二乘法的操作图

2.注意

（1）【幂的范围】系统默认为-2至+2，步长为0.5，也就是说拟合指数为-2、-1.5、-1、-0.5、0、0.5、1、1.5、2，会构建9个方程，且从中选取一个最佳的拟合指数，呈现出最好的效果。

（2）在实际工作中，可以根据残差散点图来设定幂的范围，若残差散点图中，方差不齐且标准化残差的变异程度会随着标准化预测值的增大而增大，则幂的范围为正，可加幂的范围设定为0—5，步长为0.5，反之亦然。

3.加权最小二乘法的结果

结果1：在输出视图中看对数似然值这个图，列出了9个拟合指数，及其对应的对数似然值，其中右上方带a的数字，为最佳拟合指数。

加权最小平方分析
幂摘要

		对数似然值[b]
幂	-2.000	-143.125
	-1.500	-135.868
	-1.000	-128.965
	-.500	-123.420
	.000	-119.882
	.500	-117.414
→	1.000	-116.197[a]
	1.500	-116.657
	2.000	-118.712

a. 选择了相应的幂进行进一步分析，这是因为，它使对数似然函数最大化。
b. 因变量：y，源变量：n

图4-4-2 输出结果

结果2：回归方程Y=-163.87+0.364X。

第五节　线性回归模型衍生方法——最优尺度回归

一、最优尺度回归定义

（一）定义

最优尺度回归也称分类回归，在分析数据时，当遇到自变量为分类变量的情况，比如：收入级别、学历等，我们通常的处理方法是直接将各个类别定义取值为等距连续整数。将收入的高、中、低分别定义为1、2、3，但是这意味着这三个水平之间的差距是相等的或者说它们对因变量的数值影响程度是均匀的，显然这种假设是有些草率的。普通线性回归对数据的要求十分严格，当遇到分类变量时，线性回归无法准确地反映分类变量不同取值的距离，比如性别变量，男性和女性本身是平级的，没有大小、顺序、趋势区分，若直接纳入线性回归模型，则可能会失去自身的意义。而最优尺度回归可以解决这一问题，它可以将人为设置的分类变量进一步优化，找出更加合理的分类。

最优尺度回归适用情况，最优尺度变换专门用于解决在统计建模时如何对分类变量进行量化的问题，这样就可将各种传统分析方法的适用范围一举扩展到全部的测量尺度，如对无序多分类分析、有序多分类变量和连续性变量同时进行回归分析、因子分析等。

最优尺度回归的本质是对原始变量进行变换，将各变量转化为适当的量化评分，然后使用量化评分代替原变量进行回归分析。可以说有了最优尺度回归方法，将大大提高分类变量数据的处理能力，突破分类变量对分析模型选择的限制，扩大回归分析的应用能力。

（二）最优尺度回归应用注意事项

1.变换结果和模型有关

最终的量化评分会受到希望拟合的模型的影响，变换仅仅保证相应的量化评分在当前模型框架中为最优，如果模型进行了更改，比如说引入了新的自变量,或者其他变量的测量尺度进行了更改,则量化评分的结果也会发生改变,有的时候还差异较大。

2.样本量不宜太小

由于最优尺度变换是对分类变量各类别求出最佳量化评分,显然只有各类别的样本量较多,才能保证相应评分的准确和稳定。一般而言,此处的样本量要求可参考分层卡方检验中的设定,即各类别交叉时单元格内均为5例以上,但实际分析中往往更大一些才好。

3.对有序变量的处理

在对有序分类变量进行变换时,最优尺度变换会对各类别给予依次上升或下降的量化评分,即假定各类别的作用是单调上升或下降的。如果实际情况并非如此,则可能导致错误地分析结果。为保证结果的正确性,可以在分析中先将有序变量指定为无序,观察其变换后评分是否为单调升降趋势,然后再决定后续的分析思路。

4.最佳的预分析手段

由于最优尺度回归主要给出的是变换后评分的分析结果,许多有用的信息被隐含在变换过程中。同时其原理较难理解,结果在直接应用上也有一定困难。因此,使用者可以将最优尺度分析作为一种预分析手段,通过它快速发现各类别间的差异和联系,然后回到常规的建模方法,用合并相似类别、建立复杂的哑变量模型等方式得到更易于理解和应用的分析结果。

二、最优尺度回归的操作

(一)SPSS菜单参数设置

案例中我们收集一批妇女的子女数、年龄、居住地类别(1代表城市;2代表农村)、受教育程度(1—5分别代表文盲半文盲、小学、初中、高中、大学及以上),建立年龄、居住地类别、受教育程度对子女数的回归模型。

案例数据包括4个变量,自变量:年龄、居住地、受教育程度;因变量:子女数。年龄是连续性变量,居住地是二分类变量,受教育程度是有序分类变量。从数据情况来看,自变量类型比较复杂。年龄和居住地可以直接纳入回归模型分析，受教育程度如果直接纳入，实际就是假定各类别间等距，这可能不符合实际，考虑使用4个哑变量分别代表另4个等级和文盲、半文盲之间的差异。

（二）SPSS菜单参数设置

1.打开主菜单

在SPSS数据视图下，在菜单栏中选择分析→回归→最优标度，调出SPSS分类回归主菜单界面。

图4-5-1 最优尺度回归操作图

2.定义尺度

为因变量和所有自变量指定最合适的测度类别。首先，从左侧的变量栏中选择"子女数"，按箭头按钮方向移入因变量框内，选中底部的"定义尺度"按钮，打开相应对话框，因为因变量是数值变量，因此选择"数字"单选按钮，完成对因变量的最优尺度定义。同样将3个自变量移入自变量框内，年龄定义为数字尺度，居住地定义为名义尺度，受教育程度定义为数字尺度。

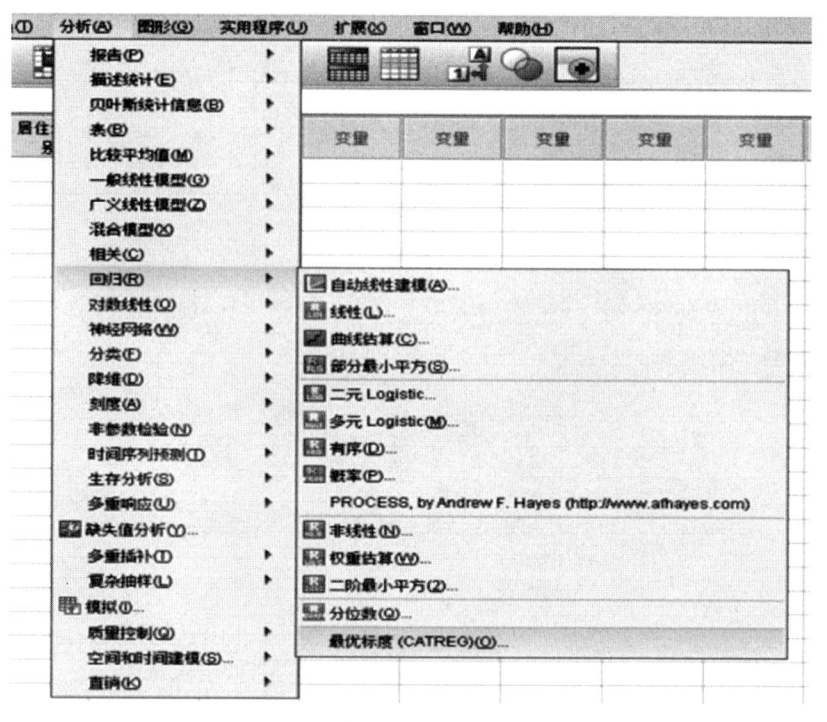

图4-5-2　最优尺度回归定义标度

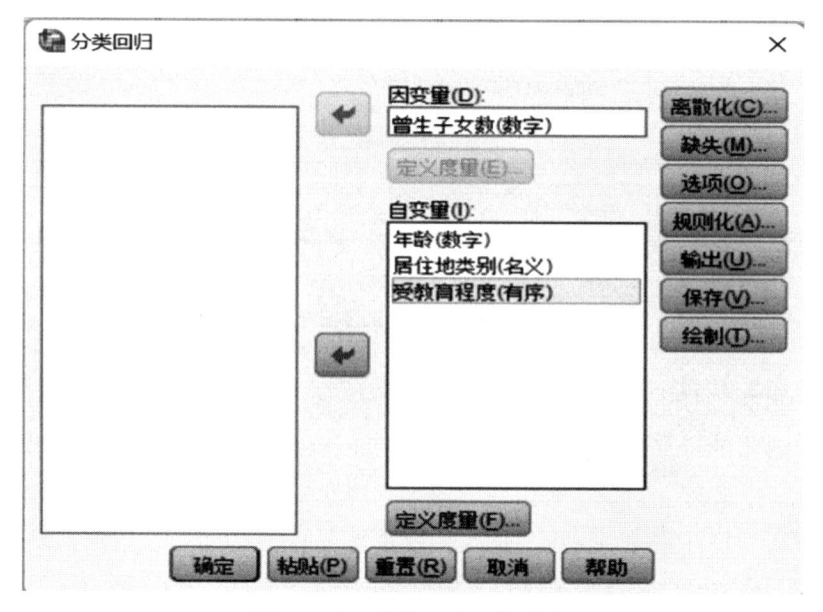

图4-5-3　最优尺度回归分类

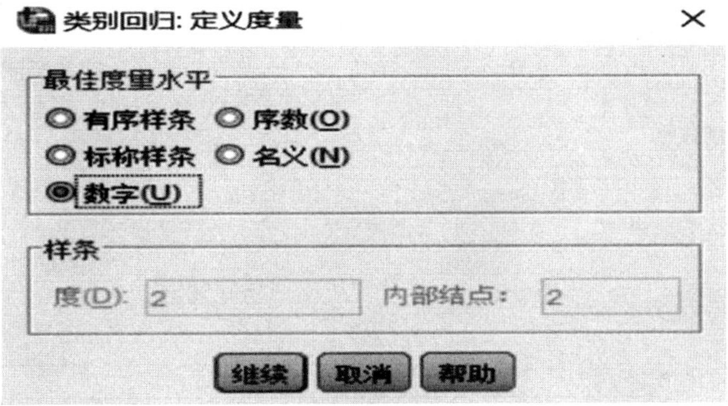

图4-5-4　最优尺度回归选项1

图4-5-5　最优尺度回归输出2

3.其他参数设置

此时直接点击主菜单下的"确定"按钮，即可执行最优尺度回归过程，其他参数接受SPSS软件的默认设置。为了得到更多直观的结果，有必要设置更多参数。本案例主要设置【图】按钮菜单里的参数。打开【分类回归：图】按钮菜单，将所有变量移入右侧的转换图框内，要求软件输出原分类变量各取值经最优尺度变换后的数值对应图（转换图就是显示最优尺度变换的评分情况）。

模型汇总

	多R	R方	调整R方	明显预测误差
标准数据	.978	.956	.934	.044

因变量：曾生子女数

预测变量：年龄　居住地类别　受教育程度

图4-5-6　最优尺度回归结果输出

4.最优尺度回归结果

表4-5-1　模型摘要表

	复R	R方	调整的R方	观测误差
标准化数据	0.978	0.956	0.934	0.044

因变量：曾生子女数，预测变量：年龄、居住地、受教育程度，最优尺度回归模型拟合性能，主要看调整的R方，该指标反映模型拟合效果。本例调整R方值偏高，最优尺度回归能够给予分类变量正确的量化评分，从而得到正确的分析结果。

表4-5-2　方差分析表

	平方和	自由度	均方	F	显著性
回归	15.299	5	3.060	43.672	0.000
残差	0.701	10	0.070		
总计	16.000	15			

因变量：曾生子女数，预测变量：年龄居住地受教育程度，回归模型的统计学意义，主要看p值。本例显著性值为0.000<0.05，说明总模型显著，结论为变换后评分拟合的模型具有统计学意义。若显著性值<0.05，说明构建的回归模型通过了方差检验，提示至少存在一个自变量对因变量有显著影响。

表4-5-3　回归系数表

	标准化系数		自由度	F	显著性
	Beta	标准误差的自助抽样（1000）估计			
年龄	0.570	0.136	1	17.550	0.002
居住地	0.220	0.086	1	6.581	0.028
受教育程度	−0.446	0.135	3	10.970	0.002

因变量：曾生子女数，本例回归模型中3个自变量的系数表，直接看显著性值。在5%置信度下，显著性值<0.05，结论为年龄、居住地和受教育程度三个变量的量化评分和子女数的量化评分间是有统计学意义，且构建模型所对应的系数值分别为0.570、0.220和−0.446（Beta），反映的是对原始变量量化后的变量变化量。若显著性值<0.05，说明自变量（a/b/c）对因变量有显著影响。

表4-5-4　相关性和容差

	相关性			重要性	容差	
	零阶	偏	部分		转换后	转换前
年龄	0.896	0.890	0.408	0.535	0.513	0.523
居住地	0.284	0.724	0.219	0.065	0.995	0.959
受教育程度	−0.857	−0.837	−0.320	0.400	0.513	0.507

（1）相关分析

给出各自变量对因变量的相关性分析，共给出三种结果，其中偏相关是控制了其他变量对应、自变量的影响后的估计，部分相关则只控制其他变量对因变量的影响。

（2）影响重要性

是根据标化系数和相关系数计算出的自变量在模型中的重要程度百分比，所有变量的重要性加起来等于100%，数值越大表明该变量对因变量的预测越重要。从中可见，年龄和受教育程度对生育子女数的影响最大，而在考虑了以上变量后，居住地的影响实际上是最小的。

（3）容忍度

表示该变量对因变量的影响中不能够被其他自变量所解释的比例，越大越好，反映了自变量共线性的情况，如果有变量的容忍度太小，则最优尺度回归的分析结果可能不正确。曾生子女数=0.57×年龄标准分-0.22×居住地标准分-0.446×受教育程度标准分。

表4-5-5 曾生子女数量化表

类别	频率	量化
1	4	-1.191
2	6	-0.284
3	4	0.624
4	1	1.531
5	1	2.438

表4-5-6 年龄量化表

类别	频率	量化
20	1	-1.615
22	1	-1.398
24	1	-1.181
25	1	-1.072
28	1	-0.746
30	1	-0.529
32	1	-0.312
34	1	-0.095
36	1	0.122
38	1	0.339
40	1	0.556
42	1	0.773
44	1	0.991
45	1	1.099
48	1	1.425
50	1	1.642

表4-5-7　居住地量化表

类别	频率	量化
城市	8	1.000
农村	8	−1.000

表4-5-8　受教育程度量化表

类别	频率	量化
文盲半文盲	2	−2.485
小学	3	−0.197
初中	4	0.166
高中	3	0.699
大学	4	0.699

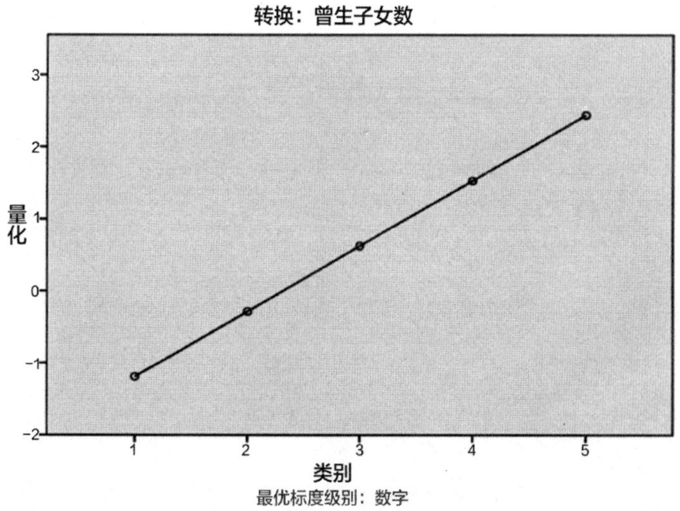

图4-5-7　最优尺度图变量转换图1

这项结果主要是看整个分析过程中分类变量是如何转换为标准数值尺度的，是一个过程性的结果，并非关键结果。转换图是量化表的可视化。

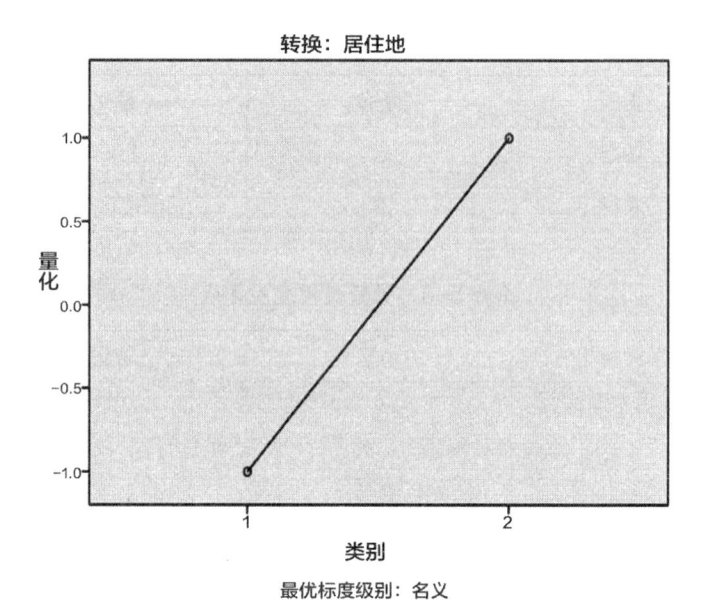

图4-5-8 最优尺度图变量转换图2

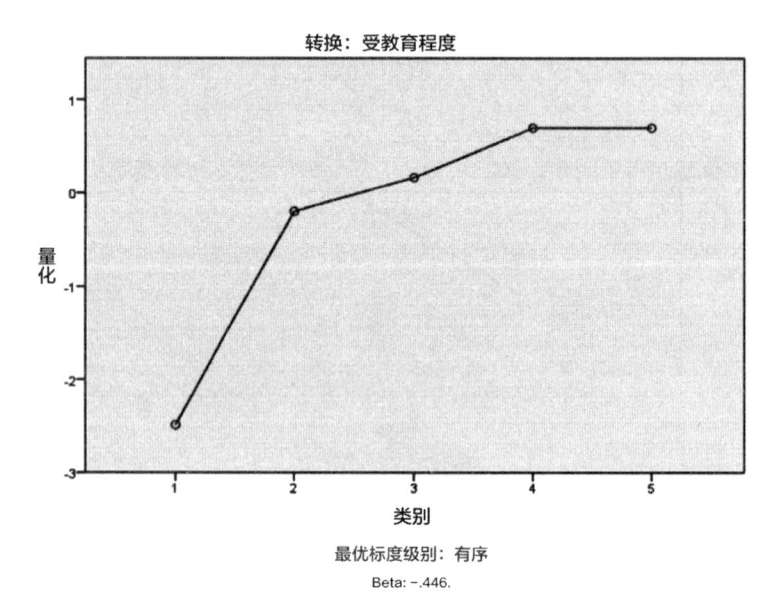

图4-5-9 最优尺度图变量转换图3

第五章　中介效应的操作

第一节　利用SPSS逐步回归的算法

一、逐步检验回归系数法

逐步检验回归系数法，根据温忠麟等（2004）提出的中介效应检验程序，按三步进行中介效应检验。

第一步，检验X对Y的回归（$Y = cX+e_1$）中回归系数c是否显著，若显著，则继续。

第二步，检验X对M的回归（$M=aX+e_2$）中的回归系数a，控制了X后M对Y的回归（$Y=c'X+bM+e_3$）中的回归系数b是否显著，若显著，则可以进行完全中介效应或者部分中介效应的检验，若都不显著，那么停止检验，若有其中一个显著，则开始进行sobel检验。

第三步，检验中介效应大小，检验控制了M后，X对Y的回归系数c'是否显著，如若c'显著，那么M起部分中介效应；若c'不显著，则表示M起完全中介效应，见图5-1-1。

模型1：　$Y=cX+e_1$

模型2：　$M=aX+e_2$

模型3：　$Y=c'X+bM+e_3$

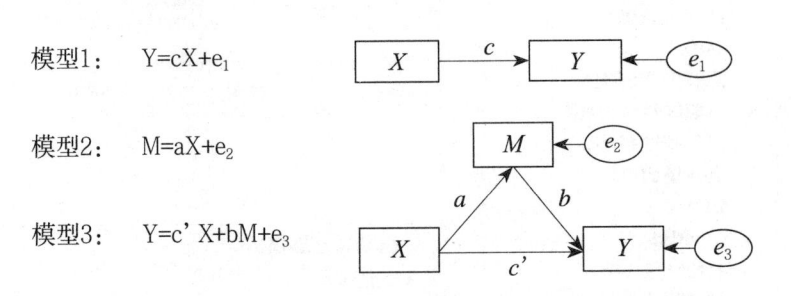

图5-1-1　中介效应模型图

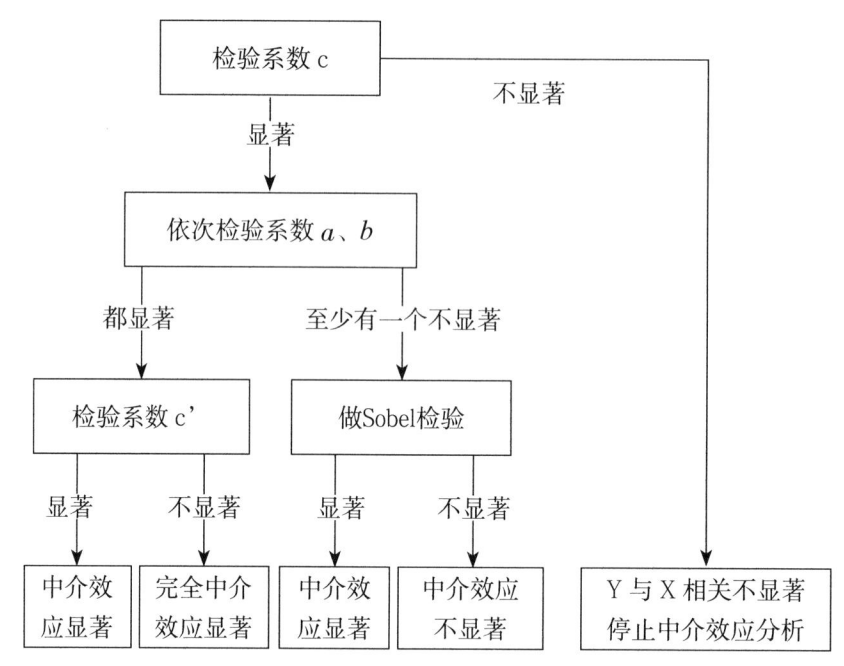

图5-1-2　中介效应检验步骤

二、操作方法

（一）第一步，检验c

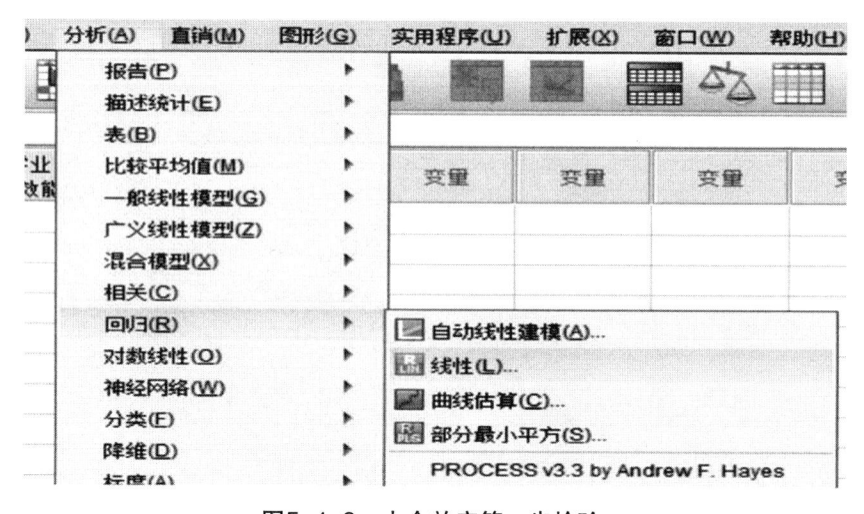

图5-1-3　中介效应第一步检验

第五章　中介效应的操作

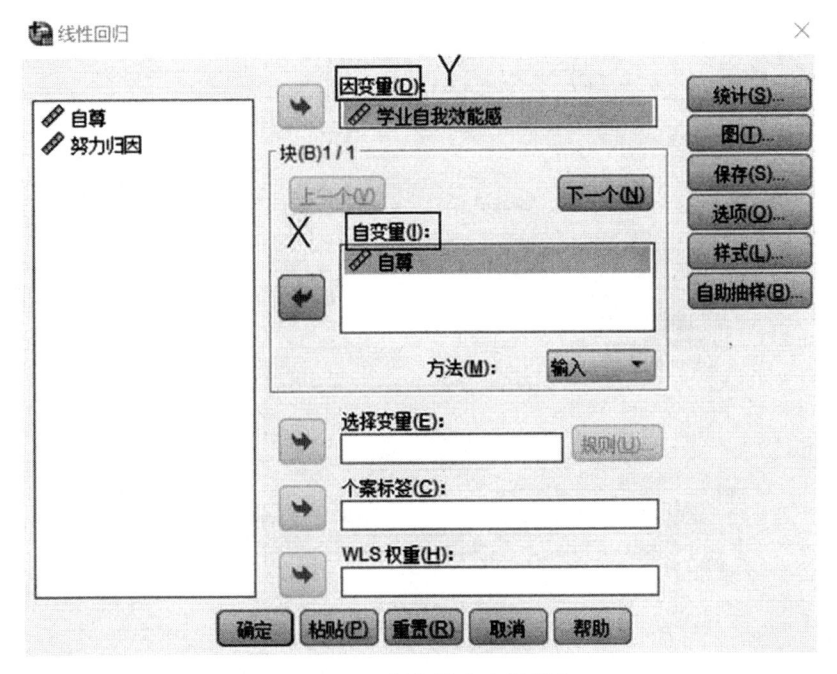

图5-1-4　中介效应变量输入

图5-1-5　中介效应选项

-61-

模型摘要

模型	R	R方	调整后R方	标准估算的误差
1	.968ª	.936	.931	1.905

a.预测变量：（变量），自尊

ANOVAª

模型		平方和	自由度	均方	F	显著性
1	回归	691.758	1	691.758	190.626	.000ᵇ
	残差	47.175	13	3.629		
	总计	738.933	14			

a.因变量：学业自我效能感
b.预测变量：（常量），自尊

系数ª

模型		未标准化系数 B	标准误差	标准化系数 Beta	t	显著性	B的95.0%置信区间 下限	上限
1	（常量）	32.631	2.732		11.944	.000	26.729	38.533
	自尊	1.319	.096	.968	13.807	.000	1.112	1.525

a.因变量：学业自我效能感

图5-1-6 中介效应第一步结果输出

（二）第二步，检验a，M

1.检验a

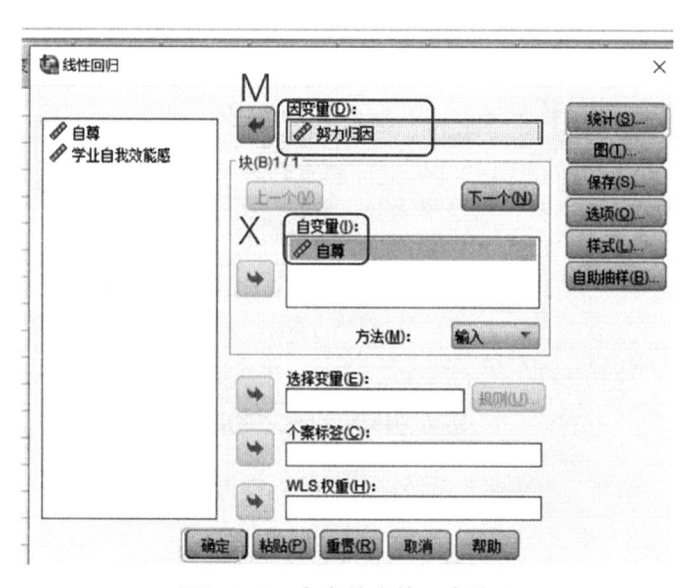

图5-1-7 中介效应第二步检验

第五章　中介效应的操作

模型摘要

模型	R	R方	调整后R方	标准估算的误差
1	.943ª	.889	.880	1.497

a. 预测变量：（常量），自尊

ANOVAª

模型		平方和	自由度	均方	F	显著性
1	回归	233.275	1	233.275	104.122	.000ᵇ
	残差	29.125	13	2.240		
	总计	262.400	14			

a. 因变量：努力归因
b. 预测变量：（常量），自尊

系数ª

模型		未标准化系数 B	标准误差	标准化系数 Beta	t	显著性	B 的 95.0% 置信区间 下限	上限
1	（常量）	-2.346	2.147		-1.093	.294	-6.983	2.292
	自尊	.766	.075	.943	10.204	.000	.604	.928

a. 因变量：努力归因

图5-1-8　中介效应检验第二步检验a结果输出

2.检验b

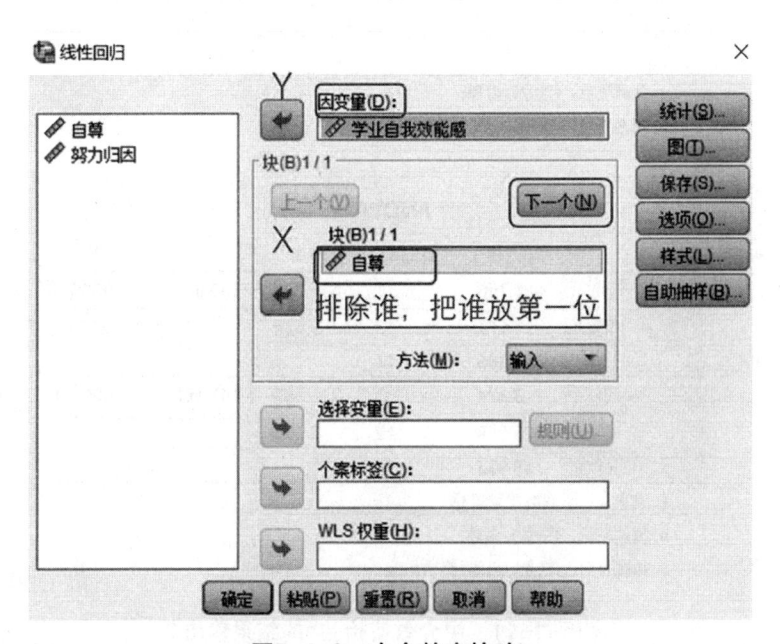

图5-1-9　中介效应检验b

图5-1-10 中介效应检验b的第二步

模型摘要

模型	R	R方	调整后R方	标准估算的误差
1	.968a	.936	.931	1.905
2	.983b	.965	.960	1.459

a. 预测变量：(常量)，自尊
b. 预测变量：(常量)，自尊，努力归因

ANOVAa

模型		平方和	自由度	均方	F	显著性
1	回归	691.758	1	691.758	190.626	.000b
	残差	47.175	13	3.629		
	总计	738.933	14			
2	回归	713.374	2	356.687	167.466	.000c
	残差	25.559	12	2.130		
	总计	738.933	14			

a. 因变量：学业自我效能感
b. 预测变量：(常量)，自尊
c. 预测变量：(常量)，自尊，努力归因

图5-1-11 中介效应检验b的结果输出1

第五章 中介效应的操作

系数[a]

模型		未标准化系数 B	标准误差	标准化系数 Beta	t	显著性	B 的 95.0% 置信区间 下限	上限
1	(常量)	32.631	2.732		11.944	.000	26.729	38.533
	自尊	1.319	.096	.968	13.807	.000	1.112	1.525
2	(常量)	34.652	2.187		15.845	.000	29.887	39.417
	自尊	.659	.220	c' .484	3.000	.011	.180	1.138
	努力归因	.862	.270	b .513	3.186	.008	.272	1.451

a. 因变量：学业自我效能感

图5-1-12 中介效应检验b的结果输出2

排除的变量[a]

模型		输入 Beta	t	显著性	偏相关	共线性统计 容差
1	努力归因	.513[b]	3.186	.008	.677	.111

a. 因变量：学业自我效能感
b. 模型中的预测变量：(常量), 自尊

图5-1-13 中介效应检验b的结果输出3

（三）第三步，检验c'

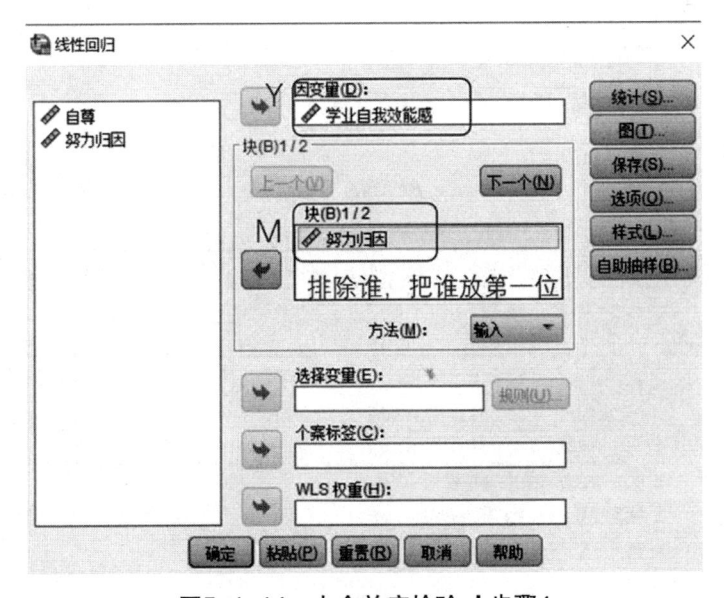

图5-1-14 中介效应检验c'步骤1

- 65 -

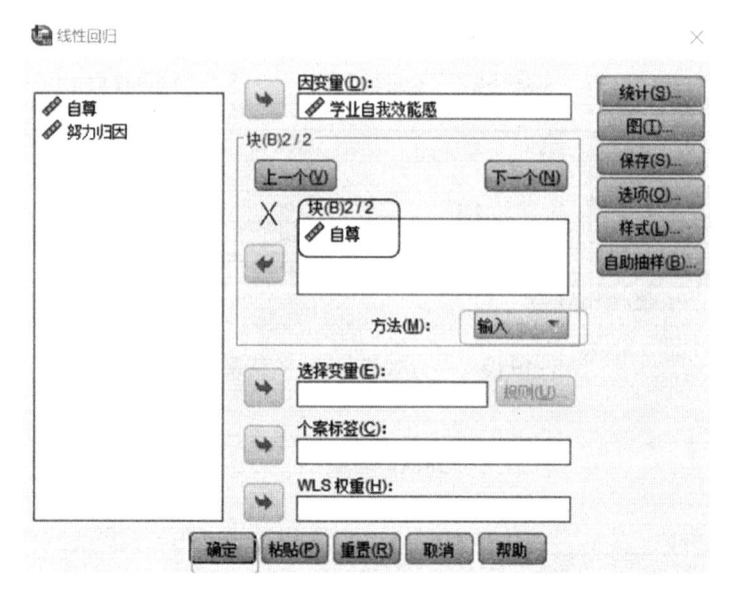

图5-1-15 中介效应检验c'步骤2

模型摘要

模型	R	R方	调整后R方	标准估算的误差
1	.969ª	.939	.935	1.855
2	.983ᵇ	.965	.960	1.459

a. 预测变量：(常量)，努力归因
b. 预测变量：(常量)，努力归因，自尊

ANOVAª

模型		平方和	自由度	均方	F	显著性
1	回归	694.201	1	694.201	201.745	.000ᵇ
	残差	44.733	13	3.441		
	总计	738.933	14			
2	回归	713.374	2	356.687	167.466	.000ᶜ
	残差	25.559	12	2.130		
	总计	738.933	14			

a. 因变量：学业自我效能感
b. 预测变量：(常量)，努力归因
c. 预测变量：(常量)，努力归因，自尊

图5-1-16 中介效应检验c'结果输出1

系数ᵃ

模型		未标准化系数 B	标准误差	标准化系数 Beta	t	显著性	B的95.0%置信区间 下限	上限
1	(常量)	38.504	2.250		17.111	.000	33.643	43.365
	努力归因	1.627	.115	.969	14.204	.000	1.379	1.874
2	(常量)	34.652	2.187		15.845	.000	29.887	39.417
	努力归因	.862	.270	.513	3.186	.008	.272	1.451
	自尊	.659	.220	.484	3.000	.011	.180	1.138

a. 因变量：学业自我效能感

排除的变量ᵃ

模型		输入 Beta	t	显著性	偏相关	共线性统计 容差
1	自尊 c'	.484ᵇ	3.000	.011	.655	.111

a. 因变量：学业自我效能感
b. 模型中的预测变量：(常量), 努力归因

图5-1-17　中介效应检验c'结果输出2

中介变量		标准化回归方程	R^2	F	β	t
努力归因	第一步	Y=0.97X	0.94	190.63***	0.97	13.81***
	第二步	M=0.94X	0.89	104.11***	0.94	10.20***
		Y=0.48X+0.51M	0.97	167.47***	0.51	3.19**
	第三步		0.97	167.47***	0.48	3.00*

注：*p<0.05,**p<0.01,***p<0.001。

图5-1-18　努力归因在自尊和学业自我效能感之间的中介作用检验

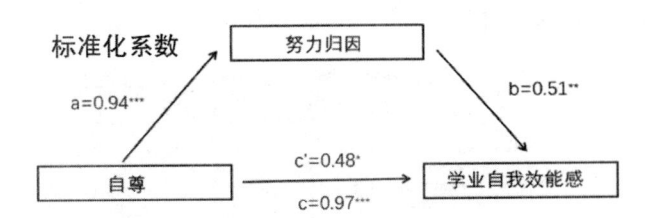

图5-1-19　努力归因在自尊和学业自我效能感之间的中介效应模型图

标准化系数，说明努力归因对自尊和学业自我效能感起部分中介作用，效应量为49.42%，效应量=间接效应/总效应=ab/c。

第二节　利用SPSS的process插件的算法

一、使用process插件的优点

1.中介效应分析一步到位。在传统的SPSS中介效应分析中，一般要分几步进行。Hayes的process插件直接将这些步骤运行的结果一起给出。结果呈现更全面，除常规回归分析的结果外，还提供直接效应和间接效应的估计值以及Bootstrap置信区间等。

2.Bootstrap检验可以自动处理。传统中介效应分析中，中介效应的Bootstrap检验需要手工计算或设置。这些在process中可以直接自动化完成。

3.能够进行复杂模型分析。如多重中介模型、带有控制变量的中介模型等。直接效应：c'，间接效应：ab，总效应：c。

$$Y=cX+e_1 \quad （1）$$
$$M=aX+e_2 \quad （2）$$
$$Y=c'X+bM+e_3 \quad （3）$$
$$c=c'+ab \quad （4）$$

图5-2-1　中介效应的模型分解图

二、操作步骤

1.打开process插件

图5-2-2　中介效应插件做法

2.输入变量

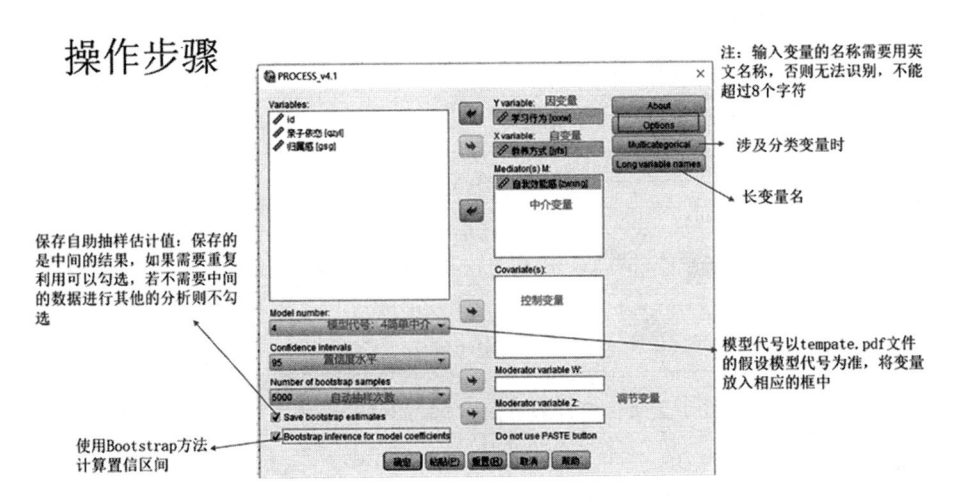

操作步骤

图5-2-3 中介效应插件模型选择

3.选择合适的选项

【Options】

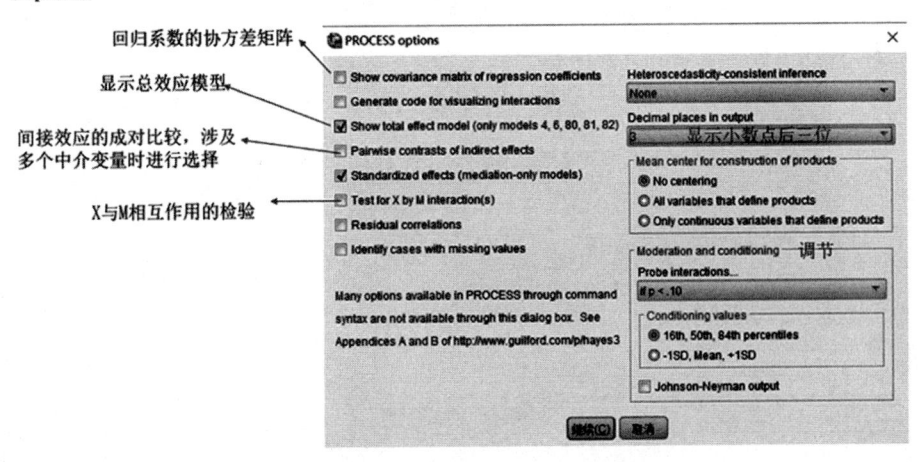

图5-2-4 中介效应插件选项

4.运行程序，输出结果

（1）找到系数a

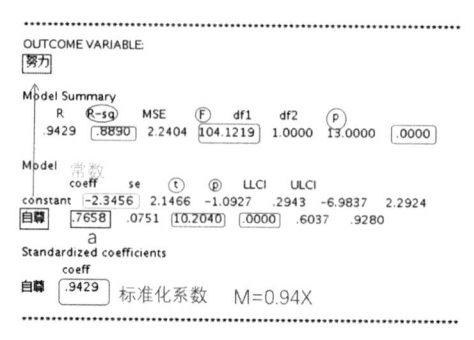

图5-2-5　中介效应process插件结果输出1

（2）找到系数b、c'

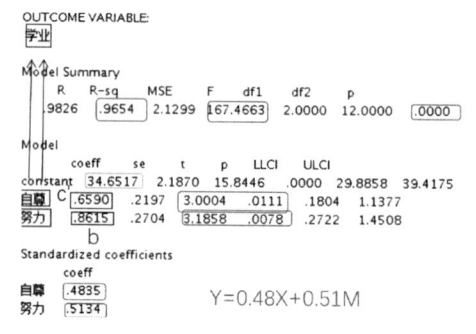

图5-2-6　中介效应process插件结果输出及含义

（3）找到系数c

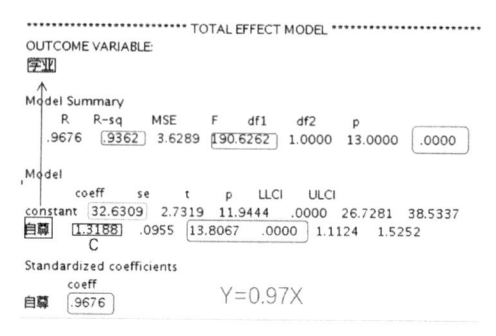

图5-2-7　中介效应process插件结果输出及系数的含义

第五章 中介效应的操作

（4）找到总效应、直接效应和间接效应

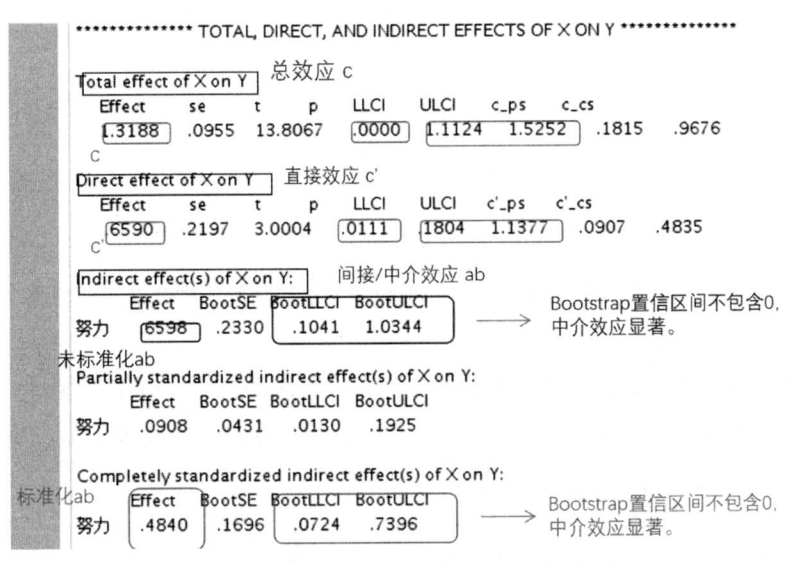

```
*************** TOTAL, DIRECT, AND INDIRECT EFFECTS OF X ON Y ***************

Total effect of X on Y      总效应 c
    Effect     se        t        p       LLCI    ULCI    c_ps    c_cs
    1.3188   .0955   13.8067   .0000    1.1124  1.5252   .1815   .9676

Direct effect of X on Y     直接效应 c'
    Effect     se        t        p       LLCI    ULCI    c'_ps   c'_cs
    .6590    .2197    3.0004   .0111     .1804  1.1377   .0907   .4835

Indirect effect(s) of X on Y:    间接/中介效应 ab
         Effect   BootSE  BootLLCI  BootULCI
  努力   .6598    .2330    .1041    1.0344       → Bootstrap置信区间不包含0,
                                                   中介效应显著。
未标准化 ab
Partially standardized indirect effect(s) of X on Y:
         Effect   BootSE  BootLLCI  BootULCI
  努力   .0908    .0431    .0130     .1925

标准化 ab
Completely standardized indirect effect(s) of X on Y:
         Effect   BootSE  BootLLCI  BootULCI
  努力   .4840    .1696    .0724     .7396       → Bootstrap置信区间不包含0,
                                                   中介效应显著。
```

图5-2-8　中介效应process插件总效应结果输出

（5）填写路径系数，制成表格

	路径系数	SE	t
X—M	0.94	0.02	4.49***
M—Y	0.51	0.38	4.32***
X—Y	0.48	0.12	5.01***

注：*$p<0.05$，**$p<0.01$，***$p<0.001$

图5-2-9　中介效应路径系数

（6）制成效应表

中介变量	效应	效应值	95%CI
	总效应	0.97	[0.49, 0.95]
努力归因	直接效应	0.48	[0.36, 0.82]
	间接效应	0.48	[0.07, 0.74]

图5-2-10　努力归因的中介效应检验（标准化的结果）

（7）画出中介效应模型图

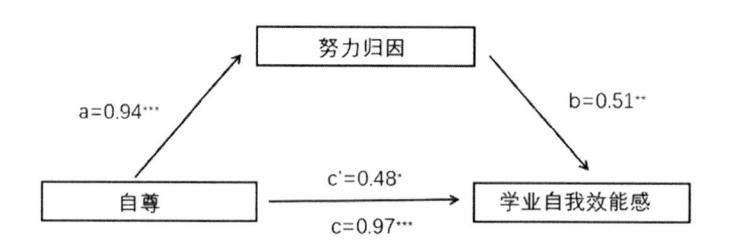

图5-2-11 努力归因在自尊和学业自我效能感之间的中介效应模型图

以自尊为X，学业自我效能感为Y，努力归因为M，分析结果显示，努力归因的中介效应显著（BootLLCI=0.07，BootULCI=0.74），ab等于0.8，效应量为49.42%。效应量=间接效应/总效应=ab/c。

图5-2-12 中介效应例题的数据

第六章 调节效应的操作

第一节 利用SPSS分层回归的算法

一、调节变量的SPSS分层回归的算法

（一）自变量和调节变量都是分类变量，方差分析考察交互效应（调节效应）

以"人际适应在是否独生和生源地上的差异"为例。

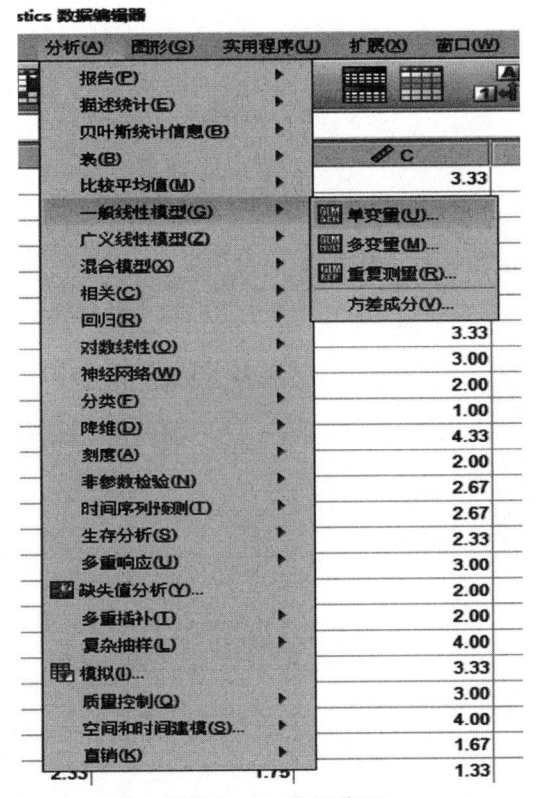

图6-1-1 分析选项

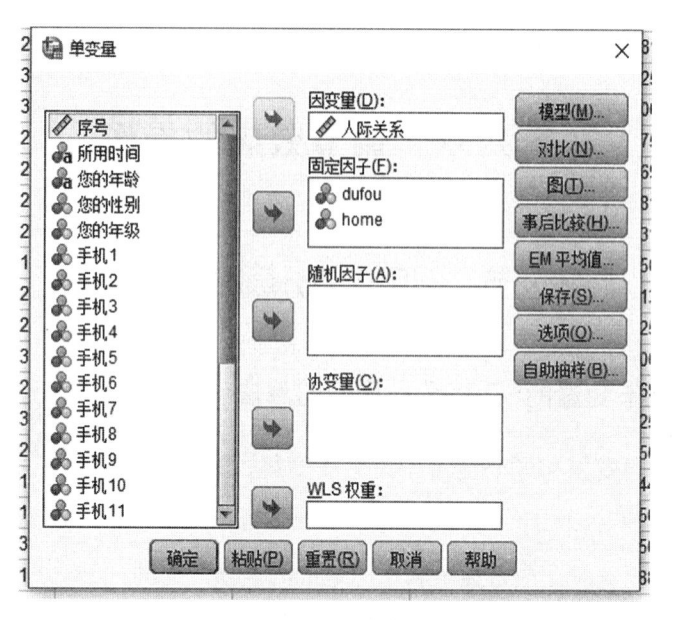

图6-1-2 选变量

主体间效应检验

因变量：人际关系

源	III 类平方和	自由度	均方	F	显著性	偏 Eta 平方
修正模型	5469.469a	3	1823.156	84.107	.000	.332
截距	618612.844	1	618612.844	28538.340	.000	.983
dufou	1715.655	1	1715.655	79.148	.000	.135
home	74.347	1	74.347	3.430	.065	.007
dufou * home	3306.010	1	3306.010	152.515	.000	.231
误差	10990.013	507	21.677			
总计	1077648.403	511				
修正后总计	16459.481	510				

a. R方 = .332（调整后 R方 = .328）

线框中的内容就是交互效应检验的结果，显示交互作用显著，说明调节效应显著

图6-1-3 结果输出

调节效应和交互效应，从统计上看，调节效应和交互效应是相同的（对 H_0：c=0 进行检验，c 显著，则调节效应显著），从概念上看，交互效应中，两个自变量地位不固定，可以任意解释。调节作用中，调节变量和自变量根

第六章 调节效应的操作

据假设而模型固定。

基于SPSS和EXCEL的轮廓图如下。

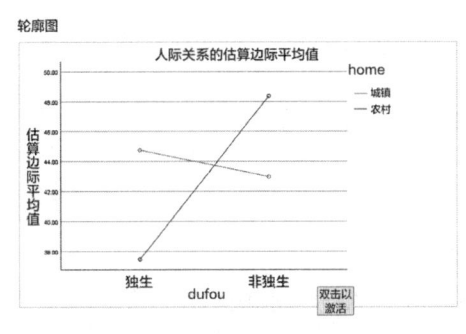

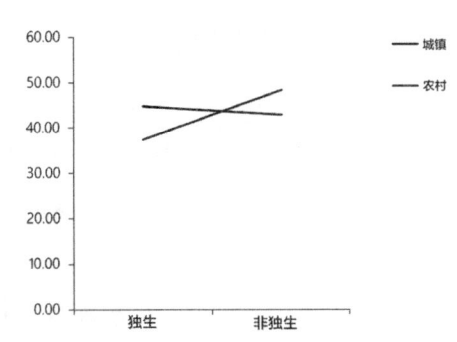

图6-1-4 基于SPSS的交互效应图　　图6-1-5 基于EXCEL的简单效应图

简单效应分析语法是：

Manova人际关系bydufou（1，2）home（1，2）

/error=withincell

/design

/design=dufouwithinhome（1）dufouwithinhome（2）

/design=homewithindufou（1）homewithindufou（2）

简单效应分析的结果见图6-1-6，表示总共有511个个案，0个缺失，3个设计。

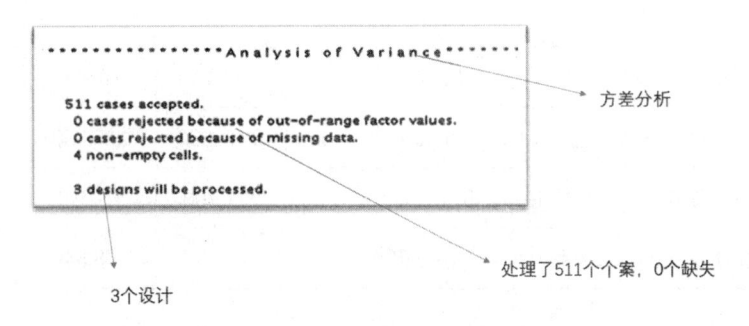

图6-1-6　简单效应分析结果输出

通过分析，在城镇水平上看独生与否是否有差异，人际关系有差异，在农村水平上看独生与否是否有差异，人际关系有差异，结果如下。

```
                                    方差分析2
         * * * * * * * * * * * * * * Analysis of Variance -- Design 2 * * * * * * *
         Tests of Significance for 人际关系 using UNIQUE sums of squares
         Source of Variation      SS      DF      MS      F    Sig of F

         WITHIN CELLS          10990.01   507    21.68
         DUFOU WITHIN HOME(1)    237.53     1   237.53   10.96   .001
         DUFOU WITHIN HOME(2)   5394.22     1  5394.22  248.85   .000

         在独生水平上,生源地是否有差异
```

图6-1-7 生源地差异结果

分析在独生水平上,生源地是否有差异,人际关系有差异,在非独生水平上看生源地是否有差异,人际关系有差异。结果如下:

```
         * * * * * * * * * * * * * * Analysis of Variance -- Design 3 * * * * * *
         Tests of Significance for 人际关系 using UNIQUE sums of squares
         Source of Variation      SS      DF      MS      F    Sig of F

         WITHIN CELLS          10990.01   507    21.68
         HOME WITHIN DUFOU(1)    871.70     1   871.70   40.21   .000
         HOME WITHIN DUFOU(2)   3432.24     1  3432.24  158.34   .000
```

图6-1-8 独生子女差异结果

得到简单效应分析表,见表6-1-1。

表6-1-1 简单效应分析表

变异来源	SS	df	MS	F	p
生源地在home1水平上	237.530	1	237.530	10.960	0.001
生源地在home2水平上	5394.220	1	5394.220	248.850	0.000
是否独生子女在dufou1水平上	871.700	1	871.700	40.210	0.000
是否独生子女在dufou2水平上	3432.240	1	3432.240	158.340	0.000

(二)自变量是连续变量,调节变量是分类变量(分组回归)

1.数据—拆分文件—分割文件—比较组—调节变量M放入—分析—回归—线性—中心化后的自变量和因变量放入。

第六章 调节效应的操作

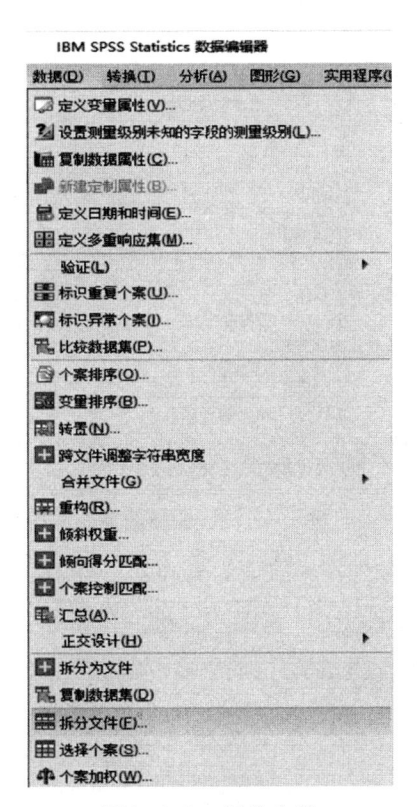

图6-1-9 拆分文件

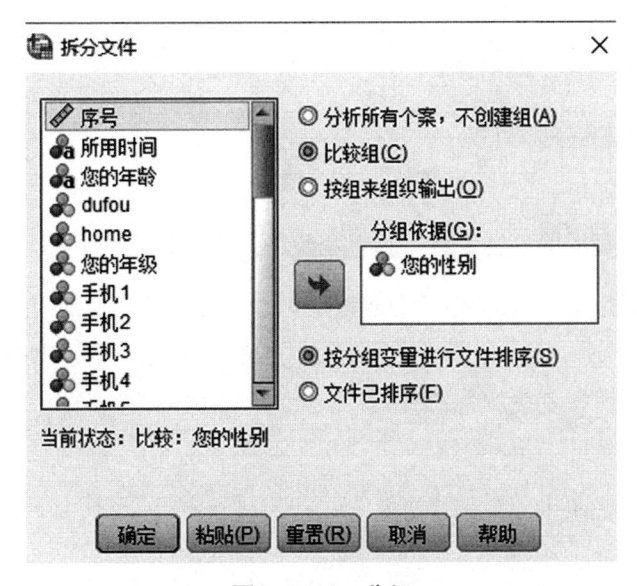

图6-1-10 分组

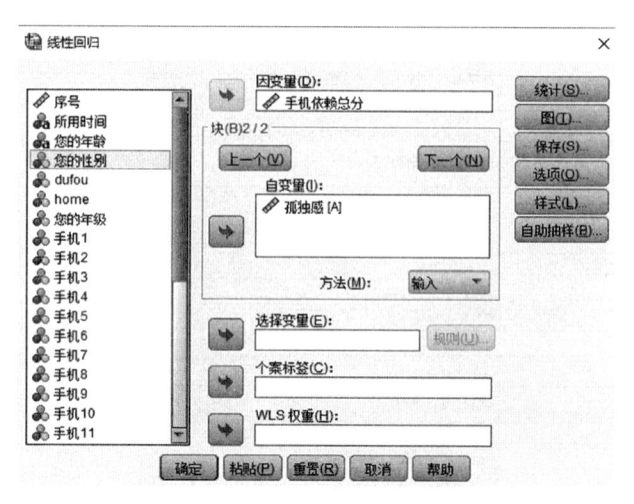

图6-1-11 变量选择

在图6-1-12中,M是性别,取值为男和女。其中在男性组中,X的非标准回归系数0.839,而在女性组中,X的非标准回归系数为0.800,结果显示回归系数有差异,说明性别(M)在X对Y的影响中具有调节效应,且男性强于女性。

系数[a]

您的性别	模型		未标准化系数 B	标准错误	标准化系数 Beta	t	显著性
男	1	(常量)	.295	.072		4.111	.000
		孤独感	.839	.023	.933	36.410	.000
女	1	(常量)	.359	.051		7.042	.000
		孤独感	.800	.018	.929	44.322	.000

a. 因变量: 手机依赖总分

图6-1-12 结果输出

(三)自变量是分类变量,调节变量是连续变量

操作步骤是第一步,先将自变量(假设4个水平)转化成虚拟变量(K-1个虚拟变量)X1、X2、X3,调节变量中心化处理(cM),求中心化处理后的调节变量与虚拟变量的乘积cM×cX1、cM×cX2、cM×cX3。第二步,层级回归分析调节效应。第一层X1、X2、X3、cM,第二层cM×cX1、cM×cX2、cM×cX3,R^2改变量是否显著或者XM的回归系数是否显著。具体输入时,将"大一"作为参照。

第六章 调节效应的操作

图6-1-13 计算变量

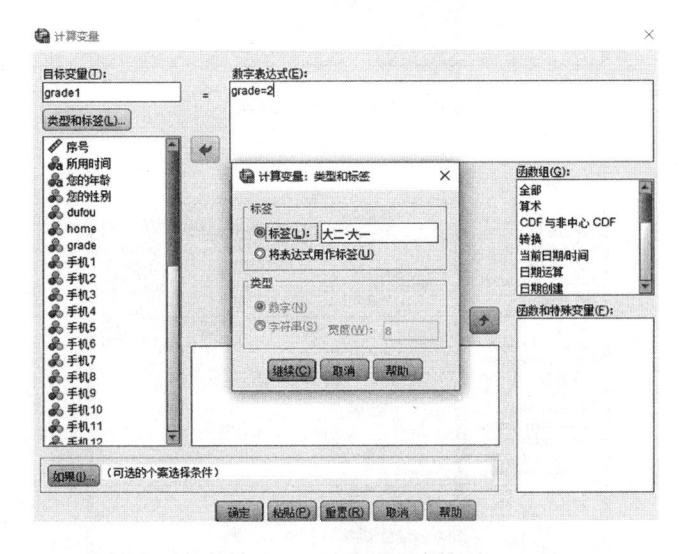

图6-1-14 计算变量操作

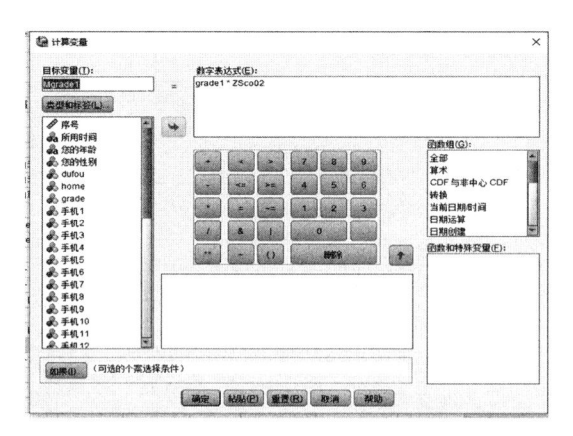

图6-1-15 计算变量操作数字表达式

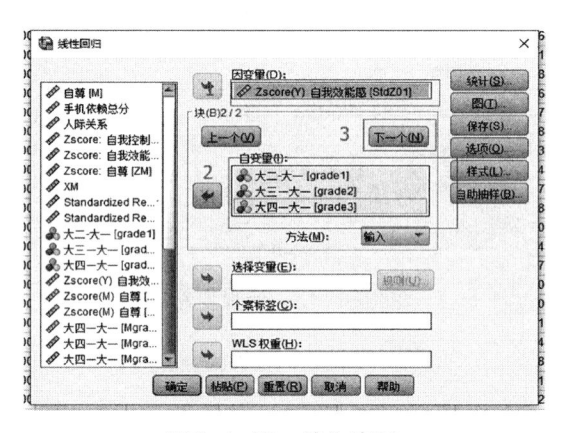

图6-1-16 输入变量

图6-1-17 调节变量输入

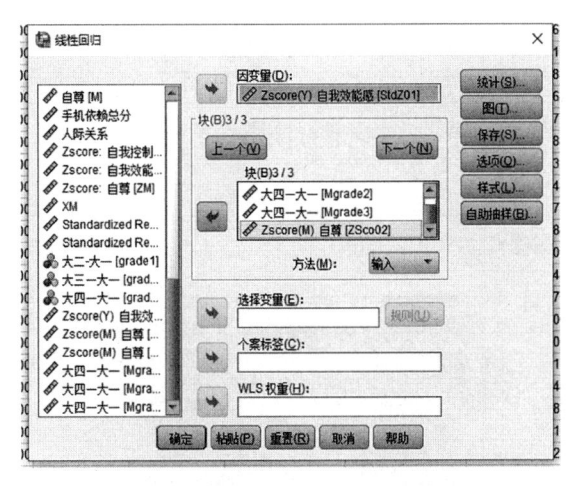

图6-1-18 调节变量输入2

图6-1-19 结果输出

(四)自变量(X)和调节变量(M)都是连续变量

可以在SPSS作分层回归,也可以直接在process插件直接做。在SPSS做分层回归的步骤:

第一,对两个变量先做中心化处理(变量—变量的平均数)cXcM求中心化处理之后的两个变量的乘积(交互效应项或调节效应项cXM)。第二,层次回归分析调节效应或交互效应。第一层cXcM，第二层cXM，R2改变量是否显著或者XM的回归系数是否显著。

交互项的做法有两种，一种是直接用标准化回归系数，一种是原始数据中心化。

1.直接用标准化回归系数

图6-1-20 选择"描述"

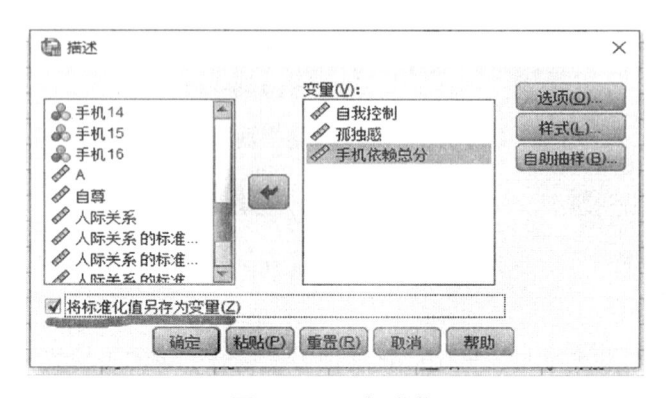

图6-1-21 标准化

第六章 调节效应的操作

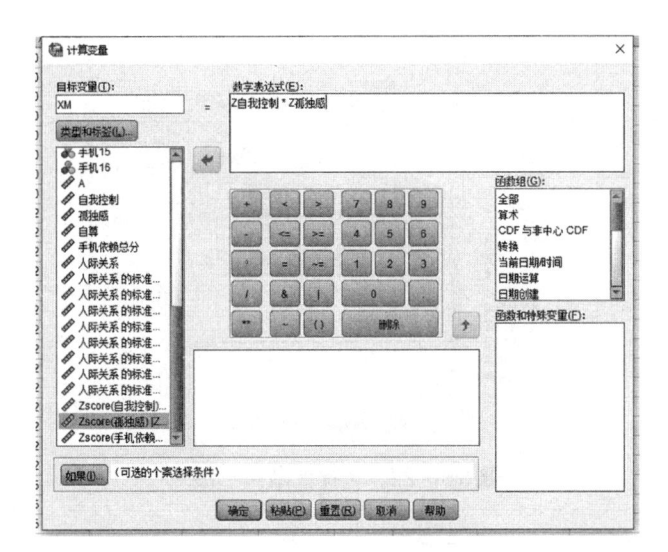

图6-1-22 交互项的做法

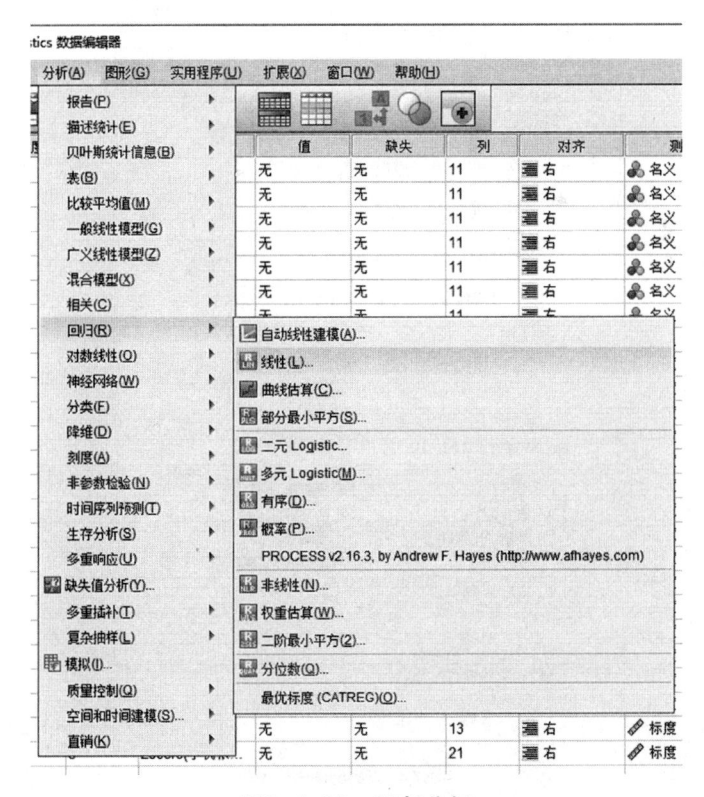

图6-1-23 回归分析

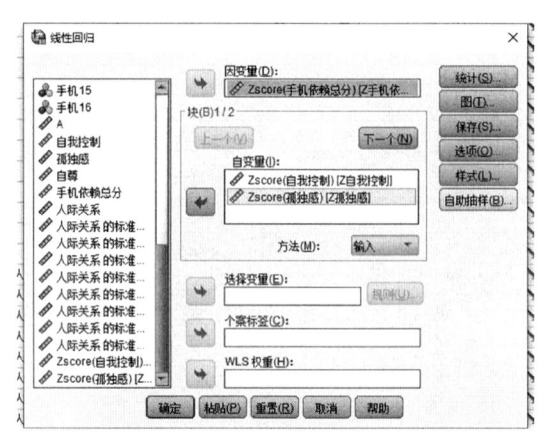

图6-1-24　选择变量第一层

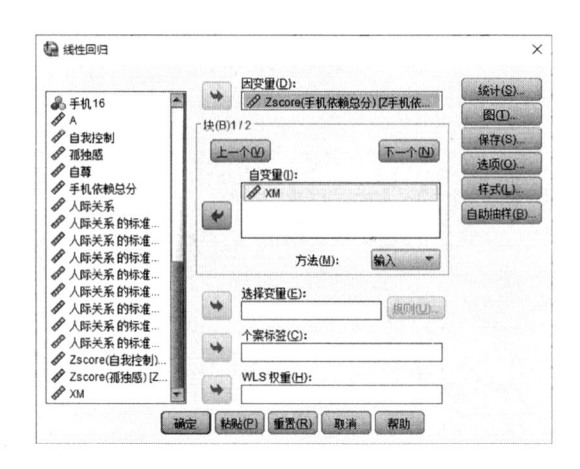

图6-1-25　第二层选择

图6-1-26　结果输出

2.原始数据中心化

中心化的方法：每个数据减去均值。例如：研究"身高"在青少年个体"体重"与"做功"之间有无调节效应。

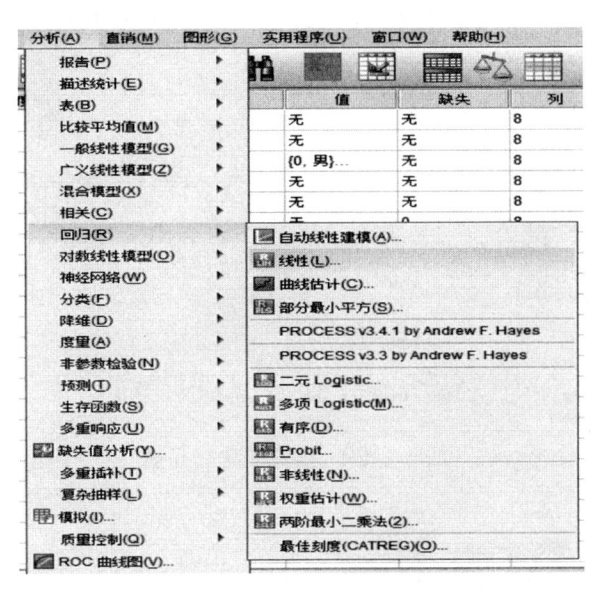

图6-1-27 回归选项

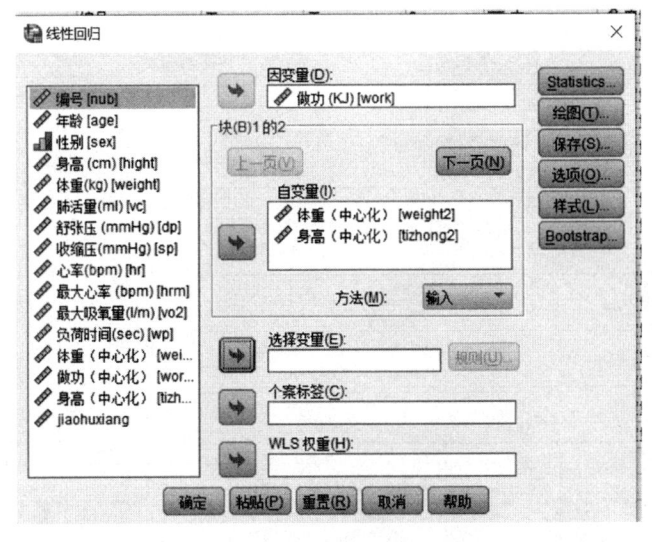

图6-1-28 中心化的选项

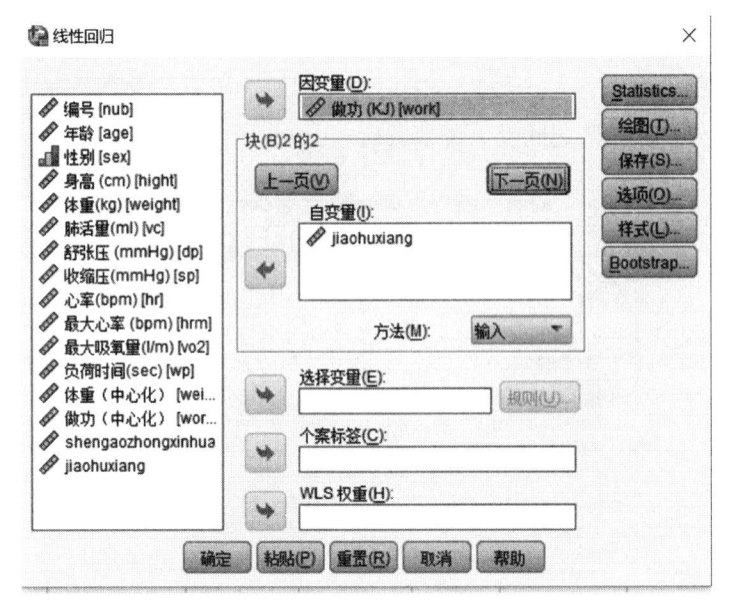

图6-1-29　第二层选交互项

图6-1-30　结果输出

模型摘要

模型	R	R 平方	调整后 R 平方	标准偏斜度错误	R 平方变更	F 值变更	df1	df2	显著性 F 值变更
1	.786ª	.617	.615	21.33819	.617	361.157	2	448	.000
2	.832ᵇ	.693	.691	19.14199	.075	109.697	1	447	.000

图6-1-31　模型摘要图

系数ª

模型		非标准化系数		标准化系数	T	显著性
		B	标准错误	Beta		
1	（常数）	94.497	1.005		94.048	.000
	体重（中心化）	1.276	.175	.370	7.298	.000
	身高（中心化）	1.518	.170	.454	8.954	.000
2	（常数）	87.799	1.105		79.442	.000
	体重（中心化）	1.151	.157	.334	7.316	.000
	身高（中心化）	1.807	.155	.540	11.692	.000
	交互项	.080	.008	.281	10.474	.000

图6-1-32　系数输出结果

以体重为自变量、做功为因变量、身高为调节变量进行调节效应分析，结果显示，身高对体重做功存在正向调节（B=0.08，$p<0.001$，$\triangle R^2=0.075$）。

3.分层回归的简单斜率检验

这一方法是通过选取调节变量W上的某个点或多个点，然后计算该点上的X—Y斜率（此斜率即为简单斜率），进而进行斜率和斜率差异的显著性检验，由此作出调节效应成立与否的推断。最常用的做法是选取均值上下一个标准差的两个点（这两个点有代表性，有意义），用以标识调节变量取值的高低两种水平，然后比较分析比较这两个点上的简单斜率。

选点法（Pick-A-PointApproach）的原理，Mo=A的简单斜率分析。第一，新Mo=原Mo-（mean+sd），由于是中心化后的调节变量，所以均值为0。第二，使用新Mo与X相乘构造调节项。第三，代入分析，X斜率即简单斜率。

（1）计算调节变量的平均值和标准差。

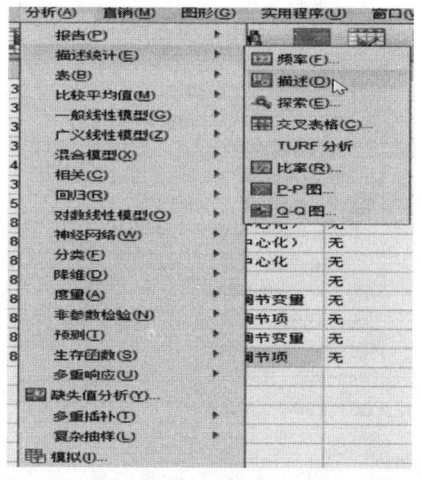

图6-1-33　计算调节变量的平均值和标准差

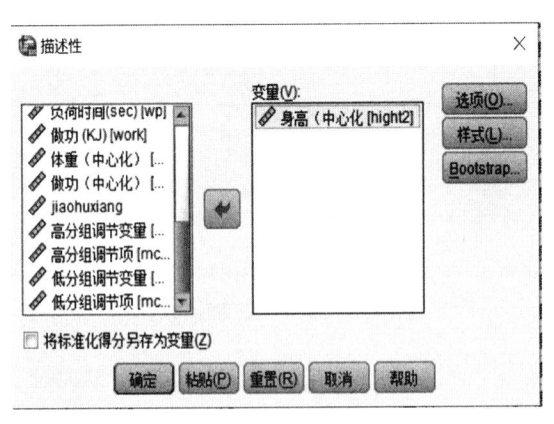

图6-1-34　变量输入

描述性统计资料

	N	最小值	最大值	平均数	标准偏差
身高（中心化）	451	−26.58	26.42	.0000	10.28896
有效的N（iistwise）	451				

图6-1-35　结果输出

（2）计算出高分组的调节变量（mc_mo_high），新Mo=原Mo−(mean+sd)，由于均值为0，所以新Mo=原Mo−sd（调节变量在均值+标准差上的取值）。

图6-1-36　计算变量

第六章 调节效应的操作

图6-1-37 高分组输入表达式

（3）计算出高分组的调节项（mc_int_high）使用新Mo与X相乘构造调节项。

图6-1-38 高分组输入变量

- 89 -

图6-1-39　高分组交互项

（4）代入分析，X斜率即简单斜率。

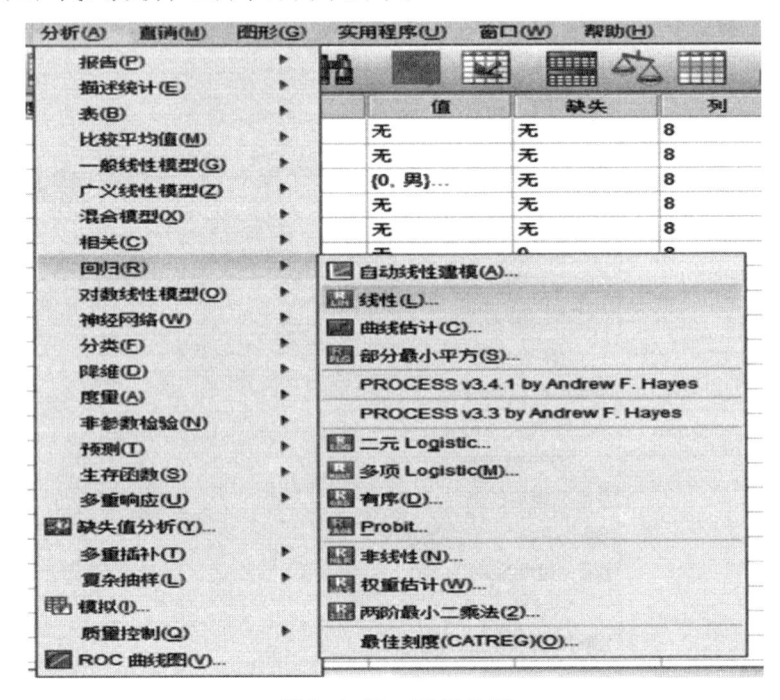

图6-1-40　回归分析

第六章　调节效应的操作

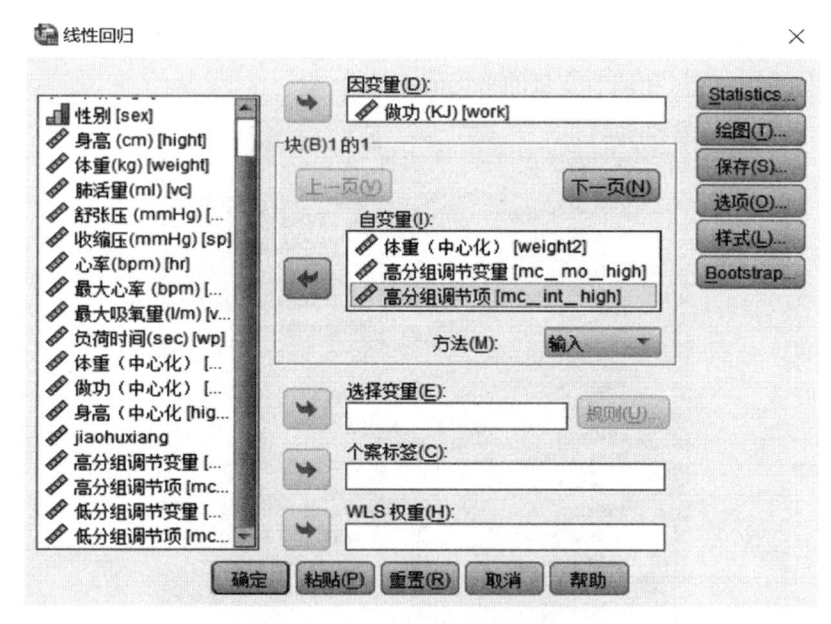

图6-1-41　输入高分组变量

系数^a

模型		非标准化系数		标准化系数	T	显著性
		B	标准错误	Beta		
1	（常数）	106.391	1.840		57.810	.000
	体重（中心化）	1.975	.170	.572	11.585	.000
	高分组调节变量	1.807	.155	.540	11.692	.000
	高分组调节项	.080	.008	.391	10.474	.000

图6-1-42　高分组结果输出

（5）同以上步骤，计算出低分组调节变量（mc_mo_low）和低分组调节项（mc_int_low）。

系数^a

模型		非标准化系数		标准化系数	T	显著性
		B	标准错误	Beta		
1	（常数）	69.207	2.028		34.123	.000
	体重（中心化）	.327	.181	.095	1.807	.071
	低分组调节变量	1.807	.155	.540	11.692	.000
	低分组调节项	.080	.008	.346	10.474	.000

图6-1-43　低分组结果输出

- 91 -

（6）画简单斜率图。

计算出自变量和调节变量的平均值、标准差。

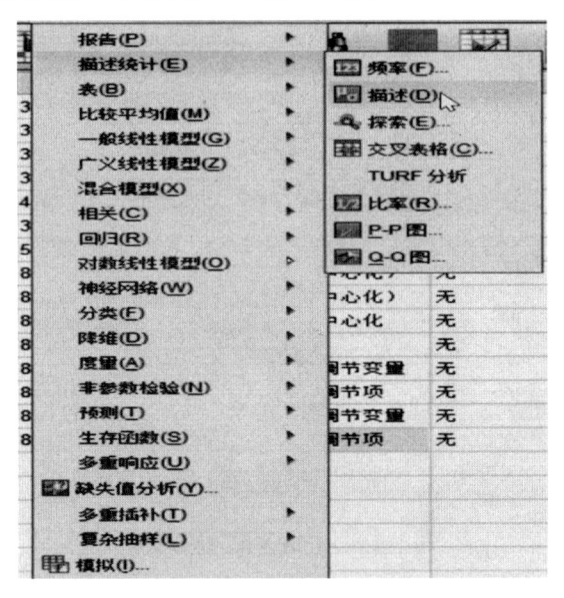

图6-1-44 描述统计中输入变量

图6-1-45 输入中心化后的变量

描述性统计资料

	N	最小值	最大值	平均数	标准偏差
身高（中心化）	451	−26.58	26.42	.0000	10.28896
体重（中心化）	451	−21.56	31.24	−.0001	9.97326
有效的N（iistwise）	451				

图6-1-46 描述统计的结果输出

系数ᵃ

模型		非标准化系数 B	标准错误	标准化系数 Beta	T	显著性
1	（常数）	94.497	1.005		94.048	.000
	体重（中心化）	1.276	.175	.370	7.298	.000
	身高（中心化）	1.518	.170	.454	8.954	.000
2	（常数）	87.799	1.105		79.442	.000
	体重（中心化）	1.151	.157	.334	7.316	.000
	身高（中心化）	1.807	.155	.540	11.692	.000
	交互项	.080	.008	.281	10.474	.000

图6-1-47　回归系数的结果

变量	回归系数	均值	标准差	变量名称
截距	94.50			
自变量X	1.15	0.00	10.29	体重
调节变量Mo	1.81	0.00	9.97	身高
调节项X*Mo	0.08			
协变量C1				
协变量C2				
协变量C3			←有协变量才填	
协变量C4				
协变量C5				
协变量C6				
协变量C7				
协变量C8				
协变量C9				
协变量C10				

图6-1-48　数值导入模板

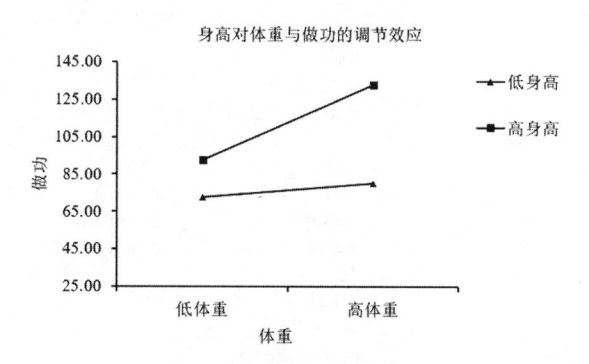

图6-1-49　简单斜率图

简单斜率分析表明，身高水平较高时（身高=+1SD），体重对做功有较强的正向影响（$B=1.975$, $p<0.001$）；身高水平较低时（身高=-1SD），体重对做功不存在正向影响（$B=0.327$, $p>0.05$）。

第二节 利用SPSS的process插件的算法

使用process能够更快检验交互效应，因为它能够将调节效应分析前的数据处理自动化。在process出来之前，调节效应的分析要经过两个重要的环节——变量中心化和构建交互项，虽然这两步的操作不难，但有时候容易忽视或计算出错。process提供了均值中心化之后的交互项设置，可以自动完成，因此更为准确高效。

一、具体操作

图6-2-1 process插件做法

第六章 调节效应的操作

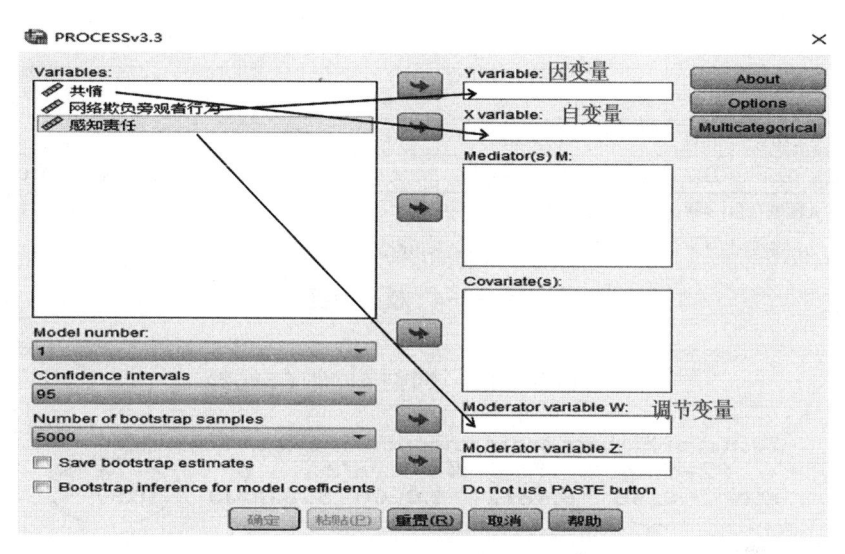

图6-2-2 process插件中的变量

点option，其他的不用点，见图6-2-3。

图6-2-3 选项的选择

先在模型摘要的结果中找R^2的变化，看显著性。$p=0.0197<0.05$，说明交互项显著，就说明了调节效应显著，见图6-2-4。

模型	R	R方	调整后R方	标准估算的误差	R方变化量	F变化量	自由度1	自由度2	显著性F变化量
1	.181ª	.033	.027	18.56280	.033	6.051	2	359	.003
2	.217ᵇ	.047	.039	18.44787	.015	5.487	1	358	0.019704

a.预测变量：(常量)，M感知责任，M共情
b.预测变量：(常量)，M感知责任，M共情，共情X感知责任

图6-2-4 模型摘要

X*W交互效项的检验结果：交互项显著，说明了调节效应显著

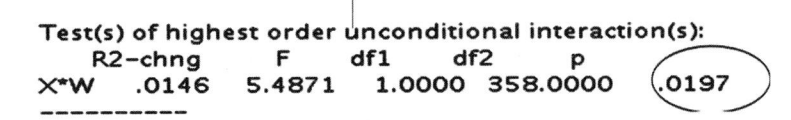

```
Test(s) of highest order unconditional interaction(s):
      R2-chng      F       df1      df2       p
X*W    .0146    5.4871   1.0000  358.0000   .0197
----------
```

图6-2-5 输出的交互项

模型摘要表所得的结果与用回归的方法做出来的结果是一样的，见图6-2-6，样本量362。

```
Model: 1
   Y: 网络
   X: 共情
   W: 感知

Sample
Size: 362
```
模型1，样本量362个

图6-2-6 模型摘要表与回归的方法比较

所得系数也是一样的，见图6-2-7。

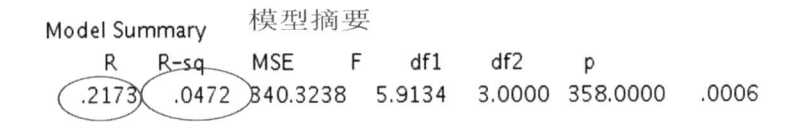

```
Model Summary        模型摘要
    R      R-sq     MSE       F       df1      df2       p
  .2173   .0472   340.3238   5.9134  3.0000  358.0000   .0006
```

图6-2-7 模型摘要输出的决定系数

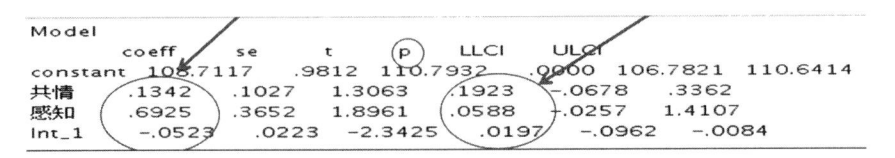

```
Model
             coeff      se        t        p       LLCI     ULCI
constant   105.7117   .9812   110.7932   .0000   106.7821  110.6414
共情          .1342    .1027    1.3063    .1923   -.0678    .3362
感知          .6925    .3652    1.8961    .0588   -.0257    1.4107
Int_1       -.0523    .0223   -2.3425    .0197   -.0962   -.0084
```

图6-2-8 process中的结果输出

根据图6-2-9写出回归方程表达式：Y=108.7117＋0.1342X＋0.6925W－0.0523XW。

系数[a]

模型		未标准化系数 B	标准误差	标准化系数 Beta	t	显著性
1	（常量）	108.359	.976		111.065	.000
	M共情	.205	.099	.111	2.076	.039
	M感知责任	.806	.364	.118	2.212	.028
2	（常量）	108.712	.981		110.793	.000
	M共情	.134	.103	.073	1.306	.192
	M感知责任	.692	.365	.102	1.896	.059
	共情x感知责任	-.052	.022	-.129	-2.342	.020

a. 因变量：网络欺负旁观者行为

图6-2-9　回归中输出的系数

由表6-2-1可知，自变量（共情）没有呈现出显著性（t=−1.306，p=0.192>0.05），意味着共情不会产生显著关系。从表格可知，共情与感知责任的交互项呈现出显著性（t=−2.342，p=0.02<0.05）。意味着共情对于网络欺负旁观者行为影响时，调节变量（感知责任）在不同水平的影响幅度是不一致的。因此，感知责任在共情与网络欺负旁观者行为关系中的调节作用显著。

表6-2-1　结果输出

	β	SE	t	p
共情	−0.134	0.1027	1.306	0.192
感知责任	−0.692	0.3652	1.896	0.059
交互项	0.052	0.0223	−2.342	0.020

Conditional effects of the focal predictor at values of the moderator(s):

感知	Effect	se	t	p	LLCI	ULCI
-2.7629	.2787	.1031	2.7037	.0072	.0760	.4815
.0000	.1342	.1027	1.3063	.1923	-.0678	.3362
2.7629	-.0103	.1345	-.0768	.9388	-.2749	.2542

图6-2-10　process结果输出

感知责任在取三个值的时候，X系数分别对应的大小。

option里面选的生成可视化交互效应的代码，是做斜率图需要的数据，见图6-2-10的数据。

```
DATA LIST FREE/
  共情    感知    网络   .
BEGIN DATA.
 -10.1872   -2.7629   103.9588
   .0000   -2.7629   106.7984
  10.1872   -2.7629   109.6381
 -10.1872    .0000   107.3445
   .0000    .0000   108.7117
  10.1872    .0000   110.0789
 -10.1872   2.7629   110.7303
   .0000   2.7629   110.6250
  10.1872   2.7629   110.5197
```

图6-2-11 三组数据

二、简单斜率图的做法

```
DATA LIST FREE/
  共情    感知    网络
BEGIN DATA.
 -10.1872   -2.7629   103.9588
   .0000   -2.7629   106.7984
  10.1872   -2.7629   109.6381
 -10.1872    .0000   107.3445
   .0000    .0000   108.7117
  10.1872    .0000   110.0789
 -10.1872   2.7629   110.7303
   .0000   2.7629   110.6250
  10.1872   2.7629   110.5197
END DATA.
GRAPH/SCATTERPLOT=
  共情  WITH  网络  BY  感知  .
```

图6-2-12 选择数据

将数据复制粘贴到一个新的表格中。

-10.1872	-2.7629	103.9588
.0000	-2.7629	106.7984
10.1872	-2.7629	109.6381
-10.1872	.0000	107.3445
.0000	.0000	108.7117
10.1872	.0000	110.0789
-10.1872	2.7629	110.7303
.0000	2.7629	110.6250
10.1872	2.7629	110.5197

图6-2-13 在Excel中制表

选中其中一列再点分列，见图6-2-14。

图6-2-14 Excel中分列

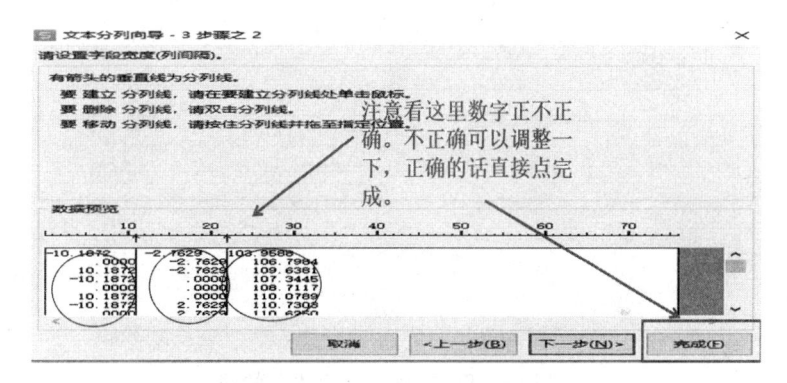

图6-2-15 检查分列的情况

得到正确的格式，就可以开始作图了。图6-2-16中，XL（低水平）表示均值减一个标准差。XM（中水平）表示均值。XH（高水平）表示均值加一个标准差。

	A	B	C
XL →	−10.1872	−2.7629	103.9588
XM →	0	−2.7629	106.7984
XH →	10.1872	−2.7629	109.6381
	−10.1872	0	107.3445
	0	0	108.7117
	10.1872	0	110.0789
	−10.1872	2.7629	110.7303
	0	2.7629	110.625
	10.1872	2.7629	110.5197

图6-2-16 不同水平对应的数值

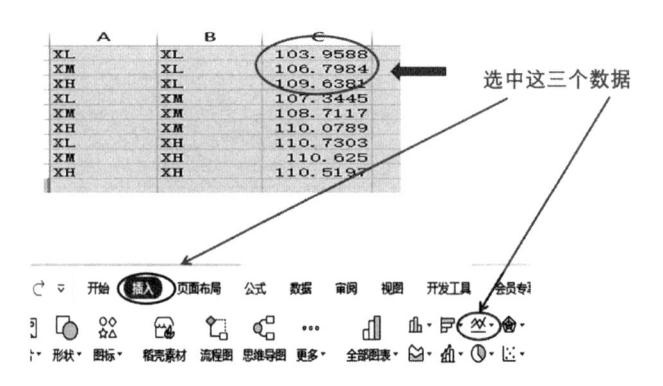

图6-2-17 用"低水平"数据制图的方法

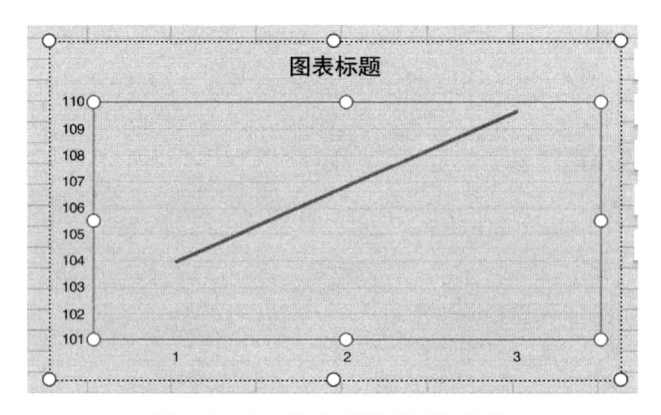

图6-2-18 输出"低水平"的线

然后，点击鼠标右键，点选择数据。

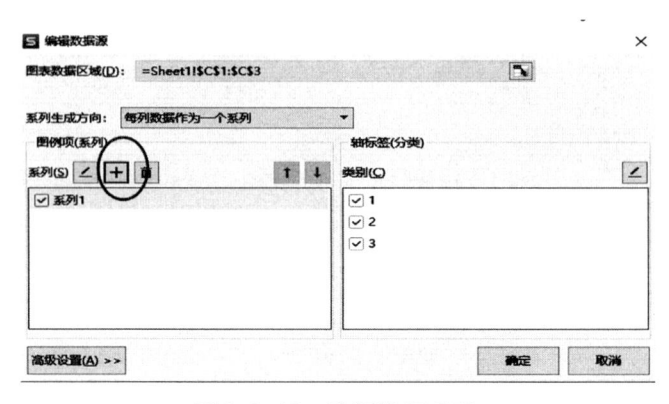

图6-2-19 选择数据系列

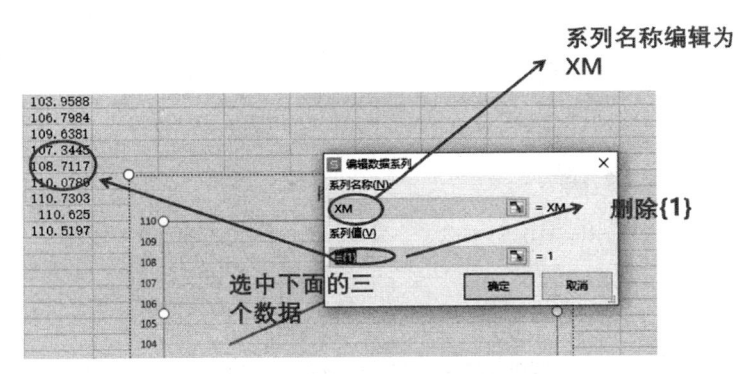

图6-2-20　用"中水平"数据制图的方法

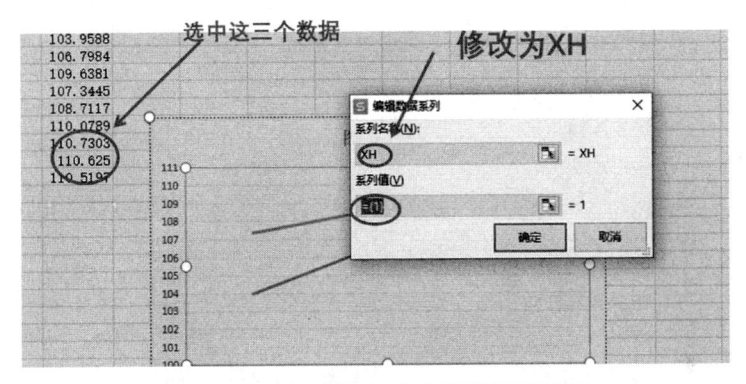

图6-2-21　用"高水平"数据制图的方法

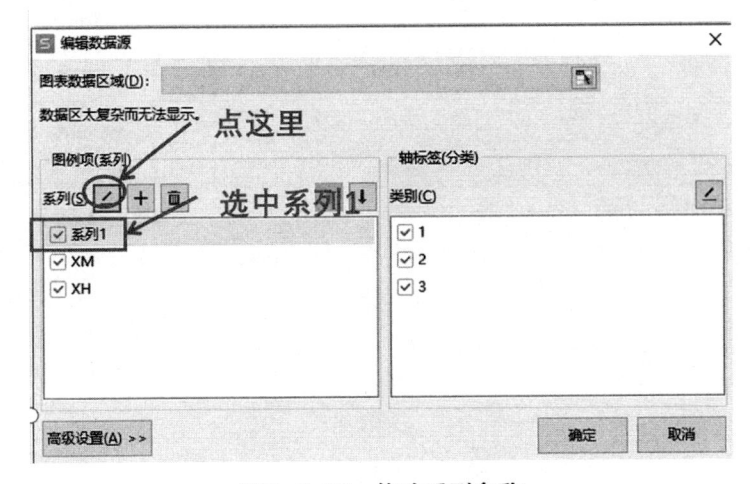

图6-2-22　修改系列名称

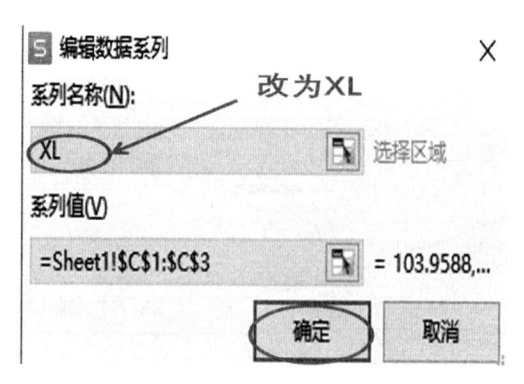

图6-2-23　修改系列名称为XL

图6-2-24　选中三个系列

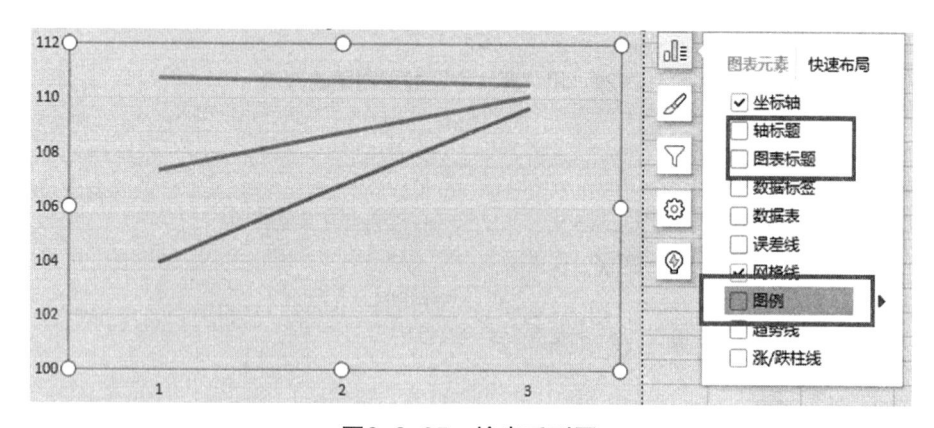

图6-2-25　输出系列图

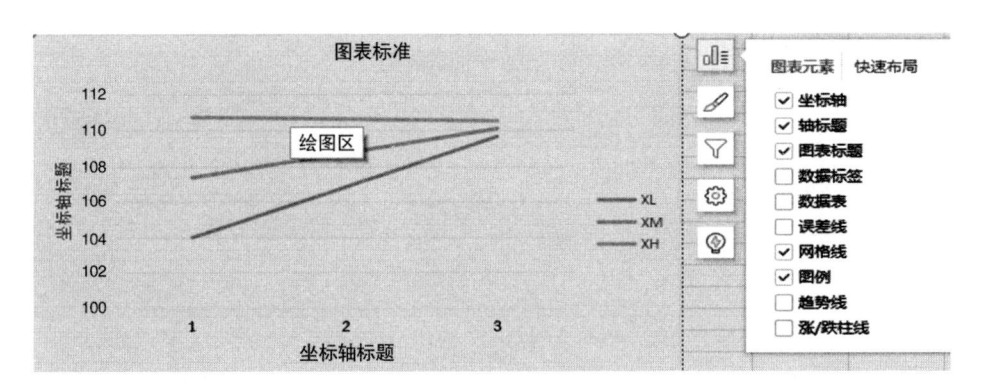

图6-2-26 修改图

得到最终输出的斜率图。

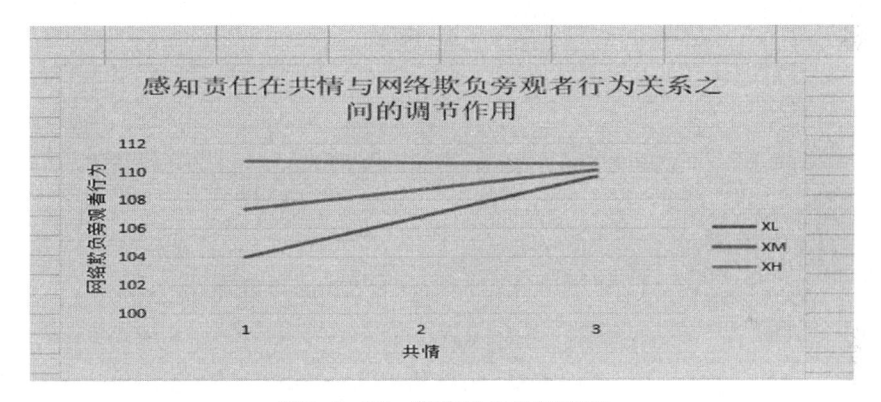

图6-2-27 调节效应的斜率图

应用篇

同伴关系中，情绪调节效能感对攻击行为和友谊质量的发展起着重要作用。

第七章　回归分析的应用

第一节　中职生同伴关系、情绪调节效能感与攻击行为的关系研究

随着人们对心理健康的重视，中职生相对于同龄高中生更早地进入社会，更早的面对择业和就业压力，对于身心还未发展成熟的他们，更容易出现心理问题和问题行为。随着个体的成长，同伴开始逐渐取代家庭，对青少年产生了更大影响。青春期是青少年个体身心成长的关键期，情绪体验也更加复杂、强烈，情绪所感知的内容也更加广泛。对自身的情绪调节不良，就会引起个体焦虑、自卑等不良情绪，自身的情绪调节不良，就会引起个体焦虑、自卑等情绪，在交往中也会出现更多的攻击行为。因此，本章从研究问题的提出原因及研究意义出发，对研究背景、目的及意义进行阐述，为后续研究打好基础。

一、研究背景

2021年4月13日，在召开的全国职业教育大会中，针对职业教育，习近平总书记做出了重要指示。他强调，在建设社会主义现代化国家过程中，职业教育的发展前景十分广阔，学校要努力培养更多高素质技术技能人才。在我国，中职生是一类相对特殊的群体，他们往往在学习阶段有过更多的失败和挫折。中职生与普通高中的学生相比，他们的自尊水平、行为规范、社会认同度等方面表现更低，攻击行为水平更高。他们相对于同龄高中生，需要更早地进入社会，面对更多择业和就业压力。因此，身心还未成熟的中职生，更容易出现心理问题。高素质技术人才不仅要具有过硬的技能，还要有健康的心理。因此，对中职生心理进行研究探索是十分必要的。

攻击行为一直是学术关注的重点。随着对攻击行为不断进行深入研究，人们对攻击行为的认识也在不断地更新。对于青少年来说，不仅其自身的攻

击行为会影响个体的发展，周边关系、环境中的攻击行为也会对个体造成影响[1]。为了减少青少年攻击行为的发生，学校、教师、家长一方面需要约束青少年的行为，另一方面，还要为青少年营造一个健康的环境，帮助青少年健康心理的发展。家庭环境以及青少年的人际关系，对青少年的行为都有着重要的影响。随着个体的成长，同伴开始逐渐取代家庭，对青少年产生了更大影响。张文新（1999）通过研究发现，我国的青少年会选择同伴作为自己倾诉、玩乐、分享的主要对象，青少年的行为、身心健康、认知水平和社会行为表现都受到同伴关系水平的影响[2]。当个体建立起良好的同伴关系时，能够促进其认知及个性的发展。同伴关系可以为个体提供必要的社会支持，并满足个体的情感安全和归属的需要。良好的同伴关系还可以帮助个体形成正确的三观，掌握各项社会技能。青少年情绪的体验、表达、调节与其所表现出来的社会行为有着密切的联系。情绪调节效能感会影响青少年在面对不良刺激时所采用的情绪调节手段与程度，并影响个体最终的行为。青春期是青少年个体身心成长的关键期。这一时期的青少年，身体外貌、自我意识、行为模式、情绪特点等都开始出现迅速且明显的变化，情绪体验也更加复杂、强烈，情绪所感知的内容也更加广泛。对自身的情绪调节不良，就会引起个体焦虑、自卑等不良情绪。在交往中也会出现更多的攻击行为。因此，研究中职生的同伴关系水平以及情绪调节效能感与中职生攻击行为之间的关系，是有重要理论与实际意义的。

二、研究目的

对中职生同伴关系、情绪调节效能感和攻击行为进行研究，研究主要包含以下几个方面：

1. 探究中职生的同伴关系、情绪调节效能感、攻击行为在人口学变量上的差异。

2. 探究中职生的同伴关系、情绪调节效能感、攻击行为三者之间的关系。

---

[1] 李丹. 影响儿童亲社会行为的因素的研究[J]. 心理科学，2000（03）：285-288.

[2] 张文新，林崇德. 儿童社会观点采择的发展及其与同伴互动关系的研究[J]. 心理学报，1999（04）：418-427.

3. 分析探讨同伴关系对中职生攻击行为的影响，以及情绪调节效能感在二者间的中介调节作用。

4. 通过分析中职生攻击行为的影响因素，为教师、学校提供指导，帮助学生建立良好同伴关系，提高中职生的情绪调节效能感，减少攻击行为的发生。

三、研究意义

（一）理论意义

目前对攻击行为的研究，主要集中在同伴关系以及情绪调节对攻击行为的影响方面。但对攻击行为与情绪调节效能感、同伴关系与情绪调节效能感方面的关系研究较少，更缺少以中职生为研究对象对三者关系的研究。中职生与高中生不同，在高中阶段就进行了专业课程的学习，相对于大学生，他们划分专业的时间更早，因此，本研究在对三者进行人口学差异分析时，除性别、年级、是否独生、生源地外，加入专业划分这一维度，探讨专业区别对中职生同伴关系、情绪调节效能感、攻击行为的影响。

通过中职生为研究对象，对中职生的同伴关系、情绪调节效能感、攻击行为水平进行调查。研究三者之间的关系，分析情绪调节效能感在同伴关系与攻击行为之间是否存在调节作用，且这个调节是否显著。探讨同伴关系对中职生攻击行为的影响，丰富现有研究成果，加深人们对三者之间联系的认识，为学校预防、控制、减少中职生校园暴力现象提供理论支持。

（二）实践意义

中职学生正处于身心发展的关键期。这一阶段的青少年情绪强烈而不稳定，相对其他时期更加冲动，更容易表现出攻击行为。他们的同伴关系状况、情绪调节效能感水平和攻击行为表现都与未来的社会行为的发展有着密切的关系。因此，本研究将进行更加深入的探索，探究情绪调节效能感在同伴关系与攻击行为之间的作用机制。帮助中职生增强情绪调节效能感，减少其攻击行为的发生。指导学校更好地开展预防校园暴力的活动，引导学生进行良好的同伴交往，学习恰当的情绪调节方法。建立良好的学校、社会支持系统，指导教育者帮助中职生建立良好同伴关系，提高情绪调节效能感，促进中职生的身心健康发展。

第二节 文献综述

为了能够对后续研究进行更好的展开,需要在前人研究的基础上,了解当前相关领域的发展及研究情况。因此,本章综合查阅相关文献,明确研究所涉及变量的概念,对相关理论进行了概述。对相关变量的发展、研究现状进行总结,将前人对变量间的相关研究进行概括。

一、核心概念界定

(一)同伴关系的定义

同伴关系(Peer Relationship)在个体个性发展、社会化发展过程中有着其他关系所无法替代的作用。同伴关系是一种平行平等的关系,除了能为儿童提供情感需要外,还是个体获得情感支持的一个重要来源。布朗芬·布伦纳(Bronfen brenner)提出,人是生活在无数相互嵌套、相互作用的系统之中的。在这些系统中,个体可以通过与他人进行交往、活动,从而促进自身的发展[1]。国内学者林崇德(1995)认为,同伴关系是年龄相仿的个体,在沟通过程中建立起来的人际关系[2]。张文新(2002)将同伴关系的界定扩大,认为除同龄个体外,心理发展水平相当的个体也会建立同伴关系[3]。周宗奎(2015)则在张文新的基础上进行补充,强调同伴关系在交往过程中的平等性[4]。江光荣(2004)在中国的校园背景下,将同伴关系定义为同学之间彼此团结和相互帮助关心的程度[5]。

综合上述相关研究,在本研究中,同伴关系界定是:年龄相近或心理认

---

[1] 龚维义,刘新民. 发展心理学[M]. 北京:北京科学技术出版社,2004.
[2] 林崇德,杨治良,黄希庭. 心理学大辞典[M]. 上海:上海教育出版社,2003.
[3] 张文新. 青少年发展心理学[M]. 济南:山东人民出版社,2002.
[4] 周宗奎,孙晓军,赵冬梅等. 同伴关系的发展研究[J]. 心理发展与教育,2015(1):62-70.
[5] 江光荣. 中小学班级环境:结构与测量[J]. 心理科学,2004,27(04):839-843.

知水平相当的个体，在交往过程中建立起来的，共同协作、平等的一种人际关系。

综合上述相关研究，在本研究中，同伴关系界定是：年龄相近或心理认知水平相当的个体，在交往过程中建立起来的，共同协作，平等的一种人际关系。

（二）情绪调节效能感的定义

情绪调节效能感（Regulatory Emotional Self-efficacy，RESE）。是情绪调节和自我效能感的集合。卢家楣（2000）认为情绪是可调节的。情绪具有调节、疏导、强化等功能[1]。艾森伯格（Eisenberg，1997）将情绪调节界定为：个体对情绪做出监察、评估、修正的一种内外在反应[2]。格罗斯（Gross，1999）认为，情绪调节是个体对自身情绪进行感知、表达、并施加影响的过程[3]。国内学者彭聃龄（2011）对情绪主体进行扩展，定义为：个体改变自己或他人情绪的过程[4]。

自我效能感最早由班杜拉（Bandura）提出，指个体对影响自身事件所进行的自我控制能力的知觉[5]。田学英（2012）将其定义为：通过对自身某方面能力的主观性评价，从而形成的自信感[6]。

卡普拉拉（Caprara，1999）第一次提出了情绪调节效能感。他认为，不同的个体在情绪调节方面存在不同。这种不同不仅来源于个体管理情绪所使用的技巧和能力水平，还来源于个体对自身调节情绪能力的不同感受[7]。

本研究中的情绪调节效能感，指个体对自身调节情绪状态能力的一种自

---

[1] 卢家楣. 情感教学心理学. 2版[M]. 上海：上海教育出版社，2000.

[2] Eisenberg N., Moore B S. *Emotional regulation and development*[J]. Motivation & Emotion, 1997, 21(1): 1–6.

[3] Gross J J. *Subscribed Content Emotion Regulation: Past, Present, Future.*, 1999.

[4] 彭聃龄. 普通心理学（修订版）[M]. 北京：北京师范大学出版社，2001.

[5] 高建江. 班杜拉论自我效能的形成与发展[J]. 心理科学，1992（06）：39-43.

[6] 田学英. 情绪调节自我效能感：结构、作用机制及影响因素[D]. 上海：上海师范大学，2012.

[7] 李晓云. 大学生情绪调节自我效能感及其正念干预研究[D]. 苏州：苏州大学，2011.

信程度[1]。

（三）攻击行为的定义

攻击行为（Aggressive Behavior）是指个体所做出的伤害、侵害他人的行为。心理学家从不同角度对攻击行为进行了概念界定。多拉德（Dollad，1939）根据攻击行为的目的，认为该行为是指：以伤害行为指向个体为目的的行为[2]。巴斯（Buss，1962）更强调个体的外在行为。因此，认为其是：个体对他人实施伤害的行为[3]。伯克维茨（Berkowitz，1993）对其所指的范畴加以延伸，从人延伸到了动物和物体，认为攻击行为是对环境或个体进行伤害的行为[4]。巴伦（Baron，2004）从被攻击者角度出发，强调了逃避意图。认为其是：个体有意伤害他人，且被害人不愿接受的行为[5]。我国学者对攻击行为有着不同的界定，杨治良（1996）从攻击行为的结果出发，认为该行为是：以伤害他人为目的的行为[6]。屈朝霞（2012）对定义进行扩展，认为其是指：能够引起他人对立、斗争、意图伤害他人身体、心理健康的行为[7]。

本研究的攻击行为，指以伤害、侵害他人为目的的行为。

二、理论基础

（一）重要他人理论

1953年美国学者米德（G. H. Mead）提出了重要他人这一概念，后由赖

---

[1] Caprara, G.V., Scabinim, E, Barbaranelli, C, et al. *Perceived Emotional and Interpersonal Self-effica cy and Good Social Functioning* [J]. GiornaleItaliano di Psicologia, 1999, 26: 769–789.

[2] Dollard J, Doob L W, Miller N E, et al. *Frustration and Aggression*[J]. American Journal of Sociology, 1939, 92(7): 1654–1667.

[3] Buss Arnold H., Durkee Ann. *An inventory for assessing different kinds of hostility*[J]. Journal of Consulting Psychology, 1957, 21(4).

[4] Berkowitz L. *Aggression: Its Causes, Consequences, and Control*. 1993.

[5] Richardson D R, Baron R A. *Human Aggression*. 2004.

[6] 杨治良，刘素珍."攻击性行为"社会认知的实验研究[J]. 心理科学，1996（02）：75-78+127.

[7] 屈朝霞，童玉林，路红红等. 同伴交往、学业成绩对儿童青少年攻击行为的影响——基于挫折—侵犯理论的研究[J]. 青少年犯罪问题，2012.

特·米尔斯（C. W. Mills，1953）对其进行发展，提出了重要他人理论。重要他人主要是指那些对个体心理及社会行为发展具有重要影响的人物，可以是家人、老师、同学，也有可能是偶然路过的陌生人。随着年龄的增长，儿童的主导型重要他人也会发生变化，会从家长向老师、同伴演变。父母的影响不断减弱，而同伴对儿童的影响则不断增加。中职学生主要年龄为15岁至18岁，希望摆脱父母和老师的管教，想要独立自主，同伴影响也越来越大，主导型重要他人主要是同伴。同伴可以让青少年互帮互助，良性进步，满足在父母方面所缺失的情感需要。但也会使青少年出现不良行为，造成消极影响[①]。

（二）群体社会化理论

该理论由心理学家哈里斯（J. R. Harris）提出，社会化是个体的行为被所在社会接纳的过程[②]，是通过高度情景化的学习，个体形成言语、行为、技能、信念、态度等。在个体成长的过程中，家庭对初期幼年的社会化有重要的影响。但在儿童加入同伴群体后，家庭的影响就会逐渐被削弱、淡化，所有个体都会有加入并认同的同伴群体[③]。当个体同伴群体形成后，对个体社会化起主要作用的就变成了他们的同伴。在与同伴共享的环境中，个体的个性得到了深刻而持久的影响。哈里斯（Harris，1995）提出，个体在家庭内部和家庭外部会习得两套不同的行为模式，用以适应家庭和社会的不同生活环境。两套行为模式的强化、习得方式均存在差异，当个体将在内部所习得的行为模式运用到家庭外部的环境时，未必会成功。因此，个体对于家庭外部行为模式的形成是通过加入或认同某个社会群体，从中学习在社会中的处事方法，通过认识自己和他人完成社会化[④]。

（三）社会学习理论

班杜拉（Bandura）提出，个体的行为受认知、情景、行为三方面交互作

---

① 郭婧. 例证学生的重要他人的积极与消极影响[J]. 开封教育学院学报，2010，30（03）：76-78.

② 王正中. 群体社会化理论与儿童社会性发展研究[J]. 发展，2014（12）：94-95.

③ 张帆. 祖辈教养方式、同伴关系对青少年亲社会行为和攻击行为的影响[D]. 太原:山西大学，2020.

④ 何芳. 同伴群体如何影响学习：群体社会化理论视角[J]. 外国中小学教育，2005（12）：32-36.

用的影响[1]。从社会学习视角出发，班杜拉（Bandura）进一步阐述了自我效能理论。情绪调节效能感是该理论中的一个分属内容，是对自己情绪调节能力的一种认知感受和自信程度，可以对其从情绪调节和自我效能感这两部分来认识。是行为、环境以及人的思维、认知、期望、评价是以相互连接、作用的因素而产生作用的[2]。自我效能感是指个体对自己某项能力的评估，是对自身能力的主观感知，并不能对自身能力进行如实反映。它能够通过调节个体的行为，再通过影响行为来调控最后的结果。能够影响个体行动的选择、持续的长短、努力程度、思维方式、归因方式。自我效能感主要有四个来源，首先，个体可以通过自身过往的相关经验来提升或降低对自己能力的期望。其次，替代强化也是自我效能感的重要信息来源，个体可以根据他人过往的经历来对自己的能力进行判断。再次，个体的生理情况、情绪状态以及他人的言语说服都会影响个体对自我能力的判断。最后，通过认知、动机、情感和选择的过程，最终影响个体的活动。它能够调节、控制个体的行为，并利用行为调控个体行为的结果[3]。

同时，在该理论中，攻击行为被认为是通过观察并模仿学习得到的。相比于自然因素，更强调观察他人行为进行学习和自我调节作用的影响。除观察学习外，个体的攻击行为还是环境与个体相互作用的结果。习得的途径有三种：外部强化、替代性强化、自我强化。

（四）线索唤醒理论

1939年，多拉德（Dollard）最早提出了挫折——攻击理论。当个体受到挫折干扰时必然会产生不满，而为发泄对挫折的不满就会出现攻击行为。他认为攻击行为是对挫折的自动反应，所有攻击行为，无论内隐或外显，都是由挫折引起的。受到的挫折越大，表现出的攻击强度就越大[4]。严重的挫折

---

[1] 侯天秋. 大学生外倾性、情绪调节自我效能感与人际关系困扰的关系研究[D]. 开封：河南大学，2017.

[2] 阿尔伯特·班杜拉. 社会学习理论[J]. 北京：中国人民大学出版社，2015.

[3] 王振宏，郭德俊. Gross情绪调节过程与策略研究述评[J]. 心理科学进展，2003（06）：629-634.

[4] 周宗奎，万晶晶. 初中生友谊特征与攻击行为的关系研究[J]. 心理科学，2005（03）：573-575+572.

还会使个体产生报复、敌意等不良心理。1988年伯克维茨（Berkowitz）对其进行发展，提出了线索唤醒理论。攻击是一种预备状态，而挫折则是有害刺激。攻击行为是否产生，不仅靠挫折的刺激，在二者中间还存在当前环境、个体性格、社会文化等因素刺激的影响[1]。这些刺激使个体产生负性情感，当个体感受到攻击信号时，负性情感就会转化为攻击行为。因此，不是所有的挫折都会引起攻击行为的发生。若外界刺激进行积极引导，则可能表现为积极行为。

（五）信息加工理论

1990年，道奇（Dodge）提出了社会信息加工理论，认为攻击行为的发生取决于对线索的加工、解释和归因。他将个体从接受刺激到做出反应的过程分为：译码、解释、寻找反应、决策反应和编码五个步骤[2]。在这个过程中，个体最终的攻击行为不仅受最初刺激的影响，还受个体经验以及刺激解释的影响。如果个体在某一个节点出现偏差或者缺失，就可能出现攻击行为[3]。而情绪及调节过程等因素能影响个体的行为和信息加工过程。利用该理论，能够对个体的攻击行为进行干预、引导、矫正。

三、同伴关系、情绪调节效能感与攻击行为的关系研究

（一）同伴关系的相关研究

国外对同伴关系的研究开始的较早。到了20世纪70年代，我国开始对其进行初步探索的实证研究。个体在婴儿早期就开始出现同伴交往行为，并逐渐建立起同伴关系。在与同伴相处的过程中，可以帮助其逐步习得更多的社会行为，从而推动其社会化进程的发展。良好的同伴关系对个体后期发展有着巨大的影响。个体在群体中的行为表现以及交往风格会影响个体的同伴关系。受欢迎的个体，常会积极与他人接触，更为友好。而被忽略的个体则常

---

[1] 慕彦明，党冠明. 中小学校园欺凌问题的成因及预防对策[J]. 新课程，2021（37）：16.

[2] 潘绮敏. 青少年攻击性的维度、结构及其相关研究[D]. 广州：华南师范大学，2005.

[3] 董佩佩. 幼儿的攻击倾向与认知特点及其绘本游戏干预研究[D]. 重庆：西南大学，2020.

会回避与他人接触，不利于个体未来的发展。

研究发现同伴关系会受个体发展特点和家庭情况影响而发生变化。在年龄上，青少年的同伴关系具有明显的区别，各个年龄阶段、学段的同伴关系具有不同的特征。杨林佩（2011）的研究显示，随着年龄的增加，个体与同伴的交往会变得更加亲密融洽[①]。姜卓君（2014）的研究指出，在性别和家庭中子女数量方面，同伴关系存在差异显著[②]。女生与同伴的交往情况相较于男生交往情况更好，非独生个体相对于独生个体，更容易被同伴所接纳。

当前对青少年同伴关系的相关研究，主要集中在与自身内在和外在表现等方面。斯特雷特（Sterett，2008）的研究发现，同伴间的关系拒绝可以对学业进行预测[③]。黄玉芬（2010）研究显示，同伴交往与自我概念之间存在显著的相关关系，个体在同龄伙伴群体中被接纳的程度会显著影响个体良好自我概念的形成[④]。姜文斌（2020）的研究显示，良好的同伴关系能够增加青少年亲社会行为[⑤]。

（二）情绪调节效能感相关研究

情绪调节效能感最早是在1999年由卡普拉拉（Caprara）提出，并认为其在不同国家间存在一致性。在分类方面，不同的学者对其的划分不同。卡普拉拉将其划分为管理积极情绪与管理消极情绪两方面。文书峰（2009）根据我国的情况，分为表达积极情绪、调节沮丧/痛苦情绪、调节生气/愤怒情绪效能感[⑥]。这也是我国学者在研究该变量时最常使用的维度划分。

[①] 杨林佩. 亲子关系，同伴关系对高中生恋爱关系的影响. 重庆：西南大学，2011.

[②] 姜卓君. 初中生家庭功能与同伴关系的研究[D]. 长春：东北师范大学，2014.

[③] Mercer S H, Derosier M E. *Teacher preference, peer rejection, and student aggression: A prospective study of transactional influence and independent contributions to emotional adjustment and grades*[J]. Journal of School Psychology, 2008, 46(6): 661-685.

[④] 黄玉芬，李伟健. 初中生同伴关系与自我概念发展的关系研究[J]. 长春教育学院学报，2010，26（02）：23-27.

[⑤] 姜文斌. 父母教养方式、同伴关系对青少年亲社会行为的影响[J]. 贵州师范大学学报（社会科学版），2020（04）：50-58.

[⑥] 文书锋，汤冬玲，俞国良. 情绪调节自我效能感的应用研究[J]. 心理科学，2009（03）：666-668.

在人口学方面，蒋红（2019）的研究显示，中职生的情绪调节效能感在性别、是否独生以及家庭经济状况方面具有显著差异，男生在调节生气和沮丧情绪维度上的效能感水平显著高于女生，独生个体相对于非独生个体效能感水平更高，而中职生的家庭状况越好效能感水平越高[1]。方春秋（2019）发现高中生的情绪调节效能感在家庭所在地上明显不同，城镇学生显著高于农村学生[2]。

当前对情绪调节效能感的研究主要有幸福感、社会行为等。班杜拉（Bandura，2003）研究得出，情绪调节效能感对个体身心健康有着重要的调节作用[3]。侯瑞鹤（2006）的研究表明，该因素水平高的个体，社会交往的能力越强，主观幸福感越高，抗压能力越强[4]。亓胜辉（2012）研究发现，该因素对个体的亲社会水平、犯罪、成瘾行为起调节作用[5]。莱特西（Lightsey，2013）研究显示，该因素水平越高，被试的生活满意度就越高[6]。

张丽华（2018）研究发现，该因素可以影响自控水平对攻击行为进行调节[7]。

（三）攻击行为的相关研究

攻击行为是一直以来心理学关注的重点之一，巴斯（Buss，1957）对攻

---

[1] 蒋红. 中职生情绪调节自我效能感、应对方式与其人格特质的关系[D]. 喀什：喀什大学，2019.

[2] 方春秋. 高中生父母教养方式、情绪调节自我效能感和人际关系的关系研究[D]. 哈尔滨：哈尔滨师范大学，2019.

[3] Bandura A, Caprara G V, Barbaranelli C, et al. *Role of Affective Self-Regulatory Efficacy in Diverse Spheres of Psychosocial Functioning*[J]. Blackwell Publishing Inc, 2003, 74(3): 769–782.

[4] 侯瑞鹤，俞国良. 情绪调节理论：心理健康角度的考察[J]. 心理科学进展，2006.

[5] 亓胜辉，余林. 情绪调节自我效能感研究综述[J]. 克拉玛依学刊，2012，2（04）：59–63.

[6] Lightsey, O. R. Mcghee, R., Audrey Ervin. *Self-Efficacy for Affect Regulation as a Predictor of Future Life Satisfaction and Moderator of the Negative Affect–Life Satisfaction Relationship*[J]. Journal of Happiness Studies, 2013.

[7] 曹杏田，张丽华. 青少年情绪调节自我效能感和自我控制在自尊与攻击性的关系中的链式中介作用[J]. 中国心理卫生杂志，2018，32（07）：574–579.

击的分类则按照性质和方式的不同,将攻击划分为三个标准对:身体与言语、积极与消极、直接与间接,并进行三因素的组合排列,列出了八种具体攻击类型[1]。

在人口学方面,杨洁强(2019)发现,攻击行为在性别方面存在明显不同,男性相对女性有更多的攻击行为,且男性与女性攻击类型也存在差异,男性更多采取肢体攻击,而女性更倾向于使用语言和关系攻击[2]。宋琳琳(2020)调查发现,初中生的攻击行为在年龄上存在明显差异[3]。李宣琳(2020)的研究证实,大学生的攻击行为与学科专业、家庭结构显著相关,文史类学生的攻击行为明显高于理工类学生,生活在单亲家庭的个体比生活在双亲家庭的个体,攻击行为更高[4]。李琳(2018)发现,中职生在生源地上存在差异,在愤怒和言语攻击维度上,农村子女比城镇子女表现出更多的攻击性[5]。

影响攻击行为的原因主要为:直接影响、间接影响两类。徐超(2011)认为个体道德行为规范认知差异会导致攻击行为的发生[6]。钟欣(2015)研究了人格特质中宜人性特质对攻击行为的影响,发现该特质与个体的攻击行为呈负相关[7]。张蔷(2020)的研究显示,个体社交焦虑水平越高,他所做出攻击行为的可能越大[8]。孙明珠(2020)的研究显示,不良的亲子关系会导致中职生

---

[1] Buss A H. *An inventory for assessing different kinds of hostility*[J]. J. consult. psychol, 1957, 21.

[2] 杨洁强. 初中生冷漠无情特质对攻击行为的影响:道德推脱、同伴关系的作用[D]. 太原:山西大学, 2019.

[3] 宋琳琳. 父母教养方式对初中生攻击行为的影响[D]. 保定:河北大学, 2020.

[4] 李宣琳. 父母心理控制对大学生攻击行为的影响[D]. 开封:河南大学, 2020.

[5] 李琳. 中职生自尊与攻击性行为的关系:自我增强的中介作用[D]. 开封:河南大学, 2018.

[6] 徐超. 小学生攻击性行为的分析与对策的个案研究[J]. 现代阅读(教育版), 2011(06):124.

[7] 钟欣. 大学生学业压力、同伴关系、人格特质与攻击性的关系研究[D]. 武汉:湖北大学, 2015.

[8] 张蔷. 小学生社交焦虑、情绪调节自我效能感与攻击行为的关系研究[D]. 石家庄:河北师范大学, 2020.

攻击行为的发生，而情感温暖的教养方式能够降低中职生攻击行为水平[1]。

于腾旭等人（2021）发现，当个体在早期遭受过心理虐待，其产生攻击行为的可能就会增加，认知重评在其中起中介作用[2]。李琳的研究表明，自我增强能够在个体自尊水平和攻击行为之间起调节作用。雷玉菊（2016）研究发现，个体的内隐人格能够在社会排斥和关系攻击之间起到缓冲的作用[3]。其他相关研究显示共情、师生关系、焦虑化解等因素都会对青少年的攻击行为起调节作用。

（四）同伴关系与情绪调节效能感的关系

卡普拉拉（Caprara）进一步的研究结果显示，情绪调节效能感与人际交往自我效能感之间的关系密切，人际关系好的个体通常效能感水平也会比较高。当个体对自己情绪调节能力具有信心的时候，就能更好的处理应对人际关系问题[4]。张倩（2009）研究发现，大学生的人际关系困扰情况与自我效能感呈负相关，大学生与异性的交往困扰与效能感存在负相关[5]。因此，个体在人际交往过程中出现的困扰越少，效能感水平就会越高。

在对同伴关系与情绪调节效能感的研究方面，张庆华（2011）通过调查发现，师生、同伴关系能够正向影响个体的情绪调节效能感[6]。随后，田学英（2012）的研究表明，同伴关系、师生关系、家庭模式、所具有的经验均能对其产生正向预测，个体的情绪调节效能感能够受到周围所处人际交往环境的正面影响[7]。孙远（2012）发现，个体在与他人交往受挫时就会产生消极

---

[1] 孙明珠. 父母教养方式与中职生攻击行为的关系研究[D]. 扬州：扬州大学，2020.

[2] 于腾旭，刘文，刘方，车翰博. 心理虐待对8～12岁儿童攻击行为的影响：认知重评的中介作用[J]. 中国临床心理学杂志，2021，29（02）：282-286.

[3] 雷玉菊，王琳，周宗奎，朱晓伟，窦刚. 社会排斥对关系攻击的影响：自尊及内隐人格观的作用[J]. 中国临床心理学杂志，2019，27（03）：501-505.

[4] 黎嘉慧. 初中生友谊质量与情绪调节自我效能感、生活满意度的关系研究[D]. 深圳：深圳大学，2018.

[5] 张倩，桂守才. 大学生人际关系困扰、一般自我效能感及其相关性研究[J]. 扬州大学学报（高教研究版），2009，13（04）：36-40.

[6] 张庆华. 高中生情绪调节自我效能感与家庭功能、学校人际环境的关系研究[D]. 沈阳：沈阳师范大学，2011.

[7] 田学英. 情绪调节自我效能感：结构、作用机制及影响因素[D]. 上海：上海师范大学，2012.

情绪，当情绪调节不得当，消极情绪无法进行释放时就会导致消极情绪滚雪球，使人际关系变得紧张，加重人际困扰[①]。同伴关系对青少年的情绪状态、调节以及自我效能感都有着巨大的影响。左占伟（2005）发现，良好的同伴关系对个体体验积极情绪有一定的积极意义[②]。刘国萍（2020）研究发现，同伴互动总频次的变化对情绪调节效能感的变化有明显的预测作用[③]。

在对以情绪调节效能感为中介的研究总结后发现，效能感能够作为中介影响同伴关系影响其他变量的效果。王玉洁（2019）研究发现，在青少年同伴依恋对个体抑郁程度的影响中，情绪调节效能感同样起中介作用。安全的同伴依恋能够帮助个体形成积极的情绪调节效能感，从而使其抑郁水平下降[④]。王晓丹（2020）的研究显示，在同伴支持对大学生情绪适应的影响中，情绪调节效能感在这对关系中起部分中介作用[64][⑤]。彭小燕（2021）在对青少年外化问题行为进行研究时发现，当青少年拥有安全、稳定的同伴依恋，能够降低指向外部的问题行为的出现，并可以经过自尊和情绪调节效能感产生间接影响[⑥]。

（五）同伴关系与攻击行为的关系

目前对同伴关系与攻击行为的研究，主要包括以下几方面：米乌斯（Meeus，1996）发现，受欢迎型儿童乐于与人交往，通常比较友好，乐于与他人进行分享。被忽视型儿童常会表现出畏惧退缩，常一个人活动，较少表现出友好或侵犯行为。被拒绝型儿童乐于与他人交往，但在交往中常采取侵

---

① 孙远，桂莎莎. 大学生依恋现状及其与自尊、人际关系的研究[J]. 中国健康心理学杂志，2012，20（04）：567-569.

② 左占伟，邹泓，马存燕. 初中生的社会支持状况及其与心理健康的关系[J]. 中国心理卫生杂志，2005（11）：15-18.

③ 刘国萍. 基于PPCT模型的初中生情绪调节自我效能感和同伴互动关系研究[D]. 南宁：广西民族大学，2020.

④ 王玉洁，窦凯. 同伴依恋与青少年抑郁的关系：情绪调节效能感的中介作用[J]. 中国健康心理学杂志，2019，27（07）：1092-1095.

⑤ 王晓丹. 同伴支持与大学生情绪适应的关系：情绪调节自我效能感的中介作用[J]. 平顶山学院学报，2020，35（06）：99-104.

⑥ 彭小燕，窦凯，梁钰炫，方浩帆，聂衍刚. 青少年同伴依恋与外化问题行为：自尊和情绪调节自我效能感中介作用[J]. 中国健康心理学杂志，2021，29（01）：118-123.

犯行为，攻击他人，从而使得其在交往中被排斥拒绝。被拒绝型儿童在未来的发展过程中可能会表现出严重的适应性问题[1]。

周宗奎（2005）的研究显示，个体在同伴中的受欢迎程度能够有效预测攻击行为的发生[2]。潘绮敏（2005）发现，自我评价同伴关系良好的个体在面对压力挫折时更愿意与同伴进行交流，其攻击水平也相对会更低。同伴关系的质量对个体的社会行为具有很大的影响[3]。研究表明，拥有互为挚友的个体相对于没有挚友的个体有更高的自制力和法律意识，较少做与法律相冲突的行为[4]。程美玲（2018）则研究了同伴交往对攻击的影响，认为好的同伴关系可以降低个体的攻击水平[5]。

同伴关系对青少年的生活有着很重要的影响，王梦雅（2016）研究表明，同伴关系与青少年目睹、遭遇、实施校园暴力呈显著相关[6]。宋潇（2020）在同伴依恋与网络欺负的关系研究中发现，与同伴的交往不仅可以直接影响在网络上的欺负行为产生，还会受共情和对待欺负的态度不同影响，对攻击行为产生影响[7]。对于青少年来说，通过与同龄人互动并建立起良好的依恋关系，能够有助于青少年的健康成长。彭小燕（2021）发现，如果能够建立稳定的同伴依恋，就能够减少的外化问题行为的发生，而不安全的同伴依恋由于缺少同伴间所必需的信任与交流，且伴随一定的疏离，从而导

---

[1] Meeus W. *Studies on identity development in adolescence: An overview of research and some new data* [J]. Journal of Youth & Adolescence, 1996, 25(5): 569–598.

[2] 周宗奎，万晶晶. 初中生友谊特征与攻击行为的关系研究[J]. 心理科学，2005（03）：573-575+572.

[3] 潘绮敏. 青少年攻击性的维度、结构及其相关研究[D]. 广州：华南师范大学，2005.

[4] DCSteinkraus, Boys G O, Bagwell R D, et al. *Expansion of extension-based aphid fungus sampling service to Louisiana and Mississippi*[J]. Proceedings, 1998.

[5] 程美玲. 初中生攻击行为与亲子依恋、同伴关系的相关研究[D]. 南昌：南昌大学，2018.

[6] 王梦雅. 中职生校园暴力行为与父母教养方式、同伴关系的研究[D]. 保定：河北大学，2016.

[7] 宋潇，褚晓伟，范翠英. 同伴依恋与初中生网络欺负：共情和对待网络欺负积极态度的中介作用[J]. 中国临床心理学杂志，2020，28（06）：1209-1214.

致个体的外化问题行为更容易发生[1]。

不仅同伴关系的质量对个体社会行为有着非常重要的影响，同伴交往对象同样对个体发展影响巨大。经常与不良同伴的交往往往会导致中职生出现更多攻击行为[2]。赵祝（2013）的研究中发现，与不良的伙伴交往会对个体的攻击行为产生很大影响[3]。杜明卓（2020）发现，青少年的越轨同伴交往能够与暴力态度相互作用，增加青少年攻击行为的发生[4]。同伴关系对个体攻击行为的影响不止有直接影响，有时也会起间接作用，从而影响攻击行为的发生。杨洁强（2019）的研究显示，同伴关系通过影响青少年道德推脱水平在人格特质中的冷漠无情特质和攻击行为之间进行调节[5]。张帆（2020）的研究表明，同伴关系在祖辈忽视型教养方式与身体、间接攻击之间起中介调节的作用[6]。因此，我们说，可以通过调节同伴间的交往情况来显著减少个体的攻击性，减少攻击行为的发生。

（六）情绪调节效能感与攻击行为的关系

近年来，青少年暴力问题越来越多地进入大众的视野，而青少年的攻击行为以冲动性攻击居多。个体的情绪体验、表达、调节过程与个体的社会行为有着很紧密的联系[7]，因此，情绪调节对于预防青少年攻击行为有着重要的意义。

---

[1] 彭小燕，窦凯，梁钰炫，方浩帆，聂衍刚. 青少年同伴依恋与外化问题行为：自尊和情绪调节自我效能感中介作用[J]. 中国健康心理学杂志，2021，29（01）：118-123.

[2] 高秋爽，张琳，张思凡，陈亮. 不良同伴交往与中职生的问题行为：性别的调节作用[J]. 青少年学刊，2019（03）：23-30.

[3] 赵祝. 小学高年级学生的攻击性行为与亲子关系、同伴关系的相关研究[D]. 昆明：云南师范大学，2013.

[4] 杜明卓，仝宇. 同伴交往、暴力态度与青少年攻击行为的关系：有中介的模型[J]. 才智，2020（32）：61-62.

[5] 杨洁强. 初中生冷漠无情特质对攻击行为的影响：道德推脱、同伴关系的作用[D]. 太原：山西大学，2019.

[6] 张帆. 祖辈教养方式、同伴关系对青少年亲社会行为和攻击行为的影响[D]. 太原：山西大学，2020.

[7] 陈婷，张垠，马智群. 父母冲突对初中生攻击行为的影响：情绪调节自我效能感与情绪不安全感的链式中介作用[J]. 中国临床心理学杂志，2020，28（05）：1038-1041+1037.

戴维森（Davidson，2000）调查发现，攻击行为多的个体往往在情绪调节上具有一定的缺陷[1]。曹慧（2007）认为，不同的调节策略对攻击行为的影响不同，常采用表达抑制的个体会表现出更多的攻击行为，而经常运用认知重评进行调节的个体，表现出的攻击行为会更少[2]。陈会昌（2010）发现，能够熟练掌握情绪调节应对方式的个体会表现出更多的助人行为，情绪调节能力强的个体，较少表现出攻击行为[3]。迈博姆（Maibom，2012）认为，移情能够对个体的攻击性进行负向预测，对他人情感体验的理解能够降低个体的攻击水平[4]。曹杏田（2018）发现，当个体长期处于情绪不良状态时，会对所经历的刺激性事件或挫折作出偏激、与事实不符的评估，从而进一步影响个体情绪体验，长此以往就会影响个体对自身情绪的管理，导致个体攻击行为增多[5]。

卡普拉拉（Caprara，2010）对经历过家庭暴力的青少年进行了纵向研究，研究发现，即使个体在暴力环境下成长，但如果个体能够控制自己的情绪，相信自己可以调节与父母之间的关系，就会较少表现出攻击[6]。环境对个体攻击行为有巨大的影响，但自身的情绪调节效能感的作用也不容小觑。吴晓薇（2015）探讨了社交焦虑与攻击行为的关系，而情绪调节效能感在其中能够起到一定的中介作用[7]。李菁菁（2018）研究表明，情绪调节效能感能够

---

[1] Davidson R J, Putnam K M, Larson C L. *Dysfunction in the Neural Circuitry of Emotion Regulation-A Possible Prelude to Violence* [J]. Science, 289.

[2] 曹慧，关梅林，张建新. 青少年暴力犯的情绪调节方式[J]. 中国临床心理学杂志，2007（05）：539-542.

[3] 张晓，王晓艳，陈会昌. 气质与童年早期的师生关系：家庭情感环境的作用[J]. 心理学报，2010，42（07）：768-778.

[4] Maibom, Heidi L. *The many faces of empathy and their relation to prosocial action and aggression inhibition*[J]. Wiley Interdisciplinary Reviews Cognitive Science, 2012, 3(2): 253-263.

[5] 曹杏田，张丽华. 青少年情绪调节自我效能感和自我控制在自尊与攻击性的关系中的链式中介作用[J]. 中国心理卫生杂志，2018，32（07）：574-579.

[6] Caprara G V, Gerbino M, Paciello M, et al. *Counteracting Depression and Delinquency in Late Adolescence: The Role of Regulatory Emotional and Interpersonal Self-Efficacy Beliefs*[J]. European Psychologist, 2010, 15(1): 34-48.

[7] 吴晓薇，黄玲，何晓琴，唐海波，蒲唯丹. 大学生社交焦虑与攻击、抑郁：情绪调节自我效能感的中介作用[J]. 中国临床心理学杂志，2015，23（05）：804-807.

影响青少年外化问题行为，同时还在亲子依恋与青少年的外化问题行为之间起中介作用[1]。

（七）同伴关系、情绪调节效能感与攻击行为三者之间的关系

综上所述，同伴关系、情绪调节效能感与攻击行为三个变量之间会存在两两相关关系。吴晓薇（2015）的研究结果显示，大学生的管理消极情绪效能感在社交焦虑和攻击之间起完全中介作用。王玉洁（2020）发现，该效能感在同伴疏离对社交焦虑的影响中起中介作用[2]。张蔷（2020）研究得出，小学生的情绪调节效能感在社交焦虑与攻击行为之间起中介作用[3]。彭小燕（2021）研究发现，青少年的情绪调节效能感能够在同伴依恋与外化问题行为之间起中介的作用[4]。

第三节　研究设计

在明确研究目的、相关变量概念界定后，从已有研究出发进行探究。本章就所使用的方法，选取的被试及测量工具，测量实施过程以及研究假设等方面，对研究设计进行整体阐述。为后续数据分析、关系研究提供了基础。

一、研究方法

（一）文献研究法

在本研究中，前期通过对同伴关系、情绪调节效能感、攻击行为的相关文献进行研读，对当前的研究设计、研究结果进行分析和总结，从而对本次研究的方案进行设计，确定最终明确的研究计划。

---

[1] 李菁菁，窦凯，聂衍刚. 亲子依恋与青少年外化问题行为：情绪调节自我效能感的中介作用[J]. 中国临床心理学杂志，2018，26（06）：1168-1172.

[2] 王玉洁，窦凯，聂衍刚. 同伴疏离与青少年社交焦虑：情绪调节效能感的中介效应[J]. 教育导刊，2020（07）：39-43.

[3] 张蔷. 小学生社交焦虑、情绪调节自我效能感与攻击行为的关系研究[D]. 石家庄：河北师范大学，2020.

[4] 彭小燕，窦凯，梁钰炫，方浩帆，聂衍刚. 青少年同伴依恋与外化问题行为：自尊和情绪调节自我效能感中介作用[J]. 中国健康心理学杂志，2021，29（01）：118-123.

（二）问卷调查法

本研究通过问卷调查的方法，采用科学统一的问卷收集被试数据信息，了解被试在人口学变量上的基本背景信息和其他相关内容。

（三）心理测验法

本研究在班主任老师的配合下，使用经过标准化的同伴关系量表、情绪调节效能感量表、攻击行为量表进行测验。对1721名中职生以不记名的方式，在课堂上统一进行测试，并在现场进行数据收集。

二、研究对象

本研究选取某市某中职学校学生为研究对象，采用匿名的问卷调查，分层随机抽样，向学生发放《儿童青少年同伴关系量表》《情绪调节自我效能感量表》《攻击行为量表》进行测量。回收问卷共计1721份，剔除无效数据后，最终收集有效数据1687份，数据有效率为98.024%。其中包含中职一年级至三年级，共三个年级四个专业的学生，同时对学生的性别、是否为独生子女以及生源地信息进行收集。被试具体基本信息见表7-3-1。

表7-3-1　被试基本情况（n=1687）

项目	分类	人数	比例（%）
性别	男	742	43.983
	女	945	56.017
年级	一年级	605	35.863
	二年级	518	30.705
	三年级	564	33.432
独生子女	是	934	55.364
	否	753	44.635
生源地	城镇	960	56.906
	乡村	727	43.094
专业	教育学	247	14.641
	经济学	311	18.435
	工学	609	36.100
	艺术学	520	30.824

三、研究工具

（一）儿童青少年同伴关系量表

本研究采用郭伯良编制的《儿童青少年同伴关系量表》。该量表在国内外广泛使用，主要用于个体对与他人关系自我感知的测量。适用于6至18岁的儿童青少年群体。量表共包含22道题目。量表采用四点计分制，"1"到"4"分别表示"不是这样""有时这样""经常这样""总是这样"，对应分值为1—4分。各项目分数总和为总分，总分越高，表示同伴关系越差。该量表克隆巴赫α系数（Cronbach's α）为0.768，量表具有良好信度，效度验证性因素分析拟合度在合理范围[1]。

在本研究中，该量表的Cronbach's α系数为0.894，信度良好，可以接受。

（二）情绪调节自我效能感量表

本研究采用卡普拉拉（Caprara）编制的情绪调节自我效能感量表，由俞国良、文书锋（2009）进行修订。在中学生群体测量中信效度良好。该量表包括三个维度：表达积极情绪、调节沮丧/痛苦情绪和调节生气/愤怒情绪，共12道题目。该量表采用李克特（Likert）5点计分法。从"1"到"5"表示"很不符合"到"非常符合"。总的分数越高，说明情绪调节效能感越高。修订后总量表的Cronbach's α系数为0.85，各分量表Cronbach's α系数为0.77—0.85，信效度良好[2]。

在本研究中，总量表的Cronbach's α系数为0.955。三个维度的分量表Cronbach's α系数分别为0.925、0.908、0.925，信度良好，可以接受。

（三）攻击行为量表

本研究采用巴斯（Buss）和佩里（Perry）编制的攻击行为问卷（AQ-CV）中文版，由李献云2009年翻译，2011年进行修订。在对6至18岁及18岁以上群体攻击行为测量中，具有良好信效度。量表包括五个维度：身体攻

---

[1] 陈珂. 家庭教养方式对儿童攻击性行为的影响：同伴关系的中介作用[D]. 西宁：青海师范大学, 2019.

[2] 文书锋, 汤冬玲, 俞国良. 情绪调节自我效能感的应用研究[J]. 心理科学, 2009（03）：666-668.

击、语言攻击、愤怒、敌意、自我指向，共30道题目。其中1题、6题、11题、16题、21题、26题、29题为身体攻击分量表；2题、7题、12题、17题、22题为言语攻击分量表；3题、8题、13题、18题、23题、27题为愤怒分量表；4题、9题、14题、19题、24题、28题、30题为敌意分量表；5题、10题、15题、20题、25题为自我指向分量表。该量表采用李克特（Likert）5点计分法，从"1"到"5"表示"不符合"到"完全符合"。总的分数越高，表示个体攻击行为越强。修订后的总量表克隆巴赫α系数（Cronbach's α）为0.711，各维度的重测信度为0.60—0.89，信效度良好[1]。

在本研究中，该量表的Cronbach's α系数为0.970，各个维度的分量表Cronbach's α系数分别为0.875、0.851、0.884、0.909、0.878，信度良好，可以接受。

为保证测量结果不受项目特征、来源、语境、测量环境等因素的影响形成共变，影响数据结果，本研究在发放问卷时向被试说明问卷的匿名性和保密性。为检验问卷测试过程是否存在共同方法偏差，因此，采用Harman单因子检验，将同伴关系量表、情绪调节效能感量表、攻击行为量表所有项目作为外显变量，共提取出8个特征根大于1的因子，首个因子变异量为32.256%，小于40%。因此，本研究不存在共同方法偏差。

四、研究假设

1. 中职生的同伴关系、情绪调节效能感、攻击行为，在人口学变量上存在显著差异。

2. 中职生的同伴关系与攻击行为存在显著相关，且对攻击行为具有预测作用。

3. 中职生的同伴关系与情绪调节效能感存在显著相关，且对情绪调节效能感具有预测作用。

4. 中职生的情绪调节效能感与攻击行为存在显著相关，且对攻击行为具有预测作用。

5. 在中职生的同伴关系与攻击行为的关系中，情绪调节效能感起到中介

---

[1] 李献云，费立鹏，张亚利等. Buss和Perry攻击问卷中文版的修订和信效度[J]. 中国神经精神疾病杂志，2011，37（10）：607-613.

作用。

五、技术路线

1. 明确研究目标，阅读相关研究，整理文献资料，形成理论上的研究。

2. 明确研究目的，确定研究所需量表，确定被试，制定切实可行的计划。

3. 在班主任老师帮助下，现场对被试进行测试并回收问卷。

4. 对数据进行整理，运用统计学知识进行分析，研究变量之间的相关关系，确立结构方程模型。

六、数据录入与分析处理

对于回收的问卷，首先进行问卷筛查，剔除无效问卷后进行数据处理。利用SPSS 22.0和Amos 24.0进行数据的统计分析。进行差异性检验，对变量进行相关、回归分析以及中介模型检验。

第四节 研究结果

在按照研究设计施测后，将所收回的信息数据进行筛选、整理。本章通过对所收集的有效数据进行分析，了解中职生同伴关系、情绪调节效能感以及攻击行为的整体水平，分析变量在人口学上的差异，探究变量之间的相关、回归分析。分析建立情绪调节效能感在同伴关系与中职生攻击行为之间的结构方程模型。

一、中职生同伴关系、情绪调节效能感与攻击行为的总体情况

对各变量的描述性统计结果如表7-4-1所示：通过表7-4-1可知，同伴关系总分的均分为40.971±10.589，由于同伴量表采用4点计分法，理论中值为2.5，可以看出同伴关系的平均分低于理论中值。情绪调节效能感总分的均分为40.959±11.070。情绪调节效能感各个维度得分情况，由高到低分别为：表达积极情绪的均分为14.442±4.103，调节沮丧/痛苦情绪的均分为13.323±3.975，调节生气/愤怒情绪的均分为13.194±4.052，情绪调节效能感量表采用5点计分法，理论中值为3，量表各维度平均值均高于理论中

值。攻击行为总分的均分为54.503±22.501。攻击行为各维度情况为：身体攻击性的均分为12.434±5.546，言语攻击性的均分为9.078±3.797，愤怒的均分为11.370±5.025，敌意的均分为13.004±5.866，自我指向的均分为8.616±4.139。攻击行为量表采用5点计分法，理论中值为3，量表各维度平均值均低于理论中值。

表7-4-1　各变量的描述性统计（n=1687）

	最小值（Min）	最大值（Max）	平均值（M）	标准差（SD）	项目数（n）	项目均值（Mean）
同伴关系	22	85	40.971	10.589	22	1.862
表达积极情绪	4	20	14.442	4.103	4	3.611
调节沮丧/痛苦	4	20	13.323	3.975	4	3.331
调节生气/愤怒	4	20	13.194	4.052	4	3.299
情绪调节效能感	12	60	40.959	11.070	12	3.413
身体攻击性	7	35	12.434	5.546	7	1.776
言语攻击性	5	25	9.078	3.797	5	1.816
愤怒	6	30	11.370	5.025	6	1.895
敌意	7	35	13.004	5.866	7	1.858
自我指向	5	25	8.616	4.139	5	1.723
攻击行为	30	150	54.503	22.501	30	1.817

二、中职生同伴关系、情绪调节效能感与攻击行为在人口学变量上的差异检验

（一）各变量在性别上的差异检验

运用独立样本t检验测试各变量在性别上的差异。不同性别的中职生在各变量量表上得分差异如表7-4-2。

通过表7-4-2可知，同伴关系在性别上存在显著差异（t=2.145，$p<0.05$），男生的同伴关系得分显著高于女生；在情绪调节效能感得分上，女生的总量表得分显著高于男生的得分（t=-4.365，$p<0.001$），且在维度上，女生的表达积极情绪维度得分显著高于男生（t=-7.273，$p<0.001$），女生的调节沮丧/痛苦情绪维度得分显著高于男生（t=-2.704，$p<0.01$），女生的调节生气/愤怒情绪维度得分显著高于男生（t=-2.009，$p<0.05$）；在攻

击行为得分上，男生的攻击行为总分显著高于女生（$t=4.193$，$p<0.001$），且在维度上，男生在身体攻击性维度上的得分显著较女生更高（$t=7.689$，$p<0.001$），男生的言语攻击性维度上的得分显著较女生更高（$t=4.312$，$p<0.001$），男生的敌意得分显著较女生更高（$t=3.261$，$p<0.01$），男生的自我指向得分显著较女生更高（$t=3.221$，$p<0.01$），但在愤怒维度上不存在显著的性别差异（$p>0.05$）。

表7-4-2　各变量在性别上的差异检验（$M \pm SD$）

	男生（$n=742$）	女生（$n=945$）	t	p
同伴关系	41.594 ± 10.226	40.481 ± 10.856	2.145	0.031
表达积极情绪	13.620 ± 4.3681	15.087 ± 3.76	−7.273	0.000
调节沮丧/痛苦	13.028 ± 4.116	13.554 ± 3.848	−2.704	0.007
调节生气/愤怒	12.970 ± 4.212	13.369 ± 3.916	−2.009	0.045
情绪调节效能感	39.619 ± 11.755	42.011 ± 10.386	−4.365	0.000
身体攻击性	13.608 ± 5.933	11.512 ± 5.037	7.689	0.000
言语攻击性	9.532 ± 4.032	8.722 ± 3.563	4.312	0.000
愤怒	11.461 ± 4.993	11.299 ± 5.052	0.655	0.512
敌意	13.528 ± 5.995	12.593 ± 5.732	3.261	0.001
自我指向	8.981 ± 4.203	8.329 ± 4.067	3.221	0.001
攻击行为	57.111 ± 23.519	52.455 ± 21.460	4.193	0.000

（二）各变量在年级上的差异检验

运用单因素方差分析测试各变量在年级上的差异，并进行事后检验。不同年级的中职生在各变量量表上得分差异如表7-4-3。

通过表7-4-3可知，不同年级的中职生在同伴关系、调节沮丧/痛苦情绪维度、攻击行为及其各维度得分上存在显著差异（$p<0.05$），而在情绪调节效能感总分及其表达积极情绪、调节生气/愤怒情绪维度上不存在显著差异（$p>0.05$）。

事后检验表明，中职一年级和二年级的学生在同伴关系上的得分显著高于三年级的学生（$F=7.257$，$p<0.01$）；在情绪调节效能感得分上，虽然在总分和表达积极情绪、调节生气/愤怒情绪维度上年级差异不明显，但三年级的学生在调节沮丧/痛苦情绪维度上的得分显著高于一年级的学生（$F=4.090$，$p<0.05$）；在攻击行为得分上，一年级和二年级的学生的攻击行为总分显著高于三年级的学生（$F=5.977$，$p<0.01$），且在各维度上，一年级和二年级的学生在身体攻击性的得分显著高于三年级的学生（$F=6.160$，$p<0.01$），一年级和二年级的学生在言语攻击性上的得分显著高于三年级的学生（$F=3.790$，$p<0.05$），一年级的学生在愤怒上的得分显著高于三年级的学生（$F=4.318$，$p<0.05$），一年级和二年级的学生在敌意上的得分显著高于三年级的学生（$F=5.758$，$p<0.01$），一年级和二年级的学生在自我指向上的得分显著高于三年级的学生（$F=5.278$，$p<0.01$）。

表7-4-3 各变量在年级上的差异检验（M±SD）

	一年级 (n=605)	二年级 (n=518)	三年级 (n=564)	F	事后检验
同伴关系	41.798 ± 10.491	41.496 ± 10.612	39.601 ± 10.555	7.257**	1，2>3
表达积极情绪	14.516 ± 3.827	14.203 ± 4.075	14.582 ± 4.402	1.305	
调节沮丧/痛苦	13.017 ± 3.767	13.293 ± 3.976	13.679 ± 4.167	4.090*	3>1
调节生气/愤怒	12.965 ± 3.858	13.127 ± 4.052	13.500 ± 4.240	2.647	
情绪调节效能感	40.498 ± 10.108	40.624 ± 11.135	41.761 ± 11.938	2.246	
身体攻击性	12.889 ± 5.447	12.606 ± 5.757	11.787 ± 5.402	6.160**	1，2>3
言语攻击性	9.312 ± 3.589	9.187 ± 3.947	8.727 ± 3.854	3.790*	1，2>3
愤怒	11.777 ± 5.016	11.392 ± 4.933	10.915 ± 5.088	4.318*	1>3
敌意	13.486 ± 5.719	13.154 ± 5.955	12.349 ± 5.890	5.758**	1，2>3
自我指向	8.924 ± 4.111	8.745 ± 4.065	8.167 ± 4.204	5.278**	1，2>3
攻击行为	56.388 ± 21.593	55.085 ± 22.991	51.945 ± 22.802	5.977**	1，2>3

注：1.*$p<0.05$；**$p<0.01$；***$p<0.001$；

2.事后检验中的1表示一年级，2表示二年级，3表示三年级。

(三)各变量在是否独生上的差异检验

运用独立样本t检验测试各变量在是否为独生子女上的差异。中职生该人口学变量在各变量量表上得分差异如表7-4-4。

通过表7-4-4可知,是独生子女和非独生子女的中职生在同伴关系总分、情绪调节效能感总分及其各维度得分和攻击行为总分及其各维度得分上均不存在显著差异($p>0.05$),但可以发现在攻击行为总分和各维度的得分上,非独生子女的中职生较独生子女的得分更高。

表7-4-4 各变量在是否为独生子女上的差异检验(M±SD)

	独生子女 (n=934)	非独生子女 (n=753)	t	p
同伴关系	40.820±10.713	41.158±10.437	-0.651	0.515
表达积极情绪	14.327±4.219	14.584±3.953	-1.283	0.200
调节沮丧/痛苦	13.325±4.057	13.320±3.875	0.028	0.978
调节生气/愤怒	13.272±4.168	13.097±3.905	0.882	0.378
情绪调节效能感	40.942±11.437	41.001±10.604	-0.144	0.886
身体攻击性	12.377±5.586	12.505±5.499	-0.470	0.638
言语攻击性	8.963±3.801	9.222±3.789	-1.395	0.163
愤怒	11.190±5.009	11.595±5.039	-1.648	0.099
敌意	12.848±5.837	13.198±5.901	-1.218	0.223
自我指向	8.465±4.022	8.803±4.274	-1.661	0.097
攻击行为	53.842±22.394	55.323±22.621	-1.344	0.179

(四)各变量在生源地上的差异检验

运用独立样本t检验测试各变量在生源地上的差异。不同生源地的中职生在各变量量表上得分差异如表7-4-5。

通过表7-4-5可知,城镇和乡村的中职生在同伴关系总分、情绪调节效能感总分及其表达积极情绪效能感、调节沮丧/痛苦情绪效能感维度得分和攻击行为总分及其各维度得分上均不存在显著差异($p>0.05$);但在调节生气/愤怒情绪效能感维度上,城镇的中职生的得分显著高于乡村的中职生得分($t=2.589,p<0.05$),且在调节沮丧/痛苦情绪维度得分上城镇和乡村的中职

生呈边缘显著。且通过数据可以发现城镇的中学生的情绪调节效能感总分及其各维度得分均高于乡村的中职生。

表7-4-5 各变量在生源地上的差异检验（$M \pm SD$）

	城镇（n=960）	乡村（n=727）	t	P
同伴关系	40.851 ± 10.701	41.129 ± 10.444	−0.534	0.593
表达积极情绪	14.475 ± 4.178	14.398 ± 4.005	0.384	0.701
调节沮丧/痛苦	13.484 ± 4.045	13.110 ± 3.874	1.917	0.055
调节生气/愤怒	13.414 ± 4.168	12.904 ± 3.879	2.589	0.010
情绪调节效能感	41.373 ± 11.342	40.411 ± 10.683	1.783	0.075
身体攻击性	12.588 ± 5.661	12.231 ± 5.388	1.307	0.191
言语攻击性	9.134 ± 3.839	9.004 ± 3.742	0.698	0.486
愤怒	11.346 ± 5.119	11.403 ± 4.901	−0.231	0.817
敌意	13.057 ± 5.911	12.934 ± 5.809	0.427	0.669
自我指向	8.631 ± 4.190	8.596 ± 4.073	0.175	0.861
攻击行为	54.756 ± 22.708	54.168 ± 22.237	0.532	0.595

（五）各变量在专业上的差异检验

运用单因素方差分析测试各变量在专业上的差异，并进行事后检验。不同专业的中职生在各变量量表上得分差异如表7-4-6。

由表7-4-6可知，不同专业的中职生在同伴关系得分、情绪调节效能感总分及其表达积极情绪和调节生气/愤怒情绪维度得分、攻击行为总分及其各维度得分上存在显著差异；在调节沮丧/痛苦情绪维度得分上，不同专业的中职生不存在显著差异（$p > 0.05$）。

事后检验表明，工学专业中职生的同伴关系总分显著高于教育学和经济学专业中职生（F=5.481，$p < 0.01$）。

在情绪调节效能感得分上，教育学和艺术学专业中职生的总分显著高于工学专业中职生（F=4.882，$p < 0.01$）。且在维度上，教育学、经济学和艺术学专业中职生的表达积极情绪效能感得分显著高于工学专业中职生

（$F=9.079$，$p<0.001$）；经济学和艺术学专业中职生的调节生气/愤怒情绪效能感得分显著高于工学专业中职生（$F=2.663$，$p<0.05$）。

表7-4-6　各变量在专业上的差异检验（M±SD）

	教育学 （$n=247$）	经济学 （$n=311$）	工学 （$n=609$）	艺术学 （$n=520$）	F	事后检验
同伴关系	39.510±10.439	39.749±10.701	42.143±10.320	41.023±10.766	5.481**	3>1，2
表达积极情绪	15.016±4.068	14.489±4.276	13.790±4.276	14.904±3.693	9.079***	1，2，4>3
调节沮丧/痛苦	13.591±4.182	13.559±4.205	12.992±4.025	13.442±3.647	2.312	
调节生气/愤怒	13.409±4.125	13.437±4.230	12.824±4.149	13.379±3.765	2.663*	2，4>3
情绪调节效能感	42.016±11.488	41.486±11.761	39.606±11.430	41.725±9.819	4.882**	1，4>3
身体攻击性	10.968±4.789	12.514±5.829	13.389±5.843	11.963±5.143	13.332***	2，3>1；3>4
言语攻击性	8.445±3.491	9.338±4.094	9.562±3.955	8.658±3.420	8.294***	2，3>1；3>4
愤怒	10.502±4.760	11.842±5.457	11.668±5.053	11.152±4.789	4.442**	2，3>1
敌意	11.968±5.411	13.170±6.194	13.560±5.908	12.746±5.757	4.845**	3>1
自我指向	7.907±3.870	8.797±4.461	8.966±4.198	8.435±3.947	4.423**	3>1
攻击行为	49.789±20.396	55.662±24.488	57.144±23.177	52.954±20.933	7.595***	2，3>1；3>4

注：1. *$p<0.05$；**$p<0.01$；***$p<0.001$；

2.事后检验中的1表示教育学，2表示经济学，3表示工学，4表示艺术学。

在攻击行为得分上，经济学和工学专业中职生的总分显著高于教育学专业的学生，且工学专业中职生的总分显著高于艺术学专业中职生（F=7.595，$p<0.001$）。经济学和工学专业中职生的身体攻击性得分显著高于教育学专业的学生，且工学专业中职生的身体攻击性得分显著高于艺术学专业中职生（F=13.332，$p<0.001$）；经济学和工学专业中职生的言语攻击性得分显著高于教育学专业的学生，且工学专业中职生的言语攻击性得分显著高于艺术学专业中职生（F=8.294，$p<0.001$）；经济学和工学专业中职生的愤怒得分显著高于教育学专业的学生（F=4.442，$p<0.01$）；工学专业中职生的敌意得分显著高于教育学专业的学生（F=4.845，$p<0.01$）；工学专业中职生的自我指向得分显著高于教育学专业的学生（F=4.423，$p<0.01$）。

三、同伴关系、情绪调节效能感与攻击行为的相关分析

为验证中职生同伴关系与情绪调节效能感、同伴关系与攻击行为、情绪调节效能感与攻击行为之间的相关性，对中职生的同伴关系、情绪调节效能感和攻击行为进行相关分析，计算出三者之间的皮尔逊积差相关系数，由于相关数据较大，因此，将其拆分为两个表，相关分析结果如表7-4-7和表7-4-8。

通过表7-4-7可知，同伴关系得分与攻击行为总分存在显著正相关（$p<0.01$）。其中，同伴关系与攻击行为中的身体攻击性、言语攻击性、愤怒（$p<0.01$）、敌意、自我指向五个维度得分均存在显著正相关（$p<0.01$）。由于本研究使用的同伴关系量表得分越低，同伴关系越好。因此，中职生的同伴关系与攻击行为存在显著负相关。情绪调节效能感总分与攻击行为总分及其各维度得分存在显著负相关（$p<0.01$）。其中，情绪调节效能感中的各个维度与攻击行为总分及其维度得分均存在显著负相关（$p<0.01$）。

通过表7-4-8可知，同伴关系得分与情绪调节效能感总分存在显著负相关（$p<0.01$）。其中，同伴关系与情绪调节效能感的三个维度均存在显著负相关（$p<0.01$）。由于本研究使用的同伴关系量表得分越低，同伴关系越好，因此，中职生的同伴关系与情绪调节效能感及其各维度存在显著正相关。

通过分析表7-4-7和表7-4-8，可以发现，中职生的同伴关系、情绪调节效能感、攻击行为三者之间均两两存在显著的相关关系。

表7-4-7 中职生同伴关系、情绪调节效能感与攻击行为的相关分析（$n=1687$）

	同伴关系	表达积极情绪	调节沮丧/痛苦	调节生气/愤怒	情绪调节效能感
身体攻击性	0.404**	-0.119**	-0.108**	-0.166**	-0.144**
言语攻击性	0.423**	-0.121**	-0.125**	-0.182**	-0.156**
愤怒	0.461**	-0.098**	-0.166**	-0.260**	-0.191**
敌意	0.576**	-0.170**	-0.222**	-0.265**	-0.240**
自我指向	0.504**	-0.191**	-0.209**	-0.247**	-0.237**
攻击行为	0.517**	-0.151**	-0.181**	-0.244**	-0.210**

注：*在0.05水平显著相关（双尾）；**在0.01水平显著相关（双尾）

表7-4-8 中职生同伴关系与情绪调节效能感的相关分析（$n=1687$）

	表达积极情绪	调节沮丧/痛苦	调节生气/愤怒	情绪调节效能感
同伴关系	-0.415**	-0.473**	-0.499**	-0.506**

注：*在0.05水平显著相关（双尾）；**在0.01水平显著相关（双尾）

四、同伴关系、情绪调节效能感与攻击行为的回归分析

通过对变量进行相关分析发现，三个变量两两之间存在显著的相关关系。为进行进一步探究，因此，对三个变量进行回归分析。

（一）同伴关系与情绪调节效能感的回归分析

运用多重线性回归，将同伴关系纳入预测变量，分析结果如表7-4-9。

通过表7-4-9可知，同伴关系得分对情绪调节效能感有负向预测的作用（$p<0.001$）；且同伴关系得分对情绪调节效能感的三个维度也均具有负向预测作用（$p<0.001$）。由于本研究使用的量表得分越低，同伴关系越好，因此，中职生的同伴关系对情绪调节效能感及其各位均具有正向预测作用。

表7-4-9　同伴关系对情绪调节效能感及各维度的回归分析

被预测变量	预测变量	非标准化系数B	标准系数β	R^2	F	SE	t
表达积极情绪	常量	21.023					
	同伴关系	-0.162	-0.415	0.172	349.637	0.009	-18.699***
调节沮丧/痛苦	常量	20.597					
	同伴关系	-0.178	-0.473	0.224	485.361	0.008	-22.031***
调节生气/愤怒	常量	21.021					
	同伴关系	-0.191	-0.499	0.249	559.192	0.008	-23.647***
情绪调节效能感	常量	62.641					
	同伴关系	-0.529	-0.506	0.256	580.597	0.022	-24.096***

注：$*p<0.05$；$**p<0.01$；$***p<0.001$

（二）同伴关系与攻击行为的回归分析

运用多重线性回归，将同伴关系纳入预测变量，结果如表7-4-10。

通过表7-4-10可知，同伴关系得分对攻击行为具有正向的预测作用（$p<0.001$）；且同伴关系得分对攻击行为的维度：身体攻击、言语攻击、愤怒、敌意以及自我指向均具有正向预测作用（$p<0.001$）。由于本研究使用的量表得分越低，同伴关系越好，因此，中职生的同伴关系对攻击行为及其各维度均具有负向预测作用。

表7-4-10　同伴关系对攻击行为及各维度的回归分析

被预测变量	预测变量	非标准化系数B	标准系数β	R^2	F	SE	t
身体攻击性	常量	3.773					
	同伴关系	0.211	0.404	0.163	327.834	0.012	18.106***
言语攻击性	常量	2.866					
	同伴关系	0.152	0.423	0.179	366.886	0.008	19.154***
愤怒	常量	2.399					
	同伴关系	0.219	0.461	0.213	455.811	0.010	21.350***

续表

被预测变量	预测变量	非标准化系数B	标准系数β	R^2	F	SE	t
敌意	常量	−0.081					
	同伴关系	0.319	0.576	0.332	838.777	0.011	28.962***
自我指向	常量	0.542					
	同伴关系	0.197	0.504	0.254	574.209	0.008	23.963***
攻击行为	常量	9.500					
	同伴关系	1.098	0.517	0.267	614.316	0.044	24.785***

注：*$p<0.05$；**$p<0.01$；***$p<0.001$

（三）情绪调节效能感与攻击行为的回归分析

运用多重线性回归，将情绪调节效能感纳入预测变量，结果如表7-4-11。

通过表7-4-11可知，情绪调节效能感对攻击行为均有负向预测作用（$p<0.001$）；情绪调节效能感的三个维度也均能够对攻击行为及进行负向预测（$p<0.001$）。

表7-4-11　情绪调节效能感对攻击行为及各维度的回归分析

被预测变量	预测变量	非标准化系数B	标准系数β	R^2	F	SE	t
身体攻击性	常量	15.389					
	情绪调节效能感	−0.072	−0.144	0.021	35.468	0.012	−5.955***
言语攻击性	常量	11.271					
	情绪调节效能感	−0.054	−0.156	0.024	42.093	0.008	−6.488***
愤怒	常量	14.922					
	情绪调节效能感	−0.087	−0.191	0.036	63.815	0.011	−7.988***
敌意	常量	18.208					
	情绪调节效能感	−0.127	−0.240	0.057	102.747	0.013	−10.136***

续表

被预测变量	预测变量	非标准化系数B	标准系数β	R^2	F	SE	t
自我指向	常量	12.239					
	情绪调节效能感	-0.099	-0.237	0.056	99.896	0.009	-9.995***
攻击行为	常量	72.020					
	情绪调节效能感	-0.428	-0.210	0.044	78.049	0.048	-8.835***
攻击行为	常量	66.454					
	表达积极情绪	-0.828	-0.151	0.023	39.265	0.132	-6.266***
攻击行为	常量	68.149					
	调节沮丧/痛苦	-1.024	-0.181	0.033	57.044	0.136	-7.553***
攻击行为	常量	72.409					
	调节生气/愤怒	-1.357	-0.244	0.060	107.065	0.131	-10.347***

注：$*p<0.05$；$**p<0.01$；$***p<0.001$

五、情绪调节效能感在同伴关系与攻击行为之间的中介效应

通过对中职生的同伴关系、情绪调节效能感、攻击行为进行相关分析，发现三者之间两两相关。在对三者进行回归分析发现：同伴关系得分对情绪调节效能感能够进行负向的预测，对攻击行为能够进行正向的预测，而情绪调节效能感及其部分维度对攻击行为能够进行负向的预测。同伴关系对攻击行为的总效应c显著，因此，按中介效应立论。

为进一步探讨三者之间的关系，运用SPSS 22.0对情绪调节效能感在同伴关系和攻击行为之间的中介效应进行检验。其中，同伴关系为自变量（X），攻击行为为因变量（Y），将情绪调节效能感作为中介变量（M），检验原理和关系如图7-4-1。

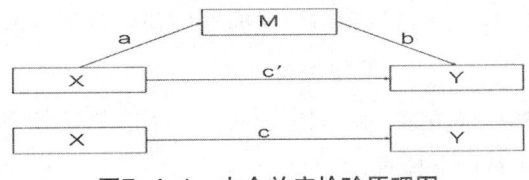

图7-4-1 中介效应检验原理图

在方程 $Y = cX + e_1$，$M = aX + e_2$，$Y = c'X + bM + e_3$ 中，系数c是同伴关系对攻击行为的总效应量，系数a是同伴关系对中介变量的效应量，系数b是中介变量对攻击行为的效应量，系数c'是在控制中介变量后，同伴关系对攻击行为的直接效应。

本研究根据温忠麟提出的方法，采用逐步检验回归系数法，对情绪调节效能感及其维度在同伴关系与攻击行为及其各维度间的中介效应进行检验，具体检验流程图见图7-4-2。

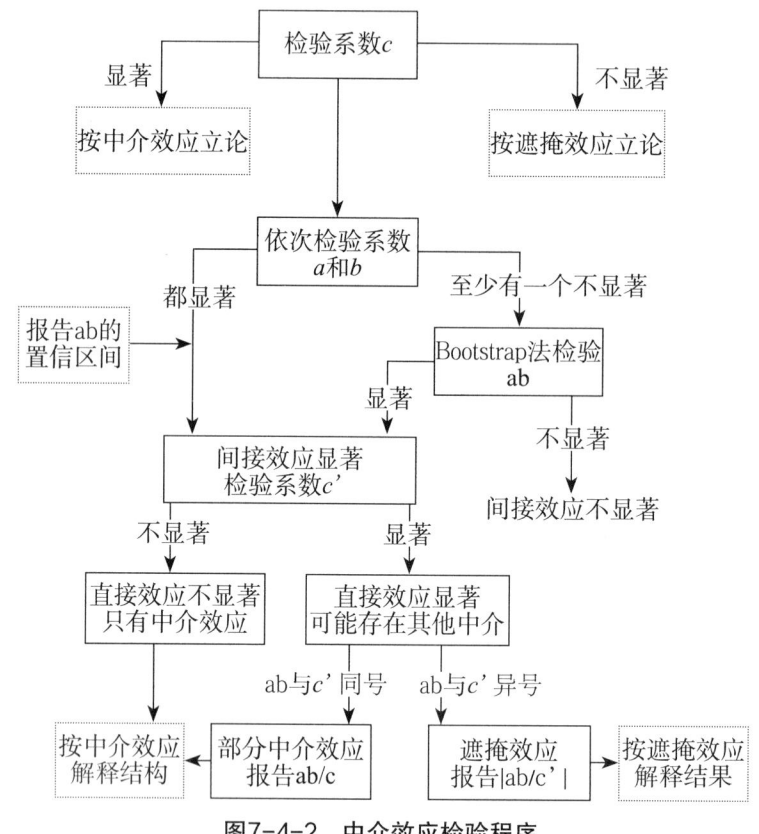

图7-4-2 中介效应检验程序

利用Amos24.0建立了情绪调节效能感在同伴关系与攻击行为之间的中介效应模型见图7-4-3，同伴关系作为自变量，攻击行为的五个分维度作为因变量的潜变量，表达积极情绪、调节沮丧/痛苦、调节生气/愤怒作为中介变量的潜变量，对三者进行中介检验。

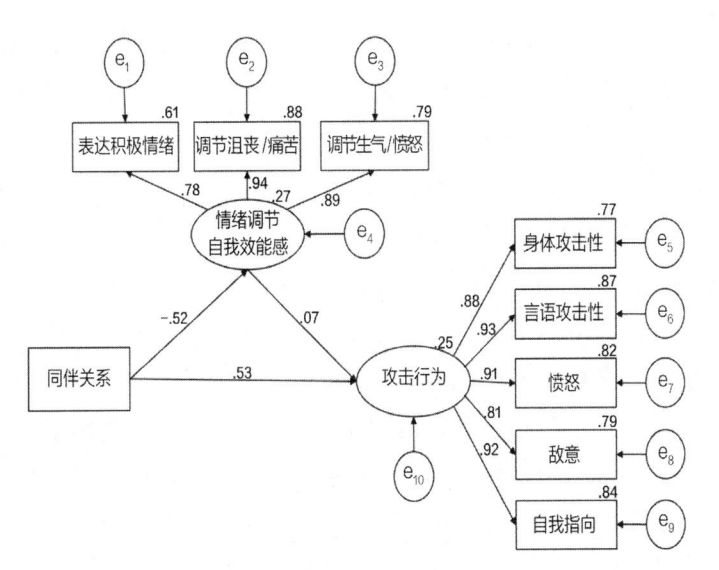

图7-4-3　情绪调节效能感在同伴关系和攻击行为之间的中介效应模型

将相关数据导入模型进行分析，模型拟合指数见表7-4-12。根据表7-4-12可以看出，中介模型各项拟合指标参数均达到合理标准，模型拟合度良好。

表7-4-12　中介效应模型拟合指标

	GFI	AGFI	NFI	IFI	TLI	CFI	RMSEA
模型	0.974	0.946	0.985	0.987	0.978	0.987	0.070

根据表7-4-13可以看出，同伴关系得分对攻击行为得分具有正向影响（$p<0.001$），标准化系数为0.534；同伴关系得分对情绪调节效能感得分具有负向影响（$p<0.001$），标准化系数为-0.524；情绪调节效能感得分对攻击行为得分具有正向影响（$p<0.001$），标准化系数为0.074。所有路径系数均为显著。

表7-4-13　模型路径系数表

			UnStd.Est	S.E.	Std.Est	C.R.	p
攻击行为	←	同伴关系	0.246	0.012	0.534	20.044	0.000
情绪调节效能感	←	同伴关系	-0.159	0.007	-0.524	-21.662	0.000
攻击行为	←	情绪调节效能感	0.113	0.041	0.074	2.783	0.005

为检验情绪调节效能感在同伴关系和攻击行为之间的中介效应，采用Boostrap抽样法，对样本（n=1687）进行随机重复抽样5000次，估计中介效应95%的置信区间，进行中介效应存在检验，检验结果如表7-4-14。

表7-4-14分析结果显示，在同伴关系对攻击行为的总效应中，路径系数c显著（$p<0.001$），95%置信区间为［0.208，0.248］，区间不包含0，按中介效应立论。a、b显著，间接效应a×b的95%置信区间为［-0.033，-0.003］，区间不包含0，间接效应显著。在同伴关系对攻击行为的直接效应中，路径系数c'显著（$p<0.001$），95%置信区间为[0.217，0.274]，区间不包含0，直接效应显著。对a×b和c'比较发现，a×b与c'异号，因此，情绪调节效能感对同伴关系与攻击行为的间接效应性质为遮掩效应，间接效应与直接效应比值为0.073。

表7-4-14　情绪调节效能感的中介效应Bootstrap显著性检验结果

	Estimate	LLCI	ULCI	p
直接效应	0.246	0.217	0.274	0.000
间接效应	-0.018	-0.033	-0.003	0.022
总效应	0.228	0.208	0.248	0.000

第五节　分析与讨论

在对数据进行统计学分析后，能够对中职生同伴关系情况、情绪调节效能感水平、攻击行为发生情况有更加清晰地了解。本章将对数据分析发现变量人口学差异，变量之间的关系，以及中介效应模型进行详细的分析和讨论。

一、中职生同伴关系、情绪调节效能感与攻击行为的总体情况分析

在本研究中，中职生的同伴关系平均得分低于理论中值，中位数为41，同伴关系整体得分水平处于中值偏下。本研究所使用的量表得分越低，同伴关系水平越好。因此，中职生整体同伴关系良好，但差异较大，这与余晓霞[①]

[①] 余晓霞. 中职生心理弹性、生活满意度与同伴关系的关系研究[D]. 桂林：广西师范大学，2017.

等人的研究结果相同，这是由于进入学校后，随着社交范围的扩大，重要他人发生转变，中职生渴望与同龄人建立起良好稳定的同伴关系。随着心理不断发展成熟，社会性水平提高，逐渐掌握了更多的同伴交往技巧，更容易与他人建立起和谐的同伴关系。进入职业学校后，接触到的同学大多有着类似的困扰，更容易产生归属感，因此，整体水平较好。

中职生的情绪调节效能感平均得分高于理论中值，中位数为40，整体得分水平处于中值以上，情绪调节效能感水平较高，但整体差异较大，各维度得分最高、最低分别为表达积极情绪、调节生气/愤怒，这与蒋红[1]的研究结果相一致。中职生正处于青春期，情绪起伏波动较大，相对更容易出现愤怒、悲伤情绪，虽然他们掌握了更多的情绪调节方法，但还不能很好地调节消极情绪。同时随着社会对心理健康教育的重视与普及，使得中职生逐渐能够更好地觉察自身的情绪变化并进行调整，因此，整体水平较高。

中职生的攻击行为平均得分低于理论中值，中位数为50，整体得分水平处于中值以上，中职生的攻击行为整体水平较低，但整体差异较大。与孙明珠[2]的研究结果相同。攻击行为各维度得分由高到低分别为：敌意、身体、愤怒、言语、自我指向。敌意得分水平最高，与前人研究结果在后四个维度排序上存在差异，这可能是由于被试所在地区以及被试群体差异造成的。身体攻击作为最早出现的攻击行为[3]，随着个体受教育程度和社会化发展逐渐减少，而关系攻击则会随着年龄的增长逐渐增多[4]。

二、中职生同伴关系、情绪调节效能感与攻击行为在人口学变量上的差异分析

（一）各变量在性别上的差异分析

根据数据结果可以发现，中职生的同伴关系、情绪调节效能感和除愤怒

---

[1] 蒋红. 中职生情绪调节自我效能感、应对方式与其人格特质的关系[D]. 喀什：喀什大学，2019.

[2] 孙明珠. 父母教养方式与中职生攻击行为的关系研究[D]. 扬州：扬州大学，2020.

[3] 纪林芹. 儿童攻击、相关问题行为的发展及其家庭相关因素[D]. 济南：山东师范大学，2007.

[4] 贾培丽. 中职生攻击性行为的宽恕干预研究[D]. 上海：上海师范大学，2015.

维度外的攻击行为，在性别上均存在显著差异。

中职生的同伴关系水平在性别上差异显著，女生同伴关系平均得分显著低于男生的平均得分，说明女生的同伴交往平均水平较男生更好。这一研究结果与李晓艳[1]的研究结果一致，过往研究显示，从儿童阶段开始，个体的同伴关系就表现出显著性别差异[2]，进入学校后，男生虽然相较于女生更为活泼，喜欢交友，但交往深度相较女生更低，在中职生群体中男生相较于女生有更高的人际关系困扰，因此，男生的同伴关系较女生更差。进入青春期后，由于男女生在社会化过程会逐渐形成更加明显的性别角色差异，以及生理上的不同，使得女生对于同伴关系的变化更为敏感，更愿意接受同伴的关心，而男生更容易表现出更多的问题行为。因此，在中职生群体中，女生的同伴关系水平显著高于男生。

中职生的情绪调节效能感存在显著的性别差异，女生各维度的得分均显著高于男生。这一研究结果与张萍等人[3]的研究结果一致。由于男女生情绪调节策略存在差异，男生更关注对情绪的认知评价，而女生更关注与情绪本身[4]，从而使得男女生在对自己调节情绪能力的评价上存在差异。女生相对于男生更敏感，对于积极情绪的阈限更低，更容易感受到快乐[5]。女生略好于男生的同伴关系，也会让女生在同伴关系中获得更多的积极体验，表达积极情绪效能感更高。同时，受社会文化的影响，男生被更多要求克己、稳重，因此，相较于女生较少直接的表达自己的积极情绪。综合上述原因，最终使得在中职生群体中，女生的情绪调节效能感显著高于男生。

除愤怒维度外，中职生的攻击行为及其各维度均存在显著的性别差异。在中职生群体中，男生的攻击行为显著多于女生，在具体维度方面男生也显

---

[1] 李晓艳. 中职生人际关系在性别、年级和班级性质方面的差异[J]. 亚太教育，2015（16）：271+249.

[2] 张佳乔，张金华. 发展心理学中儿童同伴关系的研究进展[J]. 亚太教育，2016（12）：276+273.

[3] 张萍，汪海彬. 大学生情绪调节自我效能感在神经质、外倾性和主观幸福感间的中介作用[J]. 中国心理卫生杂志，2015，29（02）：139-144.

[4] 李铭洁. 中职生情绪调节、人际关系满意度与主观幸福感关系及干预研究[D]. 曲阜：曲阜师范大学，2019.

[5] 元栋娟. 高中生家庭功能、情绪调节自我效能感与人际关系的关系研究[D]. 哈尔滨：哈尔滨师范大学，2020.

著高于女生。数据分析结果与杨洁强的研究结论一致。在生理结构上，中职生正处于青春期，生理心理快速发展，青春期男生分泌男性荷尔蒙及睾丸激素水平更高，情绪更加不稳定，相对于女生更加冲动[1]，更容易产生攻击行为，从而导致更高的攻击水平。社会文化对男女生要求不同，社会文化要求男生充满阳刚，运用直接的方法解决问题，对于女生则要求温柔。这就导致同样的攻击行为，男生相较于女生有更高的社会接受度，导致男生会表现出更多的攻击行为，而女生则更多选择抑制自己的攻击冲动。同时，不同的家庭教养方式也会影响男女生攻击行为的产生，父母对于男生会表现出更多的拒绝和惩罚，对于女生则会表现出更多的接纳，因此，导致男生表现出更多的攻击行为。由于男女生同伴交往方式存在不同，同伴关系也会有所不同，女生的同伴交往过程更多的是共享态度，重视情感联系，而男生的同伴关系更多的是共同活动，女生之间的友谊比男生之间的要更加亲密，从而会获得更多的情感支持，通过同伴之间的沟通倾诉，可以减轻心理压力，减少对内或对外的攻击行为[2]。综合上述原因，最终使得在中职生群体中，男生的攻击行为显著高于女生。

（二）各变量在年级上的差异分析

通过数据分析可以发现，中职生的同伴关系、调节沮丧/痛苦情绪效能感和攻击行为在年级上存在显著差异。

中职生的同伴关系在年级上存在显著差异。中职一年级学生和二年级学生的同伴关系水平显著低于三年级，虽然一年级学生的得分高于二年级，但这种差异并不显著。这与杨林佩[3]的研究结果相符，中职生同伴关系在年级上存在显著差异的原因，可能是因为中职一年级的学生正处于青春期中段，情绪不稳定，以自我为中心，刚进入新的学习环境，对周围同学和环境还处于适应阶段，容易与同伴发生矛盾。随着年龄的增长，中职生心理快速发展，

---

[1] 苏潇，雷秀雅. 攻击性行为的性别差异及其影响因素研究[J]. 新闻天地（下半月刊），2010（11）：26-28.

[2] 李雪芹，张敏. 同伴交友特征的性别差异[J]. 杭州师范大学学报（自然科学版），2016，15（03）：241-246.

[3] 杨林佩. 亲子关系，同伴关系对高中生恋爱关系的影响. 重庆：西南大学，2011.

对于中职学习生活也更加适应，在处理同伴关系上更加得体，同伴关系更加融洽亲密。根据重要他人理论，中职生随着年龄的增长，开始寻求独立，重要他人也逐渐从家长向同伴、老师转变，更加关注与同伴的交往，希望与同伴建立起良好和谐的关系。因此，三年级的中职生同伴关系水平相对更高。

中职生的调节沮丧/痛苦情绪维度存在显著的年级差异，而情绪调节效能感和其他两个维度在年级差异不大。中职三年级学生的调节沮丧/痛苦情绪维度高于中职一年级学生，虽然对情绪调节效能感得分由高到低进行排序可以发现：三年级＞二年级＞一年级，但差异并不显著。这与黎嘉慧[①]的研究结果不同，这可能是由于中职三年级的学生即将毕业，面对更多的求职或升学压力，他们的情绪调节效能感虽然有所提高，但未达到显著水平。但总的来看，随着年级的升高，中职生的情绪调节效能感有所提高。根据社会学习理论，随着年龄的增长，中职生的心理不断成熟，能够更好地调节自己的沮丧情绪，而随着中职生调节情绪的成功经验增加，使得效能感增加。高年级学生相对于低年级更好的同伴交往情况也会让他们获得更多同伴支持，更容易通过与同伴倾诉来调节自身的沮丧和痛苦情绪。高年级的学生通过观察或自身经验，学习了更多情绪调节的方法，可以帮助其更好的调节自身情绪，从而提高自身的情绪调节效能感。因此，中职三年级的学生相较于一年级的学生具有更高的调节沮丧/痛苦情绪效能感。

中职生的攻击行为及其各维度在年级上存在显著差异。除中职三年级学生的愤怒水平只显著低于一年级外，在攻击行为整体水平和其维度方面中职三年级学生均显著低于一年级和二年级的学生。这与过往研究相一致。随着不断地成熟，学生逐渐意识到攻击行为对他人造成的伤害，逐渐学会采用更加温和的方法发泄自己的情绪。根据线索唤醒理论，随着中职生对学习环境、周围人际关系的适应，使得三年级的学生能够更加游刃有余的处理好生活中的问题以及人际交往过程中的矛盾，因为挫折的减少，使得三年级学生攻击行为发生的更少。根据信息加工理论，随着自身经历或间接经验增加，三年级学生对于线索的加工、解释、归因变得更加合理，能够更加理性的分析问题。从同伴关系的年级差异可以看出，中职三年级学生的同伴关系要明

---

① 黎嘉慧. 初中生友谊质量与情绪调节自我效能感、生活满意度的关系研究[D]. 深圳：深圳大学，2018.

显好于一年级，这就使得三年级学生与同伴之间的关系更加融洽，负性事件减少以及更高的同伴支持使得攻击行为也会减少。因此，在中职生群体中，三年级学生的攻击行为比其他年级学生的更少。

（三）各变量在是否为独生子女上的差异分析

通过数据分析可以发现，中职生的同伴关系、情绪调节效能感和攻击行为在子女数量上均不存在显著差异。

中职生的同伴关系在是否为独生子女上差异不显著。根据群体社会化理论，个体会发展出两套不同的行为模式以适应家庭和社会生活。同伴关系不同于家庭内与父母的交往，是在与同伴交往的过程中逐渐形成发展起来的。个体早期与同伴进行交往的主要环境都在幼儿园和学校，因此，受是否是独生子女的影响较小。因此，中职生的同伴关系水平在子女数量上差异不显著。

中职生的情绪调节效能感在子女数量上不存在显著差异。但独生学生调节生气/愤怒情绪维度得分比非独生学生高，但未达到显著水平。这可能是由于家中只有一个孩子的学生，相较于多子女学生会获得更多的家庭支持和关注，与父母之间的交流和沟通也更多[1]。在面对负性情绪时，他们可以与父母进行沟通，获得家庭支持，从而帮助他们更好地进行情绪调节，获得更多的成功经验。同时，父母更集中的关注也可以使独生子女获得更多的赞许和表扬，提高自身的效能感。但随着个体年龄的增长，重要他人发生转变，家庭对个体的影响也逐渐减少。因此，中职生的情绪调节效能感在子女数量上存在差异但并不显著。

中职生的攻击行为在是否为独生子女上不存在显著差异。与李军、陈洪岩[2]的研究结果一致，这可能是由于两类学生的同伴交往情况差异不大导致的，二者在同伴相处模式以及获得同伴支持方面没有显著差异，因此，在攻击行为上不存在显著差异。但通过对两类学生在攻击行为得分进行比较后发现，独生学生相对于非独生学生得分更低。这可能与家庭教养方式以及父母的关注度有关，但由于中职生的重要他人主要为同伴，家庭对其影响逐渐减

---

[1] 夏添，蔡丹. 从独生子女变成哥哥姐姐——独生子女与非独生子女的心理差异[J]. 大众心理学，2021（02）：46.

[2] 李军，陈洪岩，杨世昌，邹枫. 初中生独生子女攻击行为与家庭环境的相关研究[J]. 四川精神卫生，2013，26（03）：163-166.

弱，因此，不存在显著差异。

（四）各变量在生源地上的差异分析

中职生的同伴关系在生源地上差异不显著，但生源地为乡村的中职生同伴关系得分较城镇的中职生高，同伴关系水平较城镇学生更低，但差异不显著。出现这种情况，可能是因为城镇和乡村儿童在教育水平、文化环境等方面存在差异[1]，乡村儿童相较于城镇儿童语言能力和社会化发展程度更低。但随着个体年龄增长，心理不断发展，在15至18岁这一阶段时，幼年成长环境所造成的差异逐渐缩小，因此，中职生的同伴关系水平在生源地上差异不显著。

中职生的调节生气/愤怒情绪维度在生源地上差异显著，而情绪调节效能感、表达积极情绪、调节沮丧/痛苦情绪在生源地上均不存在显著差异，但城镇的中职生的情绪调节效能感得分高于乡村的中职生。这可能与城镇与乡村的中职生情绪认知策略有关，在韦育坤的研究中，城镇学生相对于乡村学生能够更好地运用认知情绪调节策略[2]。城镇学生相较于乡村学生会采用更多的积极认知策略去调节自己的愤怒情绪。本研究选取被试的学校位于城市，生源地为城镇的中职生多为本市居民，可能相对会更适应周围的环境生活，而乡村的孩子离开家乡，面对陌生的环境，可能会面临更多的问题和生活压力，经历更多的负性事件。同时，肖子怡的研究表明，由于之前所受教育水平的差异，使得乡村学生比城镇学生对于自身能力有更多的不确定性，城镇学生比乡村学生具有更高的自我效能感[3]。综上所述，乡村的中职生需要以较低的情绪调节能力应对更多的负性事件，就可能经历更多的情绪调节失败的经历，从而使得他们对自己调节负性情绪的能力产生怀疑，最终呈现出较城镇中职生更低的调节生气/愤怒情绪效能感。

---

[1] 李永明. 农村幼儿同伴交往现状及其对策研究——基于渭南市城乡同伴交往能力的调查研究[J]. 科教导刊（上旬刊），2014（09）:241-242.DOI:10.16400/j.cnki.kjdks.2014.05.058.

[2] 韦育坤. 大学生生活事件、认知情绪调节与压力后成长的关系[D]. 桂林：广西师范大学，2018.

[3] 肖子怡，王东，张文娜. 大学生学校归属感、自我效能感和学业水平的相关研究[J]. 智库时代，2019（17）：283-284.

在对攻击行为进行生源地差异检验发现，中职生的攻击行为在生源地上不存在显著差异。郑琬琦的研究显示，初中生的攻击行为在生源地上存在显著差异[1]，本研究差异不显著的原因一方面是由于中职生相对于初中生更为成熟，能够采用更加合理、恰当的处理自己的消极情绪，减少攻击行为的发生。另一方面，本研究的被试均为住校生，相较于同伴，家庭对他们的影响更小。在本研究中，中职生同伴关系在生源地上差异并不显著，这就使得在中职生群体中，城镇学生的攻击行为与乡村学生不存在显著差异。

（五）各变量在专业上的差异分析

通过数据分析发现，中职生的同伴关系、除调节沮丧/痛苦维度外的情绪调节效能感和攻击行为在专业上均存在显著差异。

在对同伴关系进行专业差异检验中发现，中职生的同伴关系在专业上差异显著，教育学专业和经济学专业的中职生同伴关系水平显著高于工学专业中职生的同伴关系水平。这可能是由于不同专业男女生比例差距较大导致。根据吴晓玮等人的研究发现，女生相较于男生具有更高的同伴接纳和更低的同伴拒绝[2]。在教育学专业和经济学专业的班级中，女生比例极高，整体表现出高接纳、低拒绝的班级氛围，而在工学专业的班级中，男生占比极大，因此，更容易表现出相对较低接纳度、较高拒绝度的班级氛围。班级氛围可以在无形中影响学生对周围环境的知觉，对学生的人际交往产生影响[3]。因此，使得中职生同伴关系水平在专业上存在显著差异。

中职生的情绪调节效能感及其表达积极情绪、调节生气/愤怒情绪维度均存在显著的专业差异。教育学、艺术学专业学生的情绪调节效能感显著高于工学专业学生。教育学、经济学和艺术学专业学生在表达积极情绪维度上显著高于工学专业的学生，且经济学和艺术学专业学生在调节调节生气/愤怒情绪维度上均显著高于工学专业学生。这与以往相关研究结论相一致。一方

---

[1] 郑琬琦. 家庭功能对初中生攻击行为的影响[D]. 天津：天津师范大学，2018.

[2] 吴晓玮，周宁，葛明贵. 初中生同伴交往现状的调查研究[J]. 内蒙古师范大学学报（教育科学版），2011，24（10）：47-50.

[3] 王清. 教师民主型领导和小学生责任感的关系：班级氛围、同伴关系的中介作用[D]. 长沙：湖南师范大学，2020.

面可能是由于各专业性别比例过大的原因造成。工学的班级男生占比极大，而教育学的班级女生占比极大，由于男女生数量差异明显，从而导致在表达积极情绪效能感上专业差异显著，这与该因素在性别上所表现出来的差异一致。另一方面可能由于教育学专业会开展基础心理学、幼儿心理学等相关课程，能够帮助学生掌握能多的调节方法，更好地了解心理变化，对自身情绪心理有更高的掌控度，因此，教育学专业的中职生情绪调节效能感均分较其他专业学生更高。

在对攻击行为进行专业差异检验发现，中职生的攻击行为在专业上存在显著差异。工学专业学生在攻击行为显著高于教育学学生，在攻击行为及身体、言语攻击维度上显著高于艺术学专业学生。这与以往研究相一致。产生专业差异的原因可能与一下两个方面有关：一方面，专业性别构成差异大，工学专业和教育学专业、艺术学专业男女生比例差距大，由于攻击行为在性别上存在很大的不同，因此，导致攻击行为在专业上也表现出明显的不同。另一方面，根据线索唤醒理论，攻击行为需要刺激才会产生，教育学专业学生的同伴关系显著好于工学专业，因此，攻击性相对工学专业学生更小。其次，攻击行为的产生还与当前所处的环境有关，良好的班级氛围能够潜移默化的影响中职生的攻击行为。因此，在中职生群体中，工学专业学生的攻击行为显著高于教育学、艺术学专业的学生。

三、中职生同伴关系、情绪调节效能感与攻击行为的相关及回归分析

（一）同伴关系对情绪调节效能感的影响

通过数据分析可以发现，同伴关系得分与情绪调节效能感之间存在显著的负相关关系。由于本研究所使用的量表得分越高，同伴关系越差，因此，具体表现为，中职生的同伴关系越融洽，越相信自己能够对自己的各种情绪进行调整。通过进一步对同伴关系与情绪调节效能感进行回归分析，结果显示，同伴关系能够负向预测情绪调节效能感，与田学英[1]的研究结果一致。这说明，中职生的同伴关系越好，情绪调节效能感就会越高。根据张倩研究

---

[1] 田学英. 情绪调节自我效能感：结构、作用机制及影响因素[D]. 上海：上海师范大学，2012.

发现，学生的人际关系会影响个体的效能感，人际关系越好，自我效能感越高[1]，因此，同伴关系可以通过影响对自己能力的判断，来改变其情绪调节效能感水平。根据重要他人理论，个体的重要他人会随着个体交往范围扩大而发生变化。对于中职生来说，同伴逐渐代替家庭的位置，对其产生更大的影响，同时研究表明同伴关系越好，个体容易感受到积极情绪，反之同伴关系越差，越容易感受到消极情绪。因此，良好的同伴关系可以让中职生拥有更多的积极情绪体验，提高其情绪调节的信心。同伴关系水平不同，所采用的情绪调节方法存在差异。同伴水平高的学生更多地采用认知调整、放松等方法进行情绪调节，而同伴关系水平低的学生则更愿意采用压抑、回避的调节策略[2]，使得同伴关系好的学生相对于关系差的学生拥有更多的情绪调节成功的经验，从而较同伴关系水平低的学生具有更高的情绪调节效能感。当中职生遇到挫折，产生消极情绪时，良好的同伴关系可以提供更高的同伴支持，同伴之间更加紧密的联系也会帮助他们平缓情绪，更好地对消极情绪进行调节。因此，同伴之间的帮助、鼓励对于中职生具有重要影响，提高中职生情绪调节的自信。

（二）同伴关系对攻击行为的影响

通过数据分析可以发现，同伴关系得分与攻击行为之间存在显著的正相关关系。本研究所使用的量表得分越高，同伴关系越差，因此，具体表现为，中职生的同伴关系越融洽，表现出来的身体及言语攻击、愤怒、敌意以及自我指向攻击更少。通过进一步对同伴关系与攻击行为进行回归分析发现，同伴关系能够对攻击行为进行正向预测。这说明中职生的同伴关系越好，说表现出来的攻击行为就越少。这与程美玲[3]的研究结果一致，她认为，良好的同伴关系具有更高的接受度，能够获得更高的同伴支持，更好地适应学校生活和复杂的人际关系，减少生活负性事件所带来的刺激，从而减少个

---

[1] 张倩，桂守才. 大学生人际关系困扰、一般自我效能感及其相关性研究[J]. 扬州大学学报（高教研究版），2009，13（04）：36-40.

[2] 郑杨婧，方平. 中学生情绪调节与同伴关系[J]. 首都师范大学学报（社会科学版），2009（S4）：99-104.

[3] 程美玲. 初中生攻击行为与亲子依恋、同伴关系的相关研究[D]. 南昌：南昌大学，2018.

体攻击行为的出现。在张琼[①]的研究中，具有良好同伴关系的学生，在面对欺凌时，往往会表现出更多的保护者行为，而同伴接受度低的个体往往会出现更多的欺凌和攻击行为。良好的同伴关系往往会有更为密切的情感联系，可以缓解攻击的预备状态。当遇到挫折时，通过与同伴进行沟通倾诉，可以调整对于挫折的认知、归因，缓解个体本身的焦虑情绪，减轻内心的心理压力，最终减少攻击行为。根据群体社会化理论，对于中职生来说，对其社会化影响最大的是同伴群体，当他们拥有较好的同伴关系时，所处的环境就会提供一些更为正面、积极的情景环境。而通过这些高度情景化所习得的行为、语言，与同伴关系较差的学生相比攻击行为更少，攻击性也会更小。

（三）情绪调节效能感对攻击行为的影响

通过数据分析可以发现，情绪调节效能感与攻击行为之间均存在显著的负相关关系。且各维度之间也存在相关。具体表现为，中职生越相信自己调节情绪的能力，表现出来的攻击行为就越少。通过进一步对二者进行回归分析，结果显示，情绪调节效能感能够对攻击行为进行负向预测。这说明中职生如果月相信自己可以调节自己的情绪，其表现出来的攻击行为就会越少，这与张蔷[②]的研究结果一致。由于中职生正处于青春期，情绪起伏较大，如果他长期认为自己缺乏控制情绪的能力时，就容易对自己产生失控感和无力感，从而导致身体、语言攻击增多，更容易产生自责、绝望等感受。如果一个中职生对自己进行情绪调节的能力缺乏信心，当他出现消极情绪时，就可能放弃对负性情绪进行调节，任由情绪发展，长期处于焦虑、悲伤、生气情绪下，会加深其攻击准备状态，更容易对刺激进行偏激的理解和归因，从而增加其攻击行为。与此同时，中职生如果长期抑制不去表达自己的积极情绪，会使得积极情绪得不到释放，也可能会导致其心理健康受到影响。

---

① 张琼. 中职生共情、同伴关系与欺凌角色行为的关系研究[D]. 天津：天津职业技术师范大学，2020.

② 张蔷. 小学生社交焦虑、情绪调节自我效能感与攻击行为的关系研究[D]. 石家庄：河北师范大学，2020.

四、中职生同伴关系、情绪调节效能感与攻击行为的中介效应讨论

（一）遮掩效应

遮掩效应最早在1941年被霍斯特（Horst）提出，认为自变量和因变量之间不显著的原因可能是受到其他变量的遮掩或影响，因此，将形成遮掩的其他变量称为遮掩变量，将这种现象命名为遮掩效应[①]。温忠麟在2004年提出了中介效应检验程序，他将中介效应分为完全中介和部分中介[②]。而在2014年他新提出的中介检验流程中，加入了遮掩效应。很多学者将遮掩效应归于广泛的中介效应之中，属于间接效应中的一种。遮掩效应与中介效应主要不同在于，中介效应中直接效应和间接效应方向相同。在中介变量的影响下，自变量对因变量的影响减弱，直接效应小于总效应。而在遮掩效应中，直接效应与间接效应作用方向相反。在遮掩效应的影响下，自变量对因变量的作用加强，直接效应大于总效应。因此，在判断自变量与因变量之间存在间接效应之后，需要a*b与c'的正负进行比较，判断是否属于遮掩效应。

（二）中职生情绪调节效能感在同伴关系和攻击行为间的遮掩作用分析

通过对情绪调节效能感及其各维度在同伴关系与攻击行为之间进行中介效应逐步检验发现，情绪调节效能感在同伴关系与攻击行为之间存在部分中介效应，同伴关系不仅可以直接预测中职生的攻击行为，同伴关系还可以通过情绪调节效能感间接地对中职生的攻击行为进行影响。但同伴关系得分对攻击行为得分的直接效应为正，而情绪调节效能感的间接效应为负，二者正负相反，因此，情绪调节效能感在二者之间存在遮掩效应。通过分析可知，中职生的同伴关系得分正向影响其攻击行为得分，而情绪调节效能感的间接效应会负向影响攻击行为得分。由于本研究所使用的量表同伴关系得分高低与实际表现出的水平相反，因此，情绪调节效能感的遮掩效应表现为当中职生的同伴关系水平降低时，一方面可以通过直接影响增加其攻击行为的发生，另一方面会受情绪调节效能感影响，减少一部分攻击行为的发生。

[①] 刘振亮, 刘田田, 沐守宽. 遮掩效应的统计分析框架及其应用[J]. 心理技术与应用, 2021.

[②] 温忠麟, 张雷, 侯杰泰, 刘红云. 中介效应检验程序及其应用[J]. 心理学报, 2004（05）：614-620.

情绪调节效能感不仅仅是一种基于自我期待的简单暗示，还是对多种效能信息进行认知加工得到的产物，并将这些信息通过生理的、社会的、间接的、积极的方式传递给个体，影响其行为表现[1]。研究表明，同伴关系可以通过影响情绪调节效能感来提高个体的情绪适应能力，在面对压力时通过积极地自我调节来体验到更多的正向情绪[2]，当中职生经历负性事件时，能够更加积极地进行情绪调整，减少攻击行为的发生。彭小燕[3]的研究表明，不良的同伴关系会使个体无法对自己的情绪进行有效的控制，会对自己调节自身情绪的能力产生怀疑，选择放纵或压抑自身的情绪，最终使得个体对自己或他人表现出更多的攻击行为。同时，良好的同伴关系可以让学生更加认可自己的能力，在与他人交往的过程中，为中职生提供更多表达、调节情绪的途径，在与同伴沟通的过程中也可以调整对挫折事件的认知，最终减少中职生攻击行为的发生。

第六节　结论与建议

在对统计结果进行原因分析、讨论后，本章内容是对所做研究的结果进行总结，并根据结论从家庭、学校、学生个人方面提出了建议。最后对所做研究的过程进行回顾，找出自身不足。

一、结论

1. 中职生的同伴关系、情绪调节效能感和除愤怒维度外的攻击行为在性别上均存在显著差异。女生较男生同伴交往更好，情绪调节效能感更高、攻击行为更少。

2. 中职生的同伴关系、调节沮丧/痛苦情绪效能感和攻击行为在年级上存

---

[1] 韩婷芷. 职业目标如何影响本科生的学习质量——求知欲与自我效能感的中介作用与遮掩效应[J]. 中国高教研究, 2021（12）: 30-36.

[2] 王晓丹. 同伴支持与大学生情绪适应的关系: 情绪调节自我效能感的中介作用[J]. 平顶山学院学报, 2020, 35（06）: 99-104.

[3] 彭小燕, 窦凯, 梁钰炫, 方浩帆, 聂衍刚. 青少年同伴依恋与外化问题行为: 自尊和情绪调节自我效能感中介作用[J]. 中国健康心理学杂志, 2021, 29（01）: 118-123.

在显著差异。三年级学生较一年级同伴关系更好、调节沮丧/痛苦情绪效能感更好，攻击行为更少；三年级学生较二年级同伴关系更好、攻击行为更少。

3. 中职生的同伴关系、情绪调节效能感和攻击行为在是否为独生子女上不存在显著差异。

4. 中职生的调节生气/愤怒情绪效能感在生源地上存在显著差异。城镇学生的调节生气/愤怒情绪效能感较乡村学生更高。

5. 中职生的同伴关系、除调节沮丧/痛苦情绪维度外的情绪调节效能感和攻击行为在专业上存在显著差异。教育学专业学生较经济学专业学生身体攻击性、言语攻击性、愤怒以及整体攻击行为更低，较工学专业学生同伴关系更好，情绪调节效能感更高，攻击行为更少；经济学专业学生较工学专业学生同伴关系和情绪调节效能感更好，攻击行为更少；艺术学专业学生较工学专业学生情绪调节效能感更高，攻击行为更少。

6. 中职生的同伴关系与情绪调节效能感呈显著正相关，且中职生的同伴关系对情绪调节效能感具有正向预测作用。

7. 中职生的同伴关系与攻击行为呈显著负相关，且中职生的同伴关系对攻击行为具有负向预测作用。

8. 中职生的情绪调节效能感与攻击行为呈显著负相关，且中职生的情绪调节效能感对攻击行为具有负向预测作用。

9. 中职生的情绪调节效能感在同伴关系与攻击行为之间起部分中介作用，并存在遮掩效应。

二、对策建议

通过本研究的分析结果可以发现，中职生的同伴关系和情绪调节效能感对其攻击行为有着重要的影响。为进一步减少中职生的攻击行为，从以下几点提出建议：

1. 在家庭方面，对于同伴关系，父母需要及时关注孩子情况，当中职生在同伴交往时出现问题或与不良同伴进行交往时，父母应该及时给予中职生正向引导，帮助中职生建立良好的同伴关系，同时也要讲究方法，不要过度干涉，避免中职生产生逆反心理。良好的家庭氛围可以帮助中职生更好地将在家庭中习得的社会行为更好的应用于同伴交往中，更容易与同伴建立起良好的关系。在情绪调节效能感方面，父母需要与孩子建立起良性的互动沟通，引导孩子学会适时适度表达自己的情绪。在日常生活中要多对孩子进行鼓励和表扬，提高孩子的自我效能感，避免打压教育。在攻击行为方面，父母还需要提升自身素质，做好榜样示范作用，提高孩子的道德意识，以身作则引导中职生对挫折进行合理的认知和归因，合理发泄、调节自己的负性情绪，减少攻击行为的发生。同时和谐的家庭氛围可以减少中职生对于父母攻击行为的模仿，从而降低中职生的攻击性，减少攻击行为的发生。

2. 在学校方面，学校应当重视对中职生的心理健康情况。在各个年级保质保量的开设心理健康课程，设立健全的心理咨询场所和设施，配备专业的心理老师，定期开展心理健康讲座或活动，增加中职生对于心理知识的了解，帮助学生学会与他人进行良性的交往模式。通过开展心理健康课程，帮助中职生了解同伴交往的方法，掌握情绪调节的技巧，学会合理宣泄不良情绪，从而减少中职生的攻击行为。学习还应结合不同专业学生的不同特点，推出更有特色的心理健康课程，更有针对性的帮助学生解决生活中遇到的心理问题。同时在专业课教学过程中，也要将心理健康知识渗透于其中，给予学生潜移默化的影响。对于刚入学的中职生，学习应当对其开展团体辅导，帮助他们更快地融入集体、增进彼此之间的了解，更快建立起良好的同伴关系。学校应当建立完整的学生心理档案，关注学生的心理变化。加强对于学生的道德、法律教育，减少因为冲动所导致的冲突，帮助学生树立正确三观，减少中职生的攻击行为。教师应当关注每一位学生的心理状况，针对同伴关系或情绪调节存在问题的学生应当及时予以指导，帮助其建立良好的同伴关系，更好地对自身情绪进行调节，避免学生出现极端行为。当学生的同伴关系出现问题时，应及时给予学生以引导和帮助。当学生与不良个体有密切交往时，需要班主任及时发现，给予引导。教师还应该在班级中营造和谐融洽的班级氛围，建立起高接受度、高支持度的班集体，这样不仅可以帮助学生建立良好的同伴关系，还可以减少负性事件的刺激，减少攻击行为的发生。教师应及时、密切与家长交流，了解学生情况，在学生遇到应激事件时，能够与家长合作，发挥出更大的作用和影响。教师还需要不断发掘学生的优点和长处，通过鼓励和肯定提高学生对自己的信心，增强学生的效能感，提高学生对自己的掌控能力，更有信心面对生活中的挑战。

3. 在学生自身方面，首先，中职生应该主动积极地与他人建立良好的同伴关系，主动融入班级，在班级中建立更强的归属感，获得更多支持。中职生还应该在与同伴交往时注意适度表露自己、开放自己，避免长期将情绪压抑在自己的内心，形成悲观或极端的认知方式。应该及时的与同伴进行沟通交流，获得更多的同伴支持。其次，中职生在生活中还应该正确认识自己，避免自卑心理，学习情绪调节方法，学会调节自己的不良情绪，在使用正确的方法成功进行情绪调整的过程中，逐渐建立起情绪调节的信心。中职生在生活中应当注意及时观察自己的心理状态，当在同伴交往时出现自己无法解决的问题或情绪调节出现问题时，应该及时与心理健康老师进行沟通，寻求帮助。最后，中职生需要提高自身道德水平，树立正确的三观，了解攻击对他人及自身的伤害，能够对所经历的挫折进行正确的认知和归因，最终减少自身的攻击行为。

第八章 中介效应的应用

第一节 初中生校园欺凌、情绪调节自我效能感、敌意归因偏向与愤怒沉浸的关系研究

一、研究背景

联合国儿童基金会曾呈报过一项数据，全世界13—15岁的青少年中，有将近半数（50%）的青少年遭受过凌辱。熊岚（2019）翻译并总结了联合国教科文组织，在英国伦敦举办的"2019世界教育论坛"（2019 Education World Forum）上，发布的《数字背后：结束校园暴力和欺凌》的报告（Behind the Numbers：Ending School Violence and Bullying），该报告系统地揭露了世界范围内普遍存在的校园霸凌现象及问题所在。数据展示了关于100多个国家及地区，校园霸凌情况调查结果。报告中提及，在调查时间的一个月里，约有三成（32%）的青少年遭受至少一次的欺凌，躯体伤害及欺凌约占三成左右（33%）[1]。校园欺凌的预防和整治仍是当务之急。

自2016年4月伊始，我国的国家机关的规范性文件中首次直接使用"校园欺凌"这个概念[2]。教育部于2017年11月22日，颁布《加强中小学生欺凌综合治理方案》，对校园欺凌做出明确界定：校园欺凌指在学生间、校园内外发生的，个体或群体，单次或多次，恶意利用言语、网络、躯体等途径与手段，对另一方施行欺辱，造成另一方出现财产损失或身体伤害的情况，甚至精神摧残等的相关事件[3]。

---

[1] 熊岚. 联合国教科文组织发布《数字背后：结束校园暴力和欺凌》报告[J]. 世界教育信息, 2019, 32（04）：73.

[2] 任海涛. "校园欺凌"的概念界定及其法律责任[J]. 华东师范大学学报（教育科学版）, 2017, 35（02）：43-50+118.

[3] 中华人民共和国教育部. 教育部《加强中小学生欺凌综合治理方案》有关情况介绍[Z]. 中华人民共和国教育部网站. 2017-12-27.

2021年5月13日，教育部印发教师函〔2021〕4号文件，教育部将预防校园欺凌纳入教师校园长培训当中[①]。常州大学史良法学院院长，兼全国政协委员的曹义孙，接受采访时说道："校园欺凌现象在很大程度上，是有些学生对法律无知的一种表现，如果让学生更多地知道一些法律，可以减少这样的行为"。国家对未成年人校园欺凌的法律法规的制定与实施这一举措，更加诠释并证明了校园欺凌现象的严峻和必须给予高度的重视。

林董怡（2018）在2016年中国教育追踪的纵向调查的基础上做出进一步的调研分析，发现江浙沪地区的初中生显著较多地有遭受校园欺凌的情况，关系欺凌和直接的言语欺凌的较为常见，有超过50%以上的初中生都曾蒙受过不同程度的欺凌，在本次调查的一年之内[②]。由此可见，校园欺凌的现象和行为在初中生群体中时有发生。王小琴等人（2018）的研究曾具体指出，青少年较高层次的情绪调节自我效能感，能够削弱青少年的欺凌现象发生[③]。本研究加入了敌意归因偏向和愤怒沉浸，认为初中生在良好地把控自身的情绪调节自我效能感下，初中生对自己的敌意归因偏向和愤怒情绪的平衡与控制，影响到校园欺凌现象和行为的发生。杨如姣、夏凌翔（2017）的已有研究结果表明，敌意归因偏向和愤怒沉浸分别对攻击行为有预测作用[④]，攻击行为作为校园欺凌其中一种形式，进而推测敌意归因偏向和愤怒沉浸对校园欺凌有一定的预测作用，但缺乏情绪调节自我效能感在其中的作用机制的影响研究。因此，本研究拟对初中生情绪调节自我效能感、敌意归因偏向、愤怒沉浸与校园欺凌的现状及关系和初中生校园欺凌的应对策略进行研究。

---

① 中华人民共和国教育部. 教育部 财政部关于实施中小学幼儿园教师国家级培训计划（2021—2025年）的通知[Z]. 中华人民共和国教育部网站. 2021-05-19.

② 中华人民共和国教育部. 教育部 财政部关于实施中小学幼儿园教师国家级培训计划（2021—2025年）的通知[Z]. 中华人民共和国教育部网站. 2021-05-19.

③ Wang Xiaoqin, ZhangYue, Hui Zhaozhao, et al. *The Mediating Effect of Regulatory Emotional Self-Efficacy on the Association between Self-Esteem and School Bullying in Middle School Students: A Cross-Sectional Study*[J]. International journal of environmental research and public health, 2018, 15(5).

④ 杨如姣，夏凌翔. 愤怒沉浸与攻击：敌意归因偏向的中介作用[A]. 中国心理学会. 第二十届全国心理学学术会议——心理学与国民心理健康摘要集[C]. 中国心理学会：中国心理学会，2017：1.

二、研究目的

本研究旨在对初中生校园欺凌的现状进行分析，同时考察初中生的情绪调节自我效能感、校园欺凌、敌意归因偏向与愤怒沉浸间的作用及影响，从而更加深入地了解校园欺凌的心理机制及其影响因素，提出并总结出适当的应对策略，以此为初中生身心健康发展提供理论依据、实证支持和应对策略与方向。

三、研究意义

（一）理论意义

一方面，各界学者对于产生校园欺凌的影响机制的探索未曾止步，过往对本研究中的四个变量，分别进行了大量的实证研究，用以解释和探究该变量的现状，或与其他因子间的内在影响机制。本研究选取初中生为研究主体对象，探究四个变量在初中生群体的内在影响机制，一则充实过往初中生校园欺凌研究，二则验证了相对应变量已有研究结果与结论。

另一方面，以往研究虽然证实了，环境与个体内在认知一定程度地，影响着校园欺凌的发生发展，但敌意归因偏向和愤怒沉浸作为个体内在认知因素，是如何在其作用下潜移默化初中生的校园欺凌行为，并且对于校园欺凌的防治仍需加以探讨。

（二）实践意义

初中生的青春期呈半成熟的状态，是其心理与生理发展的关键时期。首先，提出关于校园欺凌的预防和保护的应对策略，以期降低被欺凌行为发生的可能性，并提升学生的心理健康素质和增加他们的社会支持，营造和谐的校园生活；其次，为相关人员的调研提供数据，可为《未成年人保护法》的欺凌章节，提供法律法规参考方向，为校园欺凌创造更多真实有效的应对策略；另外，有利于增强学校、教师及家长、学生的警觉意识，及时扼杀校园欺凌现象和行为的萌芽，为校园安全建设提供帮助，以免更多孩子遭受校园欺凌。

四、研究假设

基于社会信息加工模型（Social information processingmodel，SIP），一般攻击模型（general aggression model）和温忠麟的中介效应模型为理论依据，做出以下4个假设：

假设1：初中生情绪调节自我效能感与敌意归因偏向、愤怒沉浸呈显著负相关，初中生敌意归因偏向、愤怒沉浸与校园欺凌呈显著正相关；

假设2：初中生的敌意归因偏向、愤怒沉浸分别在情绪调节自我效能感与校园欺凌间产生的中介作用；

假设3：初中生的愤怒沉浸和敌意归因偏向在情绪调节自我效能感与校园欺凌间产生链式中介作用。

假设4：初中生的敌意归因偏向和愤怒沉浸在情绪调节自我效能感与校园欺凌间产生链式中介作用；

依据以上这四个假设，本研究提出链式中介假设模型（图8-1-1），该模型包含四条中介路径：

（1）情绪调节自我效能感→愤怒沉浸→校园欺凌；

（2）情绪调节自我效能感→敌意归因偏向→校园欺凌；

（3）情绪调节自我效能感→愤怒沉浸→敌意归因偏向→校园欺凌；

（4）情绪调节自我效能感→敌意归因偏向→愤怒沉浸→校园欺凌。

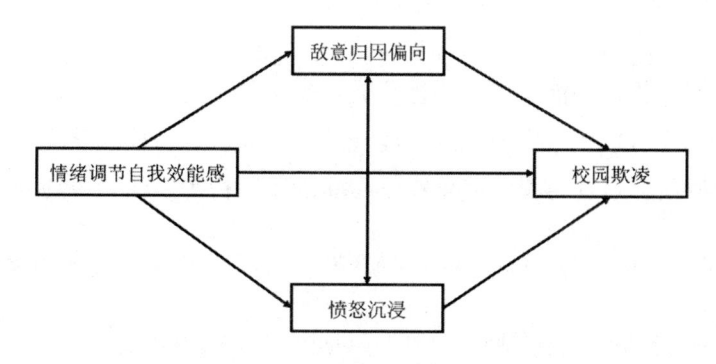

图8-1-1 链式中介模型示意图

第二节 文献综述

一、核心概念界定

（一）校园欺凌

欺凌（Bullying）这一概念是1978年由挪威学者奥维斯（Dan Olweus）在其著作《学校中的攻击：欺凌者与替罪羊》（*Aggression in the Schools: Bullies and Whipping Boys*）中最早提出的。奥维斯（Dan Olweus，1993）认为，欺凌行为就是："受欺凌者被一个或多个个体有意地施加重复性的负性行为，使其在躯体和心理上产生伤害或不适应感[1]。"英国教育与技能部（DFES）对于欺凌的界定为：意图造成重复的、故意的、高频率的伤害和行径，在某些情境下偶然发生事件也可被视作欺凌；个人或团体所施加的故意伤害他人行为；权力的失衡也使被欺凌者感到抵抗力减弱[2]。澳大利亚的学者认为，欺凌是在一段关系中通过反复地言语、身体及社会行为并不断地滥用权利，使受欺凌者产生身体或心理上的伤害错误！未找到引用源[3]。日本文部科学省（MEXT）对于欺凌的主旨定义即为：个体与相对于自己的弱者进行单方面比较，对其造成持续的身心攻击，使对方感受到鲜明而沉重的痛苦[4]。

联合国教科文组织定义，校园欺凌（School Bullying）是指青少年在普通学校受教育的阶段，发生扰乱正常的同伴关系的攻击行为，这种攻击行为时常产生于同伴关系中能量的不均衡，或青少年对于自身的身份认同的模糊，会在短期时间有屡次三番发生的可能性。本研究认为，校园欺凌是以校园环境和部分网络环境为背景，发生在学生间的欺凌行为，使学生的身体和心理

---

[1] Olweus. D. *Bullying at school: What We Know and What We Can Do*[M]. Oxford: Blackwell. 1993.

[2] House of Commons Education and Skills Commit-tee(2007), Bullying, Third Report of Session 2006–07, P7.

[3] 俞凌云，马早明．"校园欺凌"：内涵辨识、应用限度与重新界定[J]．教育发展研究，2018，38（12）：26-33.

[4] 文部科学省.欺凌问题的对策[Z]．文部科学省网站2012-05．http://www.mext.go.jp/a_menu/shotou/seitoshidou/1302904_htm.

健康形成伤害。

（二）情绪调节自我效能感

情绪是有机体反映客观事物与主观需要之间的关系的态度体验。这是林崇德等人（2003）在《心理学大辞典》中，给出的关于情绪的定义。

杨治良和郝兴昌（2016）在《心理学辞典》中给出情绪调节的定义，情绪调节是对情绪的控制、调整和转移等活动过程，是情绪管理的方式。

班杜拉（Bandura，1977）在《自我效能：关于行为改变的综合理论》里，首次阐述自我效能这一概念。自我效能指个体所身处的特定的生活情境中，能否预判自身某种行为的能力。班杜拉（Bandura，1989）界定，自我效能感指个体在生活情境中，对是否具有完成某项工作的能力的主观预判，是人类学习知识、技能和形成行为之间的中间环节，属于个体的主观信念，发生在动作之前。

意大利心理学家卡普拉拉（Caprara）等人在1999年进行对情绪调节自我效能感（Regulatory Emotional Self-Efficacy）的研究，在研究中发现，除了个人管理技能的差异外，个人管理日常生活的情感体验差异的原因还在于个人调节自己情绪的能力的差异。班杜拉（Bandura）等人（2003）同样强调个人管理情感生活的能力，班杜拉（Bandura）认为个人拥有自我情绪调节技能是一方面，但能够在复杂的情况下坚持使用这些技能则是另一方面。

班杜拉和卡普拉拉等人（2003）认为，情绪调节自我效能感是指个体对情绪状态调节能力的主观信念预判。本研究中的情绪调节自我效能感指，个体有效调控自身情绪状况的自信水平，即为研究初中生有效预判和控制自身的情绪，把控和认知自身的敌意归因偏向和愤怒沉浸程度，这将降低校园欺凌行为的可能性。

（三）敌意归因偏向

敌意归因最早由纳斯比·威廉（Nasby William）等人（1980）提出的。敌意归因偏向（Hostile Attribution Bias，HAB）指个体在混沌模糊的情境中，对他人行为的判断和解释认知为是对自己有敌意的。尼基·R·克里克（Nicki R. Crick，1995）在后来的研究中对HAB给出了较为详细的界定，他认为，敌意归因偏向是一种负性的、消极的归因方式，是指个体在正向的环境中或当下处于社会信息匮乏的模糊不定的情境时，对环境内个体的行为判断为过度的、甚至歪曲信念的敌意，这种过度的敌意判断会增强个体攻击行为发生的可能性。自此之后，各国人士在各自研究中也都认同，并使用了克里克（Crick）对于敌意归因偏向的这一定义。道奇（Dodge）的社会信息加工理论的研究与发展为其他学者对于敌意归因的研究提供了理论基础和研究方向，社会信息加工（social information processing，SIP）模型提出，HAB是致使攻击、欺凌等反社会行为的主要认知要素。敌意归因偏向也称敌意归因偏差、敌意解释偏向、敌意归因风格、敌意意图归因和敌意归因偏见等，本研究使用敌意归因偏向这一名称。

（四）愤怒沉浸

愤怒（anger）是指个体感受到的一种负面的、消极的，不愉悦的、令人难过的心理体验。

愤怒沉浸（angry rumination），国内学者也常翻译为"愤怒反刍""愤怒沉思"或者"愤怒冗思"等。本研究认为，"愤怒沉浸"一词更能直观地表达其核心概念，因此，本研究使用"愤怒沉浸"这一词。

反刍是指一些偶蹄类动物（如牛、骆驼等）会将吞咽的食物重新倒退回口腔内进行咀嚼，重复吞咽，这种重复咀嚼、不断消化吸收的现象。人类在日常生活中也会出现类似反刍的现象，例如当个体在遭遇负性生活事件（受到欺凌、人际冒犯、考场失利等）后引起愤怒情绪，一时间难以从负性生活事件带来的愤怒情绪的影响中脱离出来，个体会反复沉浸在愤怒的情绪中，反复回忆和思考负性生活事件发生时的情景和细节，甚至萌生报复性想法，这个心理过程类似于动物的反刍，但个体反复咀嚼的是"负性生活事件和引发的愤怒情绪"，心理学上称为反刍思维（rumination），上述描述的情况即为愤怒反刍。

反刍思维是指个体在面对一些能够使身心产生压力的生活事件的时候，并没有选择积极显效的策略去改变现状和结果，反而对生活事件本身进行毫无意义地持续、反复的思考，这是一种惯性的思维方式。愤怒反刍是反刍思维的一个类属概念。

卡普拉拉（Caprara，1986），沃特金斯（Watkins，1989），文茨拉夫

（Wenzlaff）和韦格纳（Wegner，2000），苏霍多尔斯基（Sukhodolsky，2001），丹森（Denson），佩德森（Pedersen）和米勒（Miller，2006），丹森（Denson，2013）等人都曾提出，愤怒反刍思维指个体无法规避地翻来覆去地思考过去发生对个体具有个人意义的愤怒经历，同时伴随着愤怒情绪和报复性想法，愤怒沉浸的对象可能是个体自己身上发生的愤怒事件，也可能是其他个体所发生的但对个体自身具有个人意义的愤怒事件。在一些过往的研究结果中指出，反刍思维并不一定导致消极糟糕的结果，但是愤怒反刍的研究结果显示，愤怒反刍总是使个体产生行为或者情绪上的消极结果。这两者所涉及的范畴和对象有一定的区别，在国外和我国的一些研究中，有很多把愤怒反刍与反刍思维混用的研究。在本研究中，将对愤怒反刍的核心概念和实际操作更具体和严格一些。本研究认为这一做法对于区分愤怒反刍和反刍思维是有益处的，也会促进愤怒反刍的定义和操作变得逐渐规范和具体。

二、理论基础

（一）班杜拉自我效能感

班杜拉（1977）在社会学习的视角立论，提出自我效能理论，用来解释特定生活情境下，个体动机产生的原因。自我效能感是个体主观预判自身能否有完成工作的能力的一种信念，预判的信念的好坏将对个体的行为动机产生直接作用，这种预先的主观估计对个体接下来产生行为及认知等方面的影响。首先，个体目标与行径的择选，均触及自我效能感的影响。其次，个体积极面对挫折的态度和强大的心理韧性，均得益于个体良好的自我效能感。最后，自我效能感水平高的人，情绪状态保持较佳，此时的个体会采取积极的态度处理问题，形成正向的主观评估。

（二）社会信息加工模型

社会信息加工模型（Social information processing model，简称SIP模型），其理论背景可以起源于认知的信息加工模型。道奇（Dodge）发现，无论攻击性儿童是否熟练掌握在空间知觉采择，在实际的社会学习机交往中依然会产生情绪并产生攻击行为。社会信息加工模型显示，不同个体对相同事件的态度与评估可能是大相径庭的，因为个体并不是仅仅针对客观事件，而是在自己的经验和主观认识的作用下对事件做出评估。个体对他人的行为、判断和解释是有所差异的，由此个体的敌意归因偏向是不同的，个体对事件的情绪沉浸也是有差异的。

（三）一般攻击模型

安德森（Anderson）和布什曼（Bushman，2002）；德沃尔（Dewall），安德森（Anderson）和布什曼（Bushman，2011）的研究中，一般攻击模型（general aggression model）是在总结以往攻击行为的理论模型，在此基础上进而整合出的综合、系统的证明了个体攻击行为产生、延续及发展的影响要素及其内在机制[①]。在一般攻击模型中，个体要素和环境要素被认为是驱动变量；认知、情感和唤醒过程，即个体的内在状态，是驱动变量由此进一步发挥作用的中介要素。由于个体要素和环境要素的驱动，能够直接影响个体的内在状态，进而带来个体对驱动变量的评价和决策，个体最终决定攻击行为的产生与否。佩德森威廉（Pedersen William C）等人（2011）根据一般攻击模型认为，愤怒生活事件发生后的愤怒沉浸影响了个体的内在状态，使得个体与负性事件相关的愤怒情绪、攻击认知以及生理唤醒长时间维持或者逐渐发酵、扩散，使得个体后续的评价和决策产生歪曲信念，进而增加攻击行为发生的可能性。

（四）反应风格理论

诺伦·霍克塞姆（Nolen-Hoekseml，1987）提出反应风格理论，涵盖两种反应风格：非适应性的反刍反应和分心式的转移反应。反刍反应即为持续沉浸在负性事件的发生发酵过程、事件始末溯源及个体自身感受，这极容易增加个体的负性记忆，个体对事件的负向归因也会歪曲对事件的解释，降低处理事件的能力。若个体能从负性情绪中抽离并转移注意力，适应社会化境的变迁，这更益于个体向他人求助并产生更多创造性的积极情绪。

---

① E. García-Sancho, et al. *Angry rumination as a mediator of the relationship between ability emotional intelligence and various types of aggression*[J]. Personality and Individual Differences, 2016, 89.

三、关系研究

（一）校园欺凌与情绪调节自我效能感的关系

1.校园欺凌

近些年来，国内外关于校园欺凌的相关研究主要集中家庭、学校、社会和个人层面。

从家庭层面看，陈季康（Ji-Kang Chen）等人（2021）的研究指出，家庭氛围通过与教师和同龄人的关系与学校欺凌和受害者有间接联系。黄亮（Liang Huang）和赵德成（Decheng Zhao，2019）的研究提出较低的家庭经济、社会和文化状况（ESCS）导致学校欺凌的风险显著增加。德弗里斯（De Vries Else E）等人（2018）的研究指出家庭逆境与孩子的欺凌行为有关，父亲学龄前的敌意归因和家庭痛苦与孩子随后在学校的欺凌行为有关。闫盼盼（2020）的研究结果得出初中生的家庭教养方式与校园欺凌有显著正相关关系。纪艳婷（2018）的研究结果发现，青少年受欺负与父母过度保护、父亲拒绝，有显著正相关。胡荣和沈珊（2018）的研究显示，家庭社会、人际资源和文化资本较为富足的情况下，会降低子女成为校园欺凌受凌辱者的概率。

从学校层面看。塞缪尔·金（Samuel Kim），斯帕达福拉（Spadafora）等人（2021）的研究指出，权威的课堂环境可以保护受害者和旁观者免受与欺凌行为相关的负面心理健康结果的影响。久金塔（Dziuginta）等人（2021）的研究是在欺凌预防计划（OBPP）内部，讨论了教师通过OBPP防止学校欺凌的努力。沙姆西·奈达（Shamsi Nida）等人（2019）的研究结果显示，超过半数的教师对学童的欺凌行为缺乏了解。詹妮弗·法利（Jennifer Farley，2018）的研究结果指出，同伴反应和管理者支持对教师对学校欺凌事件的直接干预具有重大影响。杨思雨（2020）的研究结果显示，校园欺凌与班级氛围之间存在显著负相关，班级氛围越好，校园欺凌行为发生的可能性越低。张裕灵（2020）的研究结果显示，上进同伴关系存在显著负向预测校园欺凌，不良同伴关系能够显著负向预测学校归属感，并存在能显著正向预测校园欺凌的关系。学校归属感对校园欺凌也具有显著的负向预测作用。罗薇（2019）的研究显示，教师对校园欺凌的内隐态度和外显态度均呈现消极态度。教师对校园欺凌的外显态度比对校园欺凌的内隐态度更消极。张世麒、张野和张珊珊（2018）的研究指出，心理忽视与虐待通过师生关系间接影响传统欺凌。

从社会层面看。韩国学者权智雄和朴钟孝（2020）的研究显示，小学生在应对欺凌和保护行为的集体效能平均水平明显高于高中生。芬克·埃利安（Fink Elian）等人（2020）发现，个体较差的心理理论可通过不良的社会偏好间接预测以后的欺凌行为，不同途径的欺凌是通过心理理论和社会偏好所影响的。斯里贾（Srija）等人（2019）的研究结论得出，社交故事可以有效地提高欺凌情况下的应对技巧。杨思雨（2020）的研究结果显示，校园欺凌与领悟社会支持之间存在显著的负相关，学生的领悟社会支持越好，校园欺凌行为发生的频率越低。吕嘉焕（2020）的研究显示，初中生社交焦虑、应对倾向、反刍思维和校园欺凌之间显著相关，初中生的社交焦虑对校园欺凌具有显著正向预测作用。社交焦虑通过应对倾向、反刍思维间接影响初中生的校园欺凌。

从个人层面看。贝尼托（Benito）等人（2021）的研究发现，情绪调节和理解能力越好，学生成为学校欺凌受害者的可能性就越小，足够的情感关注和出色的情绪清晰度和修复是防止受害的保护因素。格克曼阿尔斯兰（Gökmen Arslan）等人（2020）的研究结果显示，高中生积极的心理取向调节了学校欺凌行为与心理健康问题以及幸福感之间的联系。朱萦（2020）的研究结果显示，初中生在儿童期的心理虐待、情绪调节自我效能感、心理韧性及校园欺凌之间两两相关显著。王慧敏（2019）的研究结果显示，情绪智力对校园欺凌具有显著的负向预测作用，培养情绪智力能够发展良性的同伴关系并降低校园欺凌发生的可能性。

2.情绪调节自我效能感

情绪调节自我效能感的研究群体范围较为广泛，随着经济社会的发展，生活压力肆虐，各行各业的人群都存在一定的身心健康问题，王玉洁、窦凯和刘毅（2012）的研究指出，情绪调节自我效能感对心理健康有不可忽视的影响，所以，个体能否有效把控自身情绪的自信水平成为关注的热点。近些年来情绪调节自我效能感的研究群体从学生群体越来越多地转向其他群体，但研究的主题和热点依然是学生群体。

波利齐（Polizzi）和林恩（Lynn，2021）的研究指出，情绪调节（ER）与心理适应能力（PR）有积极联系，情绪调节可促进心理适应能力，好的情绪调节自我效能感也能促进良好的心理韧性（心理适应能力）。索博尔马·戈尔扎塔（SobolMałgorzata）等人（2021）的研究显示，健康青少年和住院青少年在情绪调节自我效能方面存在一些差异，住院青少年通过情绪调节和社会支持对抑郁症状有间接影响。靳宇倡（Yuchang Jin），张妙因（Miaoyin Zhang）等人（2020）研究发现，通过正念，大学生的孤独感可通过调控情绪调节自我效能感和主观幸福感，达到削弱大学生孤独感的效果。

魏文静（2020）对后疫情时期社区工作人员进行调查发现，良好的情绪调节自我效能感，在疫情期间的工作中，可作为积极的因素，能够提升其社会支持并激发工作热情。姚婷婷（2020）的研究指出，流动儿童的亲子依恋可以通过提高心理韧性来提升主观幸福感，还可以通过已增强后情绪调节自我效能感对流动儿童的心理韧性的产生积极影响，以此提升主观幸福感。陈义霞（2019）的研究结果得出，初中生的人格特质的精神质、情绪稳定和掩饰倾向性低，情绪调节自我效能感则高，学校适应水平也高。贺星（2018）的研究指出，情绪调节自我效能感较差的老师更有可能产生职业倦怠，外倾性、开放性、宜人性和责任心人格特质的教师有良好的情绪调节自我效能感，并且能更好地避免职业倦怠的发生。

3.校园欺凌和情绪调节自我效能感

情绪调节自我效能感能够显著负向预测校园欺凌。朱萦（2020）的研究结果显示，初中生的情绪调节自我效能感与校园欺凌之间呈显著负相关，情绪调节自我效能感在儿童期心理虐待与校园欺凌间起部分中介作用。马德森和矫志庆（2019）等人的研究结果指出，学生的情绪调节自我效能感越好，所遭受到的校园体育欺凌的可能性越低。王小琴（Wang Xiaoqin），张月（Zhang Yue）等人（2018）研究发现，情绪调节自我效能感调节了青少年的自尊与学校欺凌之间的关联，较低的情绪调节自我效能感会导致差的负性情绪监管能力，并且增加了低自尊青少年校园欺凌行为。陈婷、张垠等人（2020）研究发现，通过管理消极情绪自我效能感和情绪不安全感影响初中生校园内的攻击行为[①]。汪玲（2017）的研究结果显示，直接暴力接触总分、问题行为总分及三个维度的总分与情绪调节自我效能感总分及其类属包含的三个维度呈显著负相关，即初中生的情绪调节自我效能感的高低程度影响其暴力行为的发生和问题行为的产生，情绪调节自我效能感越高，直接暴力接触行为发生和问题行为的产生的可能性越小。上述研究均表明，个体有效地把控自身的情绪状况的自信水平影响着校园欺凌行为的发生，情绪调节自我效能感较高的个体能够采取一种积极地态度面对和处理所遭遇的校园欺凌。

（二）敌意归因偏向与愤怒沉浸的关系

1.敌意归因偏向

敌意归因偏向（Hostile Attribution Bias）的研究群体主要集中于幼儿、中学生和大学生等学生群体，近年来罪犯和囚犯的敌意归因偏向也逐渐成为研究的对象。尼克（Cnick）和道奇（Dodge，1994）的研究发现，敌意归因偏向是导致攻击等反社会行为的主要认知因素。因此国内外研究者和学者最早就致力于敌意归因偏向和攻击行为的关系研究。博克斯塔尔（Bockstaele）等人（2020）的研究发现，青少年的敌对归因偏向与攻击有因果关系，干预对偏向有轻微的影响，但对攻击性有强烈影响，支持对青少年的敌对归因偏向进行干预，以减少被动攻击。朱文凤（Wenfeng Zhu），陈允丽（Yunli Chen）和夏凌翔（Ling-Xiang Xia，2020）的研究发现，儿童虐待可能通过敌意归因偏向（一种过程机制）在引发事件期间立即引发主动性攻击，并通过愤怒反省（后过程机制）导致人际冲突后延迟攻击。沈蕾、江黛苔等人（2020）的研究发现，在相同的社会情境中，游戏沉迷者判断和解释他人比自己具有更高的攻击行为意图，且认为自己和他人都有较高的敌意归因偏向。权方英、夏凌翔（2019）的研究结果得出，敌意归因偏向主要影响反应性攻击的形成。李须（2018）将MRI技术和ERP技术结合，基于社会信息加工模型，研究发现，仅在敌意归因偏差水平较高时，个体的情绪表达欠缺水平对主动性攻击性有一定的作用性。

[①] 陈婷，张垠，马智群. 父母冲突对初中生攻击行为的影响：情绪调节自我效能感与情绪不安全感的链式中介作用[J]. 中国临床心理学杂志，2020，28（05）：1038-1041.

韩国学者朴钟孝等人（2016）的研究发现，管教所内女性青少年同伴骚扰受害与行为问题内化之间的关系，因被申请人的归因和宽恕程度而异，敌对归因或宽恕程度对减轻同伴受害，在行为问题内化中的负面影响有重大作用。邬辛佳（2018）的研究发现，暴力犯群体的表情识别偏向与其敌意归因偏向有重要联系，攻击性的犯罪群体厌恶情绪的敌意归因偏向非常显著。熊慧素、潘新圆和陈勇成（2017）研究结果得出，服刑人员的归因偏差和攻击性，要比普通大众更强[1]。李静华、申田和郑涌（2012）的研究认为，少年犯比普通中学生，更具有高的敌意归因偏向和攻击性[2]。

2.愤怒沉浸

近年来，愤怒沉浸的研究主要集中于攻击行为和情绪调节等变量的关系上，研究对象上对运动员群体较为关注。多个研究表明，愤怒沉浸会使个体衍生心理和行为问题，增加了攻击行为的可能性。阿内斯蒂斯（Anestis，2008）的研究结果显示，愤怒沉浸显著预测了身体和语言上的侵略和敌意，即愤怒沉浸增加了个体的攻击行为。

朱文凤（Wenfeng Zhu）、陈允丽（Yunli Chen）和夏凌翔（Ling-Xiang Xia，2020）的研究指出了敌意归因偏向和愤怒沉浸调节了儿童虐待与攻击行为之间的联系。韩国学者全亚英和金恩河（2020）的研究发现，愤怒沉浸对拒绝敏感性和关系侵略之间的关系产生了部分调节作用，愤怒沉浸的调节作用对拒绝敏感性对关系侵略的影响显著。哈蒙（Harmon）、斯蒂芬斯（Stephens）等人（2019）的研究结果得出，高愤怒和低抑郁沉浸倾向的儿童被同龄人视为比其他孩子更具攻击性，包括那些愤怒和抑郁沉浸程度较高的儿童，这些结果支持愤怒沉浸作为儿童抑郁症状和攻击性的转诊因素。罗章莲（2019）的研究结果指出，愤怒沉浸、外显攻击性存在显著相关关系，而且中学生愤怒沉浸对于外显攻击性有显著的解释力，愤怒沉浸倾向的个体更容易产生攻击行为。李俏俏（2019）的研究表明，大学生得愤怒反刍思维越深刻，越能激发攻击行为的发生；另一方面大学生的愤怒反刍思维越强烈，

---

[1] 熊慧素，潘新圆，陈勇成. 服刑人员与普通群体攻击行为归因方式分析[J]. 中国健康心理学杂志，2017，25（08）：1202-1205.

[2] 李静华，申田，郑涌. 少年犯与普通中学生攻击敌意归因偏向分析[J]. 中国学校卫生，2012，33（05）：550-552.

在一定程度上越会提高受欺凌的可能性。

贝沙拉特（Besharat）等人（2013）的研究结果提出，情绪调节和愤怒沉浸对愤怒与严重抑郁的关系起到了中介作用，愤怒通过情绪调节和愤怒沉浸对抑郁产生影响，情绪调节和愤怒沉浸在愤怒与抑郁之间的关系上起着重要作用[1]。李超（2012）的研究初步验证了，对于反刍思维程度较多的高中生，情绪调节策略的运用在反刍思维对心理健康的负向预测过程中具有非常显著的调节作用。

瑞索菲亚（Rui Sofia）和何塞·费尔南多（José Fernando，2016）的研究发现，运动员的对手和队友的反社会行为、愤怒反省、挑战评估和自我控制预测了愤怒程度[2]。王梦颖（2019）在研究中发现，当比赛中，运动员处于身心疲惫的状态时，由对方的挑衅引起的愤怒沉浸会增加攻击行为发生的可能性。

3.敌意归因偏向和愤怒沉浸

敌意归因偏向能够正向预测愤怒沉浸。权方英（Quan Fangying）等人（2019）的研究表明，倾向于归因于自身及他人的个体对他人的行为怀有敌意，可能会更容易关注和记住愤怒的信息，然后甚至沉浸在这些信息愤怒的事件发生之后，敌意归因偏向可能会引起愤怒的沉浸[3]。王月月（2018）对在校大学生，进行间隔6个月的纵向数据的调查，研究结果发现，敌意归因偏向可以正向预测半年后愤怒沉浸的水平，而愤怒沉浸则对敌意归因偏向没有纵向预测作用。研究结果表明，敌意归因偏向越强，其之后愤怒沉浸水平越高，愤怒沉浸以及敌意归因偏向在每个时间点都呈显著的正相关。

---

[1] Mohammad Ali Besharat, Mahin Etemadi Nia, Hojatollah Farahani. *Anger and major depressive disorder: The mediating role of emotion regulation and anger rumination* [J]. Asian Journal of Psychiatry, 2013, 6(1).

[2] Rui Sofia, José Fernando A. Cruz. *Exploring Individual Differences in the Experience of Anger in Sport Competition: The Importance of Cognitive, Emotional, and Motivational Variables*[J]. Journal of Applied Sport Psychology, 2016, 28(3).

[3] QuanFangying, YangRujiao, ZhuWenfeng, WangYueyue, GongXinyu, ChenYunli, DongYan, Xia Ling-Xiang. *The relationship between hostile attribution bias and aggression and the mediating effect of anger rumination*[J]. Personality and Individual Differences, 2019, 139.

(三)情绪调节自我效能感、敌意归因偏向与校园欺凌的关系

1.敌意归因偏向和情绪调节自我效能感

玛丽亚(Maria S. Wong)等人(2019)的研究结果显示,情绪理解和母性敏感性成为缓冲愤怒倾向对敌意归因偏向(HAB)的负面影响,具体来说,当儿童情绪理解较低或母亲不太敏感将会产生更大的愤怒倾向与更频繁的敌意归因。贺诗雨(2020)的研究发现,敌意性攻击的变化可能与情绪调节能力的提升和敌意归因的降低有关,即情绪调节能力的提升促使敌意归因的降低,进而减少个体的敌意性攻击。姜若椿(2016)的研究结果显示,初中生情绪调节策略越健全,越能促使其产生积极的归因方式,他们攻击行为中的敌意与情绪调节策略呈负相关。根据上述这两者的相关变量的研究显示,情绪调节自我效能感与敌意归因偏向之间存在关系,已有研究证明,情绪调节能力的提升有助于敌意归因的降低,因此预测个体提升控制自身情绪的自信水平也能够在一定程度降低个体的敌意归因偏向,即为情绪调节自我效能感的提升影响个体的敌意归因偏向的降低。

2.敌意归因偏向和校园欺凌

盖伊·亚历克萨(Guy Alexa)等人(2017)的研究发现,受欺凌者的受害通常与社会信息处理(SIP)的缺陷有关,受欺凌与更多的敌对归因偏向和性格自责(CSB)归因有关。受害青少年在解释社会状况和他人意图时表现出敌意偏见,这些偏见可能导致反应不适应,并可能增加同伴进一步受害或遭到欺凌的风险。克丽莎·D.波纳里(Chrisa D. Pornari)和简·伍德(Jane Wood,2010)的研究显示,传统的同伴攻击与敌对归因偏向有消极关系。张洁,陈亮(2020)的研究结果指出,敌意归因与小学生欺负行为间存在显著的正相关,欺凌者如若有社会认知和情绪情感方面的失衡和缺失,从而使其对他人的行为和意图给予敌意的判断,如此会增强欺凌者的欺凌行为。张丽华和苗丽(2019)的研究发现,个体的敌意归因偏向会直接影响攻击行为的发生,攻击行为反之也会渲染,并深化敌意归因偏向的发展。上述研究指出,敌意归因与欺凌行为存在显著的正相关关系,因此,推测敌意归因偏向与校园欺凌存在正向关系。

3.情绪调节自我效能感、敌意归因偏向和校园欺凌

过往研究证明，初中生的情绪调节自我效能感对校园欺凌有显著负向预测作用。依据相关研究结果表明，敌意归因与欺凌行为之间存在显著的正相关关系，根据上述研究结果推测，敌意归因偏向与校园欺凌也存在正相关关系。另外，上述文献提到，情绪调节能力的获得与提升，将会降低个体的敌意归因，情绪调节能力和情绪调节自我效能感存在某些相同的维度和因素。由此推测情绪调节自我效能感与敌意归因偏向有显著关系。综合上述相关实证研究，个体控制自身情绪状况的自信水平越高，继而越会降低个体的敌意归因偏向，进而使个体减少校园欺凌的频次或者削弱校园欺凌的可能性，即为敌意归因偏向可能在情绪调节自我效能感对校园欺凌的影响过程中存在中介作用，这将在后续的研究中得到验证。

（四）情绪调节自我效能感、愤怒沉浸与校园欺凌的关系

1.愤怒沉浸和情绪调节自我效能感

迪娜·温德尔（Dina Weindl）等人（2020）评估了情绪调节策略、特质愤怒、愤怒沉浸和自尊之间的关系，都显示出显著的调节效果，自尊调节了26%的情绪调节对特质愤怒的影响，57.5%的情绪调节对愤怒沉浸的影响[1]。穆罕默德·阿里·贝沙拉特（Mohammad Ali Besharat）等人（2013）调查临床抑郁症患者中发现，愤怒、抑郁、情绪调节和愤怒沉浸之间存在着积极的关系，研究路径分析表明，情绪调节和愤怒沉浸对愤怒与严重抑郁的关系起到了中介作用。愤怒通过情绪调节和愤怒沉浸与抑郁产生作用[2]。张媛媛（2019）的研究结果显示，愤怒沉浸会导致个体情绪抑制控制变低。认知重评、表达抑制都属于情绪管理策略，刘雅（2019）的研究结果显示，认知重评辅导方案可以有效地降低初中生的反刍思维，即为情绪管理策略可以降低反刍思维。李超（2012）的研究指出，对于反刍思维程度较多的高中生，情

---

[1] Dina Weindl, MatthiasKnefel, Tobias Glück, Brigitte Lueger-Schuster. *Emotion regulation strategies,self-esteem,and anger in adult survivors of childhood maltreatment in foster care settings*[J]. European Journal of Trauma & Dissociation, 2020.

[2] Mohammad Ali Besharat,Mahin Etemadi Nia, Hojatollah Farahani. *Anger and major depressive disorder*: *The mediating role of emotion regulation and anger rumination*[J]. Asian Journal of Psychiatry, 2013, 6(1).

绪调节策略的运用在反刍思维对心理健康的负向预测过程中具有非常显著的调节效用，能够有效地降低反刍思维对心理健康的负性影响。上述研究中情绪调节和情绪调节策略等变量都与愤怒沉浸存在关系，我们有理由推测，个体良好的情绪调节自我效能感，或将削弱愤怒沉浸的强度。

2.愤怒沉浸和校园欺凌

王月月（Yueyue Wang）、沈曹（Shen Cao）等人（2020）的研究发现，愤怒沉浸能够预测被动的攻击，此外，愤怒沉浸随着时间的推移继而产生反应性攻击[1]。安妮塔·拉德尔（Anita Ruddle，2017）的研究指出，愤怒沉浸的作用被提议作为家庭暴力（DV）犯罪的额外的预测因素，我们在这里把家庭暴力行为也看作一种欺凌行为，猜测愤怒沉浸能够预测欺凌行为[2]。利瓦特马里恩（Lievaart Marien）等人（2017）的研究表明，愤怒沉浸通过消耗自我控制资源来增强攻击行为[3]。加西亚-桑乔（E. García-Sancho，2016）的研究指出，愤怒沉浸在能力情商（AEI）与不同类型的侵略（身体、口头和间接攻击）之间起到调节作用[4]。托马斯·F. 丹森（Thomas F. Denson，2011）的研究发现，个体在被引起愤怒的挑衅之后，愤怒沉浸会使自我控制效能感减少，进而增加个体的侵略性[5]。托马斯·F. 丹森（Thomas F. Denson），威廉

---

[1] YueyueWang, ShenCao, QinZhang, Ling-Xiang Xia. *The longitudinal relationship between angry rumination and reactive-proactive aggression and the moderation effect of consideration of future consequences-immediate*[J]. Aggressive Behavior, 2020, 46(6).

[2] Anita Ruddle, AfroditiPina, Eduardo Vasquez. *Domestic violence offending behaviors: A review of the literature examining childhood exposure, implicit theories, trait aggression and anger rumination as predictive factors*[J]. Aggression and Violent Behavior, 2017, 34.

[3] Lievaart Marien, HuijdingJorg, van der Veen Frederik M, Hovens Johannes E, Franken Ingmar H A. *The impact of angry rumination on anger-primed cognitive control.*[J]. Journal of behavior therapy and experimental psychiatry, 2017, 54.

[4] E. García-Sancho, J. M. Salguero, P. Fernández-Berrocal. *Angry rumination as a mediator of the relationship between ability emotional intelligence and various types of aggression*[J]. Personality and Individual Differences, 2016, 89.

[5] Thomas F. Denson. *Understanding Impulsive Aggression: Angry Rumination and Reduced Self-Control Capacity Are Mechanisms Underlying the Provocation-Aggression Relationship*[J]. Personality and Social Psychology Bulletin, 2011, 37(6).

（William C.）等人（2009）的研究中，通过指定调解愤怒和愤怒沉浸的主观体验的神经区域以及与不同类型的攻击行为相关的神经通路的这一实验，增加了与攻击行为概率相关的神经过程的证据[①]。王梦颖和褚跃德（2019）的研究指出，愤怒沉浸可以单独影响攻击行为，可以通过干预或控制运动员发生愤怒沉浸时的注意指向来降低其攻击行为[②]。王淑莲（2019）的研究指出，愤怒沉浸对中职生的外显攻击性均有显著影响。上述研究显示，愤怒沉浸会增加愤怒程度，继而激活个体的攻击性的可能性，愤怒沉浸能够预测攻击行为，猜测愤怒沉浸也能预测校园欺凌行为。

3.情绪调节自我效能感、愤怒沉浸和校园欺凌

上述研究显示，认知重评能够有效地降低初中生的反刍思维，认知重评属于情绪管理策略其中一个维度或因素，且有研究指出，情绪调节策略的运用与学习，能够削弱反刍思维对心理健康的消极影响和负向预测。那么有理由推测情绪调节自我效能感能够影响愤怒沉浸的程度，即为个体把控自身情绪状况的自信水平越良好，其愤怒沉浸的程度越低，情绪调节自我效能感有负向预测愤怒沉浸的可能性。另外关于愤怒沉浸与校园欺凌的关系，有研究显示，愤怒沉浸随着时间的推移而产生反应性攻击，愤怒沉浸能够预测攻击行为，由此认为愤怒沉浸也能够预测校园欺凌行为。上述已有研究结果指出情绪调节自我效能感与校园欺凌呈显著负相关，综上所述，个体高层次的情绪调节自我效能感，越可能降低愤怒沉浸的程度，继而伴随着愤怒沉浸程度的降低，越有可能削弱校园欺凌的发生。

（五）情绪调节自我效能感、敌意归因偏向、愤怒沉浸和校园欺凌的关系

初中生的情绪调节自我效能感与校园欺凌，存在显著负相关（朱紫，2020）。情绪调节能力有益于削弱敌意归因（贺诗雨，2020），由此推测情

[①] Thomas F. Denson, William C. Pedersen, Jaclyn Ronquillo, Anirvan S. Nandy. *The Angry Brain: Neural Correlates of Anger, Angry Rumination, and Aggressive Personality*[J]. Journal of Cognitive Neuroscience, 2009, 21(4).

[②] 王梦颖，褚跃德.自我损耗与愤怒反刍对大学生运动员攻击行为的影响[A].中国心理学会.第二十二届全国心理学学术会议摘要集[C].中国心理学会：中国心理学会，2019：1.

绪调节自我效能感能够削弱个体的敌意归因偏向程度。低水平的敌意归因偏向能降低愤怒沉浸程度（王月月，2018）。低水平的愤怒沉浸可以削弱攻击性行为（王梦颖，褚跃德，2019），那么推测愤怒沉浸能够减少校园欺凌的发生。因此，个体良好的情绪调节自我效能感能够减少校园欺凌的发生，也能够降低个体的敌意归因偏向，低水平的敌意归因偏向会削弱个体的愤怒沉浸，进而低水平的愤怒沉浸也能够影响并减少校园欺凌的发生。

综上所述，本研究认为，初中生在校园生活中对于把控自身的情绪状况的自信水平越良好，能够自洽地把握自己的情绪，就极大地可能削弱初中生对于同伴间的敌意归因偏向，减少对同伴间日常行为或言语的消极推测和判断，继而减轻初中生的愤怒沉浸的程度，能够减少初中生沉浸在消极情绪的时间和精力，也降低了报复想法及行为发生的可能性，最终实现降低校园欺凌行为发生的可能性，营造和谐的校园。

第三节　研究设计

一、研究对象

分层抽样两所中学，初一到初三的学生，发放纸质问卷，共回收问卷1630份，有效问卷1531份，有效问卷回收率90.06%。表8-3-1是被试的基本情况。

表8-3-1　研究对象的基本情况

		数量（人）	比例（%）
性别	男	759	49.60
	女	772	50.40
年级	初一	335	21.90
	初二	777	50.80
	初三	419	27.40
独生子女	是	982	64.10
	否	549	35.90
班干部	是	503	32.90
	否	1028	67.10

二、研究方法

（一）文献研究法

文献研究法主要指搜整、甄别文献，通过搜整文献，构成对事实科学认识的方法。经过文献搜整，对本研究的各个变量进行查阅国内外相关著作、期刊论文、博硕士论文等文献资料，归纳各个变量的研究进展和发展趋势，以期证明研究假设。

（二）问卷法

问卷法是科学研究中常用的基本方法，收整资料并测量，由系列题项构成的调查表，是心理学研究个体行为和心理抉择的方法之一。通过发放四个变量的量表所生成的问卷手册，收集问卷手册，运用数据分析软件进行录入、分析并汇总出研究结果。

三、研究工具

（一）《青少年同伴关系——欺凌者与被欺凌者量表（中文版）》

路海东、闫艳等人（2021）修订了《青少年同伴关系—欺凌者与被欺凌者量表（中文版）》，共59题目，欺凌者量表30个题项，被欺凌者量表29个题项，均有5个维度，分别是传统身体欺凌，传统言语欺凌，传统社交欺凌，网络图像欺凌，网络信息欺凌，量表采用5点评分[1]。本研究总量表的克隆巴赫α系数（Cronbach's α）为0.973，各个因子的Cronbach's α系数为0.884~0.922。

（二）《情绪调节自我效能感量表》

《情绪调节自我效能感量表》一共17道题，问卷结构为一个二阶五因子模型，二级维度为表达积极情绪的自我效能感和管理负性情绪的自我效能感，分别为表达快乐、自豪、愤怒、沮丧、内疚情绪调节自我效能感。该问卷为5级评分，全部正向计分，总分越高，被试的情绪调节自我效能感越

---

[1] 路海东，闫艳，王雪莹，武会青. 青少年同伴关系—欺凌者与被欺凌者量表修订及应用[J]. 中国健康心理学杂志，2021，29（03）：460-467.

好[①]。本研究总量表的Cronbach's α系数为0.935，各个因子的Cronbach's α系数为0.782~0.858。

（三）《敌意归因偏向问卷》

本研究采用《WSAP-Hostility（中文版）》量表，过往研究证明，该量表的中文版具有良好的信效度，和跨文化的一致性。它包含了敌意归因和善意归因两个分量表，其中包括16句模糊的激惹句子（如"有人撞到了你""有人在你阅读时说话"），每个情境描述语句都随机顺序呈现两次，一次是敌意相关词（如"攻击性的"）在题项中出现，一次是善意相关词（如"意外的""未注意到的"）进行匹配，共32个题项。要求被试在6点计分中评定这两类词语与模糊句子的相关程度。被试与敌意词匹配的句子的评分总分即为敌意归因的得分，与善意词匹配的总分即为善意归因的得分。本研究该量表的内部一致性系数为0.957。

（四）《愤怒反刍量表》

《愤怒反刍量表（ARS）》由苏霍多尔斯基（Sukhodolsky）编制（2001），共19个条目，包含事后愤怒、报复想法、愤怒记忆和理解原因四个维度，愤怒反刍量表采用四级记分法，主要用于测量被试对于近期激发愤怒情境的思考和对过去愤怒经历的回忆。总分越高，被试的愤怒沉浸水平越高。本研究总量表的Cronbach's α系数为0.957，各个维度的Cronbach's α系数为0.900~0.912。

四、研究程序与数据分析思路

（一）施测过程

本研究经搜整大量文献，并参与讨论后，确定使用青少年同伴关系—欺凌者与被欺凌者量表（中文版）、情绪调节自我效能感量表、敌意归因偏向问卷和愤怒反刍量表，随后对被试进行问卷调查。为保障问卷测量真实性，本次施测已获得学生监护人的知悉，并知会其本次施测的目标。施测时长限制在20分钟以内。

[①] 王玉洁，窦凯，刘毅. 情绪调节自我效能感量表的修订[J]. 广州大学学报（社会科学版），2013，12（01）：45-50.

（二）数据分析思路

数据收集结束，使用SPSS22.0、AMOS24.0、Mplus8.0、PROCESS进行统计分析及检验。大致过程为：

（1）使用SPSS22.0统计软件，进行Harman单因素检验，排除共同方法偏差；进行描述性统计、差异检验，分析各变量在人口学上的差异；对各个变量进行相关性分析；进行一元线性回归分析；

（2）使用SPSS22.0分析并检验简单中介模型，使用Amos24.0建立简单中介模型。

（3）使用Mplus8.0软件编写语句，生成链式中介模型，使用PROCESS对链式中介模型进行检验。

五、技术路线

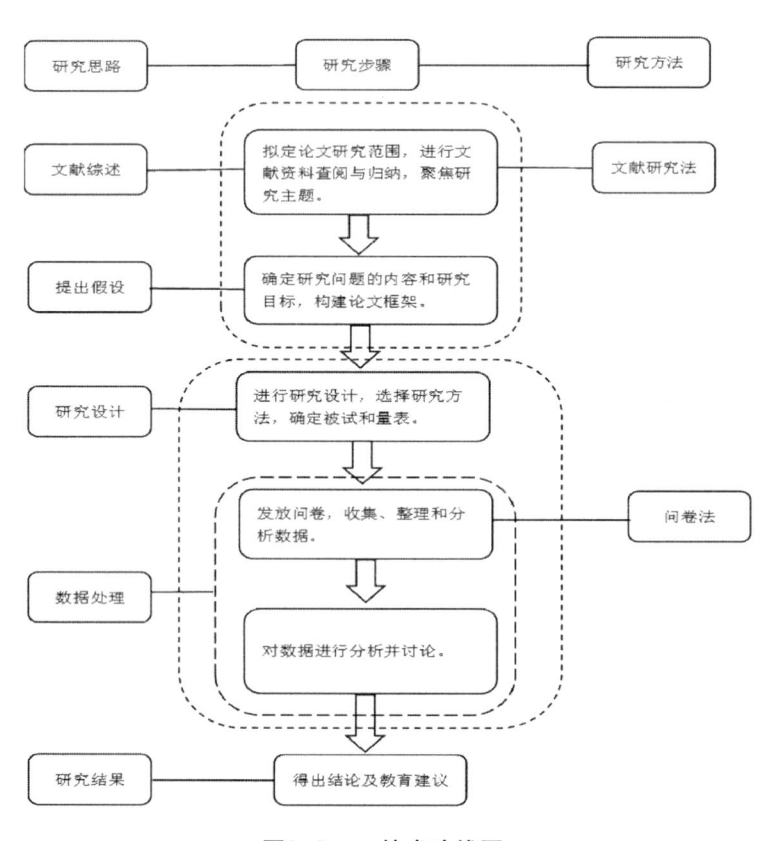

图8-3-1 技术路线图

第四节 研究结果

一、共同方法偏差

本研究中的数据主要以问卷发放的形式收集而来，结果难免存在共同方法偏差，除去在问卷的人口学上被试选取强调匿名性，合理把控测量的每一环节，正式研究前，对数据检验Harman单因素，检验结果有15个初始特征值大于1，首个因子的解释是24.43%，低于40%的临界值的指标，因此本研究不存在明显的共同方法偏差。

二、各变量的描述性统计

对情绪调节自我效能感、校园欺凌、敌意归因偏向和愤怒沉浸进行描述性统计，结果见表2。情绪调节自我效能感，生气、沮丧、内疚因子和敌意归因偏向的峰度和偏度的绝对值接近0，说明变量呈正态分布；快乐因子、传统言语欺凌、敌意归因、善意归因和愤怒沉浸及其四个维度，峰度和偏度的绝对值小于3，说明基本可接受为正态分布。

情绪调节自我效能感和校园欺凌的量表采用五点计分，理论中值均为3分。由表8-4-1可知，情绪调节自我效能感以及快乐、自豪、愤怒、沮丧和内疚这五个因子的平均值均高于理论中值。校园欺凌及各维度项目均值低于理论中值。敌意归因偏向及维度的项目均值都低于中间值。愤怒沉浸及各维度的项目均值都低于中间值。

愤怒、沮丧、内疚因子的项目均值低于情绪调节自我效能感、快乐和自豪因子，快乐和自豪因子的项目均值高于情绪调节自我效能感。传统言语欺凌项目均值高于校园欺凌和其他维度的项目均值。善意归因维度项目均分高于敌意归因偏向和敌意归因维度。理解原因维度的项目均值高于愤怒沉浸和其他维度。

表8-4-1 各变量描述性统计（n=1531）

	Min	Max	M	SD	SK	Kur	n	M/n
快乐	3.00	15.00	12.27	2.75	−1.01	0.67	3	4.09
自豪	3.00	15.00	13.46	2.11	−1.79	3.78	3	4.49
愤怒	4.00	20.00	15.14	4.09	−0.59	−0.29	4	3.79
沮丧	4.00	20.00	15.55	3.60	−0.48	−0.32	4	3.89
内疚	3.00	15.00	11.49	2.58	−0.26	−0.09	3	3.83
情绪调节自我效能感	17.00	85.00	67.89	12.44	−0.47	0.27	17	3.99
网络信息欺凌	15.00	75.00	17.94	6.82	4.07	20.75	15	1.19
网络图像欺凌	10.00	50.00	11.58	4.69	4.23	21.21	10	1.16
传统言语欺凌	11.00	55.00	16.93	8.43	1.70	2.53	11	1.54
传统社交欺凌	12.00	60.00	14.77	6.36	3.18	11.78	12	1.23
传统身体欺凌	11.00	55.00	13.73	6.10	3.32	13.08	11	1.25
校园欺凌	59.00	295.00	74.96	28.45	3.16	12.95	59	1.27
敌意归因	16.00	96.00	34.64	20.43	1.14	0.62	16	2.17
善意归因	16.00	96.00	46.92	24.82	0.29	−1.17	16	2.93
敌意归因偏向	32.00	192.00	81.56	38.36	0.36	−0.45	32	2.55
事后愤怒	6.00	24.00	9.82	4.45	1.41	1.54	6	1.64
报复想法	4.00	16.00	6.29	2.65	1.49	2.27	4	1.57
愤怒记忆	5.00	20.00	8.05	3.59	1.49	2.01	5	1.61
理解原因	4.00	16.00	6.72	2.88	1.13	0.87	4	1.68
愤怒沉浸	19.00	76.00	30.87	12.58	1.43	1.95	19	1.62

三、各变量在人口学上的差异

（一）各变量在性别上的差异检验

由表8-4-2可知，在性别上，积极维度、快乐和自豪因子没有显著差异；情绪调节自我效能感、愤怒和内疚因子存在非常显著差异，男生显著高于女生；消极维度和沮丧因子呈现极其显著的差异，男生显著高于女生。传统社交欺凌在性别上没有显著差异；男生在网络信息欺凌、网络图像欺凌和传统言语欺凌得分上显著高于女生；在校园欺凌、网络欺凌和传统欺凌维度中，男生非常显著高于女生；在传统身体欺凌上，男生极其显著高于女生。敌意归因偏向和敌意归因没有显著差异；善意归因存在显著差异，女生显著高于男生。愤怒沉浸及事后愤怒、报复想法、愤怒记忆和理解原因维度均没有性别上的显著差异。参照J.Cohen对于效应量大小的判定标准，传统身体欺凌d值大于0.2存在小的效应，说明传统身体欺凌的标准化均值存在显著差异，表8-4-2的研究结果均具有统计意义和实际意义。

表8-4-2 不同性别在各变量差异检验

	男（n=759）	女（n=772）	t	Cohen's d
快乐	12.31 ± 2.85	12.22 ± 2.64	0.68	0.033
自豪	13.42 ± 2.22	13.50 ± 2.01	−0.73	−0.038
愤怒	15.45 ± 4.05	14.83 ± 4.12	2.96**	0.152
沮丧	15.90 ± 3.57	15.19 ± 3.59	3.87***	0.198
内疚	11.70 ± 2.61	11.27 ± 2.54	3.29**	0.167
积极	25.73 ± 4.64	25.72 ± 4.18	0.08	0.002
消极	43.05 ± 9.46	41.30 ± 9.47	3.64***	0.185
情绪调节自我效能感	68.79 ± 12.73	67.01 ± 12.08	2.80**	0.143
网络信息欺凌	18.34 ± 7.76	17.55 ± 5.72	2.24*	0.116
网络图像欺凌	11.93 ± 5.34	11.24 ± 3.93	2.90*	0.147
传统言语欺凌	17.42 ± 8.95	16.46 ± 7.85	2.23*	0.114
传统社交欺凌	14.84 ± 6.60	14.70 ± 6.12	0.44	0.022
传统身体欺凌	14.45 ± 7.11	13.03 ± 4.82	4.55***	0.234
网络欺凌	30.27 ± 12.58	28.79 ± 9.08	2.63**	0.135
传统欺凌	46.70 ± 20.66	44.19 ± 16.81	2.61**	0.133
校园欺凌	76.97 ± 31.66	72.98 ± 24.76	2.75**	0.140
敌意归因	35.40 ± 21.82	33.89 ± 18.94	1.44	0.074
善意归因	45.47 ± 25.02	48.36 ± 24.67	−2.28*	−0.117
敌意归因偏向	80.86 ± 39.94	82.25 ± 36.77	−0.70	−0.036
事后愤怒	9.61 ± 4.43	10.03 ± 4.47	−1.82	−0.094
报复想法	6.19 ± 2.73	6.38 ± 2.56	−1.44	−0.072
愤怒记忆	7.99 ± 3.63	8.10 ± 3.54	−0.62	−0.031
理解原因	6.70 ± 2.94	6.73 ± 2.82	−0.19	−0.010
愤怒沉浸	30.49 ± 12.77	31.24 ± 12.39	−1.17	−0.059

注：***$p<0.001$，**$p<0.01$，*$p<0.05$

（二）各变量在年级上的差异

由表8-4-3可知，在年级上，情绪调节自我效能感具有显著差异，初二显著高于初三和初一；消极维度和内疚因子存在极其显著的年级差异，初二显著高于初三和初一；沮丧因子有极其显著的差异性，初三显著高于初二和初一。传统言语欺凌在年级上存在显著差异，初一显著高于初三和初二。愤怒沉浸有显著差异，初二显著高于初三和初一；理解原因维度有显著差异，初二显著高于初一和初三；初二在愤怒记忆维度上，极其显著高于初三和初一。依据J. 科恩（J. Cohen）的效应量判定标准，η^2的指标由低到高为0.01、0.06、0.14，其中沮丧因子（0.014）、内疚因子（0.028）、消极维度（0.011）和愤怒记忆（0.017）均在η^2的判定标准内。表8-4-3的研究结果在统计上和实际上均存在意义。

表8-4-3 年级上各变量差异检验

	初一（n=335）	初二（n=777）	初三（n=419）	F	LSD	η^2
快乐	12.16 ± 2.59	12.24 ± 2.82	12.39 ± 2.75	0.73		0.001
自豪	13.61 ± 1.73	13.40 ± 2.24	13.44 ± 2.15	1.14		0.001
愤怒	15.04 ± 3.87	15.29 ± 4.12	14.92 ± 4.21	1.27		0.002
沮丧	14.88 ± 3.55	15.93 ± 3.52	15.36 ± 3.68	10.77***	1<3, 3<2	0.014
内疚	10.76 ± 2.53	11.85 ± 2.59	11.40 ± 2.49	21.73***	1<3, 3<2	0.028
积极	25.77 ± 3.83	25.65 ± 4.61	25.83 ± 4.48	0.25		0.000
消极	40.68 ± 9.16	43.07 ± 9.48	41.68 ± 9.63	8.22***	1<3, 3<2	0.011
情绪调节自我效能感	66.45 ± 11.49	68.72 ± 12.64	67.51 ± 12.67	4.17*	1<3, 3<2	0.005
网络信息欺凌	17.84 ± 6.83	17.69 ± 6.31	18.49 ± 7.65	1.95		0.003
网络图像欺凌	11.46 ± 4.37	11.48 ± 4.37	11.86 ± 5.45	1.02		0.001
传统言语欺凌	17.04 ± 8.12	16.45 ± 8.13	17.74 ± 9.13	3.20*	2<1, 1<3	0.004

续表

	初一 （n=335）	初二 （n=777）	初三 （n=419）	F	LSD	η^2
传统社交欺凌	14.96 ± 6.55	14.44 ± 5.92	15.21 ± 6.94	2.19		0.003
传统身体欺凌	13.49 ± 5.54	13.71 ± 5.99	13.99 ± 6.73	0.65		0.001
网络欺凌	29.29 ± 10.59	29.17 ± 10.17	30.35 ± 12.58	1.67		0.002
传统欺凌	45.49 ± 18.19	44.60 ± 18.07	46.94 ± 20.68	2.09		0.003
校园欺凌	74.78 ± 27.36	73.78 ± 26.86	77.29 ± 31.91	2.09		0.003
敌意归因	34.41 ± 21.14	35.06 ± 20.51	34.03 ± 19.71	0.37		0.000
善意归因	44.82 ± 24.75	47.94 ± 24.51	46.73 ± 25.41	1.86		0.002
敌意归因偏向	79.24 ± 39.35	82.99 ± 37.18	80.76 ± 39.68	1.25		0.002
事后愤怒	9.53 ± 3.25	9.99 ± 4.91	9.74 ± 4.38	1.37		0.002
报复想法	6.28 ± 2.26	6.28 ± 2.85	6.29 ± 2.54	0.00		0.000
愤怒记忆	7.26 ± 2.59	8.45 ± 3.91	7.93 ± 3.53	13.50***	1<3, 3<2	0.017
理解原因	6.53 ± 2.41	6.93 ± 3.12	6.48 ± 2.73	4.29*	3<1, 1<2	0.006
愤怒沉浸	29.59 ± 9.65	31.66 ± 13.76	30.44 ± 12.28	3.50*	1<3, 3<2	0.005

注：1. 在LSD这一列中，1：初一，2：初二，3：初三。

2. ***$p<0.001$，**$p<0.01$，*$p<0.05$

（三）各变量在是否是独生子女上的差异

由表8-4-4可知，在是否独生上，各变量无显著差异，且d值的绝对值均小于0.2，依据J.科恩（J. Cohen）对于效应量大小的判定标准，表8-4-4的研究结果在统计上和实际上均存在意义。

表8-4-4 是否独生上各变量差异检验

	独生（n=982）	非独生（n=549）	t	Cohen's d
快乐	12.27 ± 2.78	12.27 ± 2.70	0.01	0.000
自豪	13.44 ± 2.20	13.50 ± 1.95	−0.55	−0.029
愤怒	15.10 ± 4.14	15.19 ± 4.01	−0.4	−0.022
沮丧	15.57 ± 3.60	15.50 ± 3.60	0.36	0.019
内疚	11.51 ± 2.56	11.45 ± 2.62	0.4	0.023
积极	25.70 ± 4.52	25.76 ± 4.22	−0.25	−0.014
消极	42.18 ± 9.51	42.14 ± 9.50	0.07	0.004
情绪调节自我效能感	67.88 ± 12.51	67.91 ± 12.31	−0.03	−0.002
网络信息欺凌	17.99 ± 7.04	17.85 ± 6.41	0.41	0.021
网络图像欺凌	11.57 ± 4.59	11.60 ± 4.87	−0.09	−0.006
传统言语欺凌	17.03 ± 8.45	16.76 ± 8.39	0.59	0.032
传统社交欺凌	14.71 ± 6.15	14.87 ± 6.72	−0.48	−0.025
传统身体欺凌	13.65 ± 5.84	13.89 ± 6.55	−0.74	−0.039
网络欺凌	29.57 ± 11.11	29.44 ± 10.75	0.21	0.012
传统欺凌	45.39 ± 18.37	45.52 ± 19.71	−0.13	−0.007
校园欺凌	74.95 ± 28.06	74.96 ± 29.17	−0.01	−0.000
敌意归因	34.14 ± 20.26	35.52 ± 20.71	−1.27	−0.067
善意归因	46.45 ± 25.14	47.77 ± 24.25	−0.99	−0.053
敌意归因偏向	80.59 ± 38.57	83.29 ± 37.97	−1.32	−0.071
事后愤怒	9.86 ± 4.51	9.76 ± 4.35	0.41	0.023
报复想法	6.29 ± 2.68	6.28 ± 2.59	0.09	0.003
愤怒记忆	8.02 ± 3.60	8.11 ± 3.56	−0.48	−0.025
理解原因	6.74 ± 2.92	6.68 ± 2.82	0.35	0.021
愤怒沉浸	30.90 ± 12.75	30.83 ± 12.29	0.11	0.006

注：***$p<0.001$，**$p<0.01$，*$p<0.05$

（四）各变量在是否担任班干部上的差异

由表8-4-5可知，在是否是班干部上，情绪调节自我效能感、积极维度、消极维度，快乐、自豪、沮丧和内疚因子均有极其显著的差异，班干部得分均高于非班干部；班干部在愤怒因子上，非常显著高于非班干部。非班干部在网络信息欺凌上，极其显著高于班干部；在校园欺凌、传统欺凌、网络欺凌、传统社交欺凌和传统言语欺凌上，非班干部非常显著高于班干部；非班干部在网络图像欺凌和传统身体欺凌上，显著高于班干部。班干部的善意归因极其显著高于非班干部；班干部在敌意归因偏向上，非常显著高于非班干部。愤怒沉浸及其四个维度，均不存在显著差异。

依据J. 科恩（J. Cohen）对于效应量大小的判定标准，快乐、自豪、沮丧、内疚、积极维度、情绪调节自我效能感和善意归因d值的绝对值均大于0.2，均具有小的效应，表8-4-5的研究结果在统计上和实际上均存在意义。

表8-4-5 是否班干部上各变量差异

	班干部 （n=503）	非班干部 （n=1028）	t	Cohen's d
快乐	12.77 ± 2.40	12.02 ± 2.87	5.36***	0.284
自豪	13.85 ± 1.79	13.26 ± 2.23	5.59***	0.292
愤怒	15.53 ± 3.92	14.94 ± 4.17	2.70**	0.146
沮丧	16.04 ± 3.37	15.30 ± 3.68	3.90***	0.209
内疚	11.83 ± 2.45	11.32 ± 2.63	3.72***	0.201
积极	26.62 ± 3.73	25.28 ± 4.66	6.08***	0.317
消极	43.40 ± 8.91	41.57 ± 9.72	3.67***	0.196
情绪调节自我效能感	70.02 ± 11.22	66.85 ± 12.86	4.95***	0.263
网络信息欺凌	17.20 ± 4.50	18.30 ± 7.68	-3.53***	-0.175
网络图像欺凌	11.24 ± 3.75	11.75 ± 5.09	-2.23*	-0.114
传统言语欺凌	16.16 ± 7.58	17.31 ± 8.79	-2.65**	-0.140
传统社交欺凌	14.19 ± 5.11	15.05 ± 6.87	-2.72**	-0.142
传统身体欺凌	13.30 ± 5.31	13.95 ± 6.45	-2.06*	-0.110
网络欺凌	28.44 ± 7.57	30.05 ± 12.27	-3.17**	-0.158
传统欺凌	43.66 ± 16.13	46.30 ± 20.01	-2.78**	-0.145
校园欺凌	72.10 ± 22.49	76.36 ± 30.87	-3.07**	-0.158
敌意归因	34.91 ± 20.93	34.50 ± 20.19	0.37	0.019
善意归因	50.92 ± 26.03	44.97 ± 23.98	4.31***	0.238
敌意归因偏向	85.83 ± 38.95	79.47 ± 37.92	3.06**	0.165
事后愤怒	9.81 ± 4.67	9.83 ± 4.34	-0.09	-0.004
报复想法	6.19 ± 2.66	6.33 ± 2.64	-0.96	-0.053
愤怒记忆	7.94 ± 3.67	8.10 ± 3.55	-0.81	-0.044
理解原因	6.76 ± 2.96	6.70 ± 2.84	0.41	0.021
愤怒沉浸	30.70 ± 13.00	30.96 ± 12.37	-0.37	-0.020

注：***$p<0.001$，**$p<0.01$，*$p<0.05$

四、相关分析

（一）情绪调节自我效能感、校园欺凌、敌意归因偏向和愤怒沉浸的相关分析

由表8-4-6可知，情绪调节自我效能感与校园欺凌、敌意归因偏向和愤怒沉浸存在非常显著的负相关。校园欺凌与敌意归因偏向、愤怒沉浸呈现非常显著的正相关关系。敌意归因偏向与愤怒沉浸有非常显著的正相关。

表8-4-6 情绪调节自我效能感、校园欺凌、敌意归因偏向和愤怒沉浸的相关

	情绪调节自我效能感	校园欺凌	敌意归因偏向	愤怒沉浸
情绪调节自我效能感	1			
校园欺凌	−0.280***	1		
敌意归因偏向	−0.073**	0.247***	1	
愤怒沉浸	−0.298***	0.432***	0.246***	1

注：***$p<0.001$，**$p<0.01$，*$p<0.05$

（二）情绪调节自我效能感与校园欺凌的相关分析

由表8-4-7可知，情绪调节自我效能感、积极维度、消极维度、快乐、自豪、愤怒、沮丧和内疚两两之间存在非常显著的正相关。校园欺凌、网络欺凌、传统欺凌、网络信息欺凌、网络图像欺凌、传统言语欺凌、传统社交欺凌和传统身体欺凌两两之间存在非常显著的正相关。情绪调节自我效能感、积极维度、消极维度、快乐、自豪、愤怒、沮丧和内疚，与校园欺凌、网络欺凌、传统欺凌、网络信息欺凌、网络图像欺凌、传统言语欺凌、传统社交欺凌和传统身体欺凌之间存在非常显著的负相关。

表8-4-7 情绪调节自我效能感与校园欺凌的相关

	1	2	3	4	5	6	7	8	9	10	11	12	13	14	15	16
1	1															
2	0.76**	1														
3	0.95**	0.53**	1													
4	0.69**	0.93**	0.48**	1												
5	0.68**	0.87**	0.49**	0.64**	1											
6	0.85**	0.44**	0.91**	0.38**	0.42**	1										
7	0.91**	0.53**	0.94**	0.48**	0.48**	0.76**	1									
8	0.88**	0.52**	0.91**	0.48**	0.46**	0.70**	0.88**	1								
9	−0.28**	−0.19**	−0.27**	−0.15**	−0.19**	−0.30**	−0.22**	−0.22**	1							
10	−0.20**	−0.16**	−0.18**	−0.13**	−0.18**	−0.20**	−0.15**	−0.16**	0.92**	1						
11	−0.30**	−0.18**	−0.30**	−0.16**	−0.18**	−0.33**	−0.25**	−0.25**	0.97**	0.80**	1					
12	−0.20**	−0.16**	−0.19**	−0.12**	−0.17**	−0.20**	−0.16**	−0.16**	0.88**	0.96**	0.76**	1				
13	−0.18**	−0.16**	−0.16**	−0.12**	−0.17**	−0.18**	−0.12**	−0.13**	0.87**	0.93**	0.77**	0.81**	1			
14	−0.33**	−0.17**	−0.35**	−0.16**	−0.15**	−0.38**	−0.29**	−0.28**	0.84**	0.63**	0.91**	0.63**	0.55**	1		
15	−0.24**	−0.16**	−0.24**	−0.12**	−0.16**	−0.25**	−0.20**	−0.20**	0.89**	0.80**	0.88**	0.74**	0.79**	0.68**	1	
16	−0.22**	−0.17**	−0.21**	−0.14**	−0.17**	−0.24**	−0.16**	−0.17**	0.90**	0.78**	0.90**	0.71**	0.78**	0.72**	0.75**	1

注：1情绪调节自我效能感、2积极情绪、3消极情绪、4快乐、5自豪、6愤怒、7沮丧、8内疚、9校园欺凌、10网络欺凌、11传统欺凌、12网络信息欺凌、13网络图像欺凌、14传统言语欺凌、15传统社交欺凌、16传统身体欺凌。**$p<0.01$，*$p<0.05$

（三）情绪调节自我效能感与敌意归因偏向的相关关系分析

由表8-4-8可知，敌意归因偏向、敌意归因和善意归因两两之间存在非常显著的正相关。情绪调节自我效能感与敌意归因偏向、敌意归因之间存在非常显著的负相关。消极因子与敌意归因偏向、敌意归因存在非常显著的负相关。愤怒因子与敌意归因偏向、敌意归因存在非常显著的负相关。沮丧因子与敌意归因之间存在非常显著的负相关。内疚因子与敌意归因偏向、敌意归因存在非常显著的负相关。沮丧显著负相关于敌意归因偏向。愤怒因子与善意归因有显著的负相关。

情绪调节自我效能感与善意归因，存在负相关但不显著；积极维度与敌意归因偏向、善意归因和敌意归因，有不显著的负相关关系；消极维度与善意归因有不显著的负相关；快乐因子与敌意归因偏向和敌意归因有负相关但不显著，与善意归因存在不显著的负相关；自豪因子不显著的负相关于敌意归因偏向，与敌意归因和善意归因存在不显著的负相关；生气、沮丧和内疚因子分别与善意归因存在不显著的负相关。

表8-4-8 情绪调节自我效能感与敌意归因偏向的相关

	1	2	3	4	5	6	7	8	9	10	11
1	1										
2	0.76**	1									
3	0.95**	0.53**	1								
4	0.69**	0.93**	0.48**	1							
5	0.68**	0.87**	0.49**	0.64**	1						
6	0.85**	0.44**	0.91**	0.38**	0.42**	1					
7	0.91**	0.53**	0.94**	0.48**	0.48**	0.76**	1				
8	0.88**	0.523**	0.91**	0.48**	0.46**	0.70**	0.88**	1			
9	−0.07**	−0.00	−0.09**	−0.00	−0.00	−0.12**	−0.06*	−0.07**	1		
10	−0.11**	−0.04	−0.12**	−0.03	−0.04	−0.16**	−0.08**	−0.08**	0.81**	1	
11	−0.02	0.03	−0.04	0.02	0.04	−0.05*	−0.02	−0.04	0.87**	0.43**	1

注：1情绪调节自我效能感、2积极情绪、3消极情绪、4快乐情绪、5自豪情绪、6生气情绪、7沮丧情绪、8内疚情绪、9敌意归因偏向、10敌意归因、11善意归因。
**$p<0.01$，*$p<0.05$

（四）情绪调节自我效能感与愤怒沉浸的相关分析

由表8-4-9可知，愤怒沉浸、事后愤怒、报复想法、愤怒记忆和理解原因两两之间呈现非常显著的正相关。情绪调节自我效能感、积极维度、消极维度、快乐、自豪、愤怒、沮丧和内疚，与愤怒沉浸、事后愤怒、报复想法、愤怒记忆和理解原因之间存在非常显著的负相关。

表8-4-9　情绪调节自我效能感与愤怒沉浸的相关

	1	2	3	4	5	6	7	8	9	10	11	12	13
1	1												
2	0.76**	1											
3	0.95**	0.53**	1										
4	0.69**	0.93**	0.48**	1									
5	0.68**	0.87**	0.49**	0.64**	1								
6	0.85**	0.44**	0.91**	0.38**	0.42**	1							
7	0.91**	0.53**	0.94**	0.48**	0.48**	0.76**	1						
8	0.88**	0.52**	0.91**	0.48**	0.46**	0.70**	0.88**	1					
9	−0.29**	−0.17**	−0.30**	−0.14**	−0.17**	−0.32**	−0.26**	−0.24**	1				
10	−0.29**	−0.15**	−0.30**	−0.13**	−0.16**	−0.32**	−0.27**	−0.24**	0.95**	1			
11	−0.31**	−0.18**	−0.32**	−0.15**	−0.18**	−0.33**	−0.28**	−0.26**	0.91**	0.83**	1		
12	−0.26**	−0.15**	−0.27**	−0.13**	−0.15**	−0.30**	−0.23**	−0.20**	0.92**	0.83**	0.80**	1	
13	−0.23**	−0.15**	−0.23**	−0.13**	−0.14**	−0.25**	−0.19**	−0.17**	0.90**	0.82**	0.77**	0.76**	1

注：1情绪调节自我效能感、2积极情绪、3消极情绪、4快乐情绪、5自豪情绪、6生气情绪、7沮丧情绪、8内疚情绪、9愤怒沉浸、10事后愤怒、11报复想法、12愤怒记忆、13理解原因。**$p<0.01$，*$p<0.05$

（五）校园欺凌与敌意归因偏向的相关分析

由表8-4-10可知，校园欺凌、网络欺凌、传统欺凌、网络信息欺凌、网络图像欺凌、传统言语欺凌、传统社交欺凌和传统身体欺凌，与敌意归因偏向、敌意归因和善意归因之间存在非常显著的正相关。

表8-4-10　校园欺凌与敌意归因偏向的相关

	1	2	3	4	5	6	7	8	9	10	11
1	1										
2	0.92**	1									
3	0.97**	0.81**	1								
4	0.88**	0.97**	0.77**	1							
5	0.87**	0.93**	0.77**	0.81**	1						
6	0.85**	0.63**	0.91**	0.63**	0.56**	1					
7	0.90**	0.80**	0.89**	0.74**	0.80**	0.69**	1				
8	0.90**	0.78**	0.90**	0.72**	0.79**	0.72**	0.76**	1			
9	0.25**	0.22**	0.25**	0.20**	0.21**	0.23**	0.21**	0.23**	1		
10	0.31**	0.29**	0.30**	0.28**	0.29**	0.27**	0.28**	0.28**	0.81**	1	
11	0.12**	0.09**	0.13**	0.08**	0.09**	0.14**	0.09**	0.12**	0.88**	0.43**	1

注：1校园欺凌、2网络欺凌、3传统欺凌、4网络信息欺凌、5网络图像欺凌、6传统言语欺凌、7传统社会欺凌、8传统身体欺凌、9敌意归因偏向、10敌意归因、11善意归因。**$p<0.01$，*$p<0.05$

（六）校园欺凌与愤怒沉浸的相关分析

由表8-4-11可知，校园欺凌、网络欺凌、传统欺凌、网络信息欺凌、网络图像欺凌、传统言语欺凌、传统社交欺凌和传统身体欺凌，与愤怒沉浸、事后愤怒、报复想法、愤怒记忆和理解原因之间存在非常显著的正相关。

表8-4-11　校园欺凌与愤怒沉浸的相关

	1	2	3	4	5	6	7	8	9	10	11	12	13
1	1												
2	0.92**	1											
3	0.97**	0.81**	1										
4	0.88**	0.97**	0.77**	1									
5	0.87**	0.93**	0.77**	0.81**	1								
6	0.85**	0.63**	0.91**	0.63**	0.56**	1							
7	0.90**	0.80**	0.89**	0.74**	0.80**	0.69**	1						
8	0.90**	0.78**	0.90**	0.72**	0.79**	0.72**	0.76**	1					

续表

	1	2	3	4	5	6	7	8	9	10	11	12	13
9	0.43**	0.36**	0.44**	0.34**	0.34**	0.43**	0.36**	0.40**	1				
10	0.41**	0.34**	0.42**	0.33**	0.31**	0.41**	0.35**	0.37**	0.96**	1			
11	0.45**	0.38**	0.46**	0.36**	0.36**	0.45**	0.38**	0.41**	0.91**	0.83**	1		
12	0.36**	0.30**	0.38**	0.28**	0.29**	0.36**	0.30**	0.35**	0.92**	0.84**	0.80**	1	
13	0.39**	0.33**	0.40**	0.31**	0.31**	0.37**	0.33**	0.36**	0.90**	0.82**	0.78**	0.77**	1

注：1校园欺凌、2网络欺凌、3传统欺凌、4网络信息欺凌、5网络图像欺凌、6传统言语欺凌、7传统社会欺凌、8传统身体欺凌、9愤怒沉浸、10事后愤怒、11报复想法、12愤怒记忆、13理解原因。**$p<0.01$，*$p<0.05$

（七）敌意归因偏向与愤怒沉浸的相关分析

由表8-4-12可知，敌意归因偏向、敌意归因和善意归因，与愤怒沉浸、事后愤怒、报复想法、愤怒记忆和理解原因之间呈非常显著的正相关。

表8-4-12　敌意归因偏向与愤怒沉浸的相关

	1	2	3	4	5	6	7	8
1.敌意归因偏向	1							
2.敌意归因	0.81**	1						
3.善意归因	0.88**	0.43**	1					
4.愤怒沉浸	0.25**	0.29**	0.14**	1				
5.事后愤怒	0.24**	0.28**	0.14**	0.96**	1			
6.报复想法	0.24**	0.30**	0.13**	0.91**	0.83**	1		
7.愤怒记忆	0.19**	0.24**	0.10**	0.92**	0.84**	0.80**	1	
8.理解原因	0.24**	0.26**	0.16**	0.90**	0.82**	0.78**	0.77**	1

注：**$p<0.01$，*$p<0.05$

五、回归分析

由表8-4-13可知，情绪调节自我效能感能够极其显著地负向预测敌意归因偏向、敌意归因、事后愤怒、报复想法、理解原因和校园欺凌；情绪调节自我效能感对善意归因、愤怒沉浸和愤怒记忆的预测作用不显著。敌意归因偏向对愤怒沉浸、事后愤怒、报复想法、愤怒记忆、理解原因和校园欺凌有极其显著的正向预测作用。敌意归因能够极其显著地正向预测愤怒沉浸、事后愤怒、报复想法、愤怒记忆、理解原因和校园欺凌。善意归因对愤怒沉浸、事后愤怒、报复想法、愤怒记忆、理解原因和校园欺凌有极其显著的正向预测作用。愤怒沉浸、事后愤怒、报复想法、愤怒记忆和理解原因能够极其显著地正向预测校园欺凌。

表8-4-13 一元线性回归分析结果

结果变量	预测变量	B	β	R^2	F	SE	t
敌意归因偏向	常量	96.93					
	情绪调节自我效能感		−0.07	0.01	8.28	0.08	−2.88***
敌意归因	常量	47.07					
	情绪调节自我效能感		−0.11	0.01	19.24	0.04	−4.39***
善意归因	常量	49.86					
	情绪调节自我效能感		−0.02	0.00	0.72	0.05	−0.85
愤怒沉浸	常量	51.34					
	情绪调节自我效能感		−0.29	0.09	148.95	0.03	−12.21***
事后愤怒	常量	16.89					
	情绪调节自我效能感		−0.29	0.09	141.37	0.01	−11.89***
报复想法	常量	10.79					
	情绪调节自我效能感		−0.31	0.10	164.79	0.01	−12.84***
愤怒记忆	常量	13.26					
	情绪调节自我效能感		−0.27	0.07	116.39	0.01	−10.79***
理解原因	常量	10.40					
	情绪调节自我效能感		−0.23	0.06	88.69	0.01	−9.42***

续表

结果变量	预测变量	B	β	R^2	F	SE	t
校园欺凌	常量	118.39					
	情绪调节自我效能感		−0.28	0.08	129.65	0.06	−11.39***
愤怒沉浸	常量	24.30					
	敌意归因偏向		0.25	0.06	98.16	0.01	9.91***
校园欺凌	常量	59.78					
	敌意归因		0.32	0.10	167.95	0.03	12.96***
校园欺凌	常量	68.38					
	善意归因		0.12	0.02	23.21	0.03	4.82***
敌意归因偏向	常量	58.44					
	愤怒沉浸		0.25	0.06	98.16	0.08	9.91***
校园欺凌	常量	44.81					
	愤怒沉浸		0.43	0.19	350.47	0.05	18.72***
校园欺凌	常量	49.39					
	事后愤怒		0.41	0.17	303.60	0.15	17.42***
校园欺凌	常量	44.47					
	报复想法		0.45	0.20	391.17	0.25	19.78***
校园欺凌	常量	51.70					
	愤怒记忆		0.36	0.13	233.96	0.19	15.30***
校园欺凌	常量	49.15					
	理解原因		0.39	0.15	272.60	0.23	16.51***

注：***$p<0.001$，**$p<0.01$，*$p<0.05$

六、中介效应检验及模型

依据温忠麟和叶宝娟（2014）提出的中介效应检验流程，采用偏差校正的非参数百分位Bootstrap法检验中介效应。

第一步，检验系数c，若显著，按中介效应立论；若不显著，按遮掩效应立论；

第二步，检验系数a和b，若两个都显著，间接效应显著，若其中一个不显著，进行下一步；

第三步，用Bootstrap检验间接效应的显著性，若不显著，停止分析；

第四步，检验系数c'，若不显著则直接效应不显著，说明只有中介效应。若显著，则直接效应显著；

第五步，比较ab和c'的符号，若同号，属于部分中介效应；若异号，属于遮掩效应[1]。

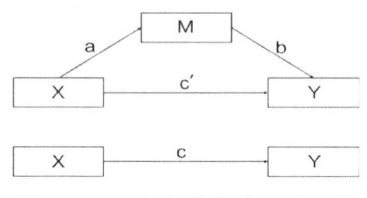

图8-4-1 中介效应检验原理图

（一）敌意归因偏向及维度的中介效应检验

1.敌意归因偏向在情绪调节自我效能感与校园欺凌间的中介效应检验

由表8-4-14可知，在中介效应检验程序的第五步，ab与c'同号，部分中介效应显著，中介效应占总效应的比例为5.92%，则敌意归因偏向在情绪调节自我效能感与校园欺凌间存在显著的部分中介作用。

表8-4-14 敌意归因偏向在情绪调节自我效能感与校园欺凌间的中介效应检验

中介效应检验程序				
第一步	SEc=0.056	tc=-11.386***	c=-0.280	c显著，中介效应立论
第二步	SEa=0.079	ta=-2.877**	a=-0.073	a和b显著，间接效应显著
	SEb=0.018	tb=9.499***	b=0.227	
第三步	Effect=-0.038	BootSE=0.015	间接效应显著	
	BootLLCI=-0.072	BootULCI=-0.013		
第四步	Sec'=0.055	tc'=-10.985***	c'=-0.263	c'显著，直接效应显著
第五步	a=-0.073	b=0.227	c'=-0.263	ab与c'同号，部分中介效应显著

注：***$p<0.001$，**$p<0.01$，*$p<0.05$

---

[1] 温忠麟，叶宝娟. 中介效应分析：方法和模型发展[J]. 心理科学进展，2014，22（05）：731-745.

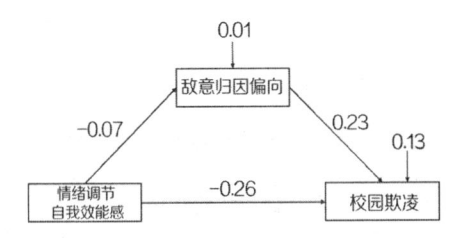

图8-4-2　敌意归因偏向在情绪调节自我效能感与校园欺凌间的中介模型

2.敌意归因在情绪调节自我效能感与校园欺凌间的中介效应检验

由表8-4-15可知，在中介效应检验程序的第五步ab与c′同号，部分中介效应显著，中介效应占总效应的比例为11.38%，则敌意归因在情绪调节自我效能感与校园欺凌间存在显著的部分中介作用。

表8-4-15　敌意归因在情绪调节自我效能感与校园欺凌间的中介效应检验

\multicolumn{4}{c}{敌意归因在情绪调节自我效能感与校园欺凌间的中介效应检验}
第一步	SEc=0.056	tc=−11.386***	c=−0.280	c显著，中介效应立论
第二步	SEa=0.042	ta=−4.386***	a=−0.111	a和b显著，间接效应显著
	SEb=0.033	tb=12.161***	b=0.287	
第三步	Effect=−0.0732	BootSE=0.020	\multicolumn{2}{c}{间接效应显著}
	BootLLCI=−0.1170	BootULCI=−0.0386		
第四步	Sec′=0.054	tc′=−10.491***	c′=−0.248	c′显著，直接效应显著
第五步	a=−0.111	b=0.287	c′=−0.248	ab与c′同号，部分中介效应显著

注：***$p<0.001$，**$p<0.01$，*$p<0.05$

图8-4-3　敌意归因在情绪调节自我效能感与校园欺凌间的中介模型

3.善意归因在情绪调节自我效能感与校园欺凌间的中介效应检验

由表8-4-16情绪调节自我效能感对善意归因的预测作用不显著，使用偏差校正的非参数百分位Bootstrap程序检验间接效应，间接效应在95%的置信区间内包含0，间接效应不显著，即停止分析，则善意归因在情绪调节自我效能感与校园欺凌间的中介效应不显著。

表8-4-16 善意归因在情绪调节自我效能感与校园欺凌间的中介效应检验

中介效应检验程序				
第一步	SEc=0.056	tc=-11.386***	c=-0.280	c显著，中介效应立论
第二步	SEa=0.051	ta=-0.848	a=-0.022	a不显著，b显著
	SEb=0.028	tb=4.768***	b=0.116	
第三步	Effect=-0.0058	BootSE=0.0071	包含0，间接效应不显著	
	BootLLCI=-0.0211	BootULCI=0.0076		
停止分析				
善意归因在情绪调节自我效能感与校园欺凌间的中介效应不显著				

注：***$p<0.001$，**$p<0.01$，*$p<0.05$

（二）愤怒沉浸及维度的中介效应检验

1.愤怒沉浸在情绪调节自我效能感与校园欺凌间的中介效应检验

由表8-4-17可知，在中介效应检验程序的第五步ab与c′同号，部分中介效应显著，中介效应占总效应的比例为40.66%，则愤怒沉浸在情绪调节自我效能感与校园欺凌间存在显著的部分中介作用。

表8-4-17 愤怒沉浸在情绪调节自我效能感与校园欺凌间的中介效应检验

中介效应检验程序				
第一步	SEc=0.056	tc=-11.386***	c=-0.280	c显著，中介效应立论
第二步	SEa=0.025	ta=-12.205***	a=-0.298	a和b显著，间接效应显著
	SEb=0.054	tb=16.072***	b=0.382	
第三步	Effect=-0.3790	BootSE=0.0365	间接效应显著	
	BootLLCI=-0.3376	BootULCI=-0.1955		
第四步	Sec′=0.054	tc′=-6.960***	c′=-0.166	c′显著，直接效应显著
第五步	a=-0.298	b=0.382	c′=-0.166	ab与c′同号，部分中介效应显著

注：***$p<0.001$，**$p<0.01$，*$p<0.05$

第八章 中介效应的应用

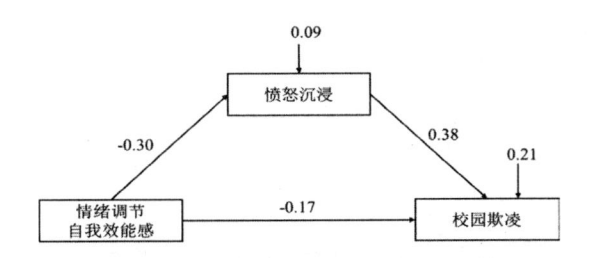

图8-4-4 愤怒沉浸在情绪调节自我效能感与校园欺凌间的中介模型

2.事后愤怒在情绪调节自我效能感与校园欺凌间的中介效应检验

由表8-4-18可知，在中介效应检验程序的第五步ab与c'同号，部分中介效应显著，中介效应占总效应的比例为36.99%，则事后愤怒在情绪调节自我效能感与校园欺凌间存在显著的部分中介作用。

表8-4-18 事后愤怒在情绪调节自我效能感与校园欺凌间的中介效应检验

中介效应检验程序				
第一步	SEc=0.056	tc=-11.386***	c=-0.280	c显著， 中介效应立论
第二步	SEa=0.009 SEb=0.154	ta=-11.890*** tb=14.822***	a=-0.291 b=0.356	a和b显著， 间接效应显著
第三步	Effect=-0.2368 BootLLCI=-0.3101	BootSE=0.0332 BootULCI=-0.1796		间接效应显著
第四步	Sec'=0.055	tc'=-7.335***	c'=-0.176	c'显著， 直接效应显著
第五步	a=-0.291	b=0.356	c'=-0.176	ab与c'同号， 部分中介效应显著

注：***$p<0.001$，**$p<0.01$，*$p<0.05$

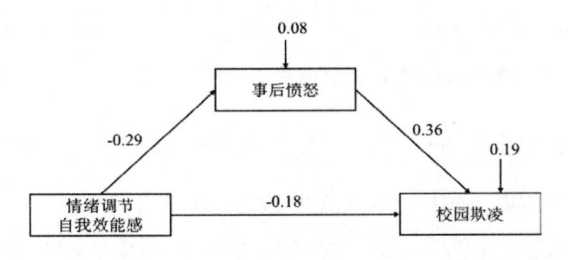

图8-4-5 事后愤怒在情绪调节自我效能感与校园欺凌间的中介模型

- 199 -

3.报复想法在情绪调节自我效能感与校园欺凌间的中介效应检验

由表8-4-19可知，在中介效应检验程序的第五步ab与c′同号，部分中介效应显著，中介效应占总效应的比例为44.91%，则报复想法在情绪调节自我效能感与校园欺凌间存在显著的部分中介作用。

表8-4-19 报复想法在情绪调节自我效能感与校园欺凌间的中介效应检验

中介效应检验程序				
第一步	SEc=0.056	tc=−11.386***	c=−0.280	c显著，中介效应立论
第二步	SEa=0.005	ta=−12.837***	a=−0.312	a和b显著，间接效应显著
	SEb=0.255	tb=17.019***	b=0.403	
第三步	Effect=−0.2879	BootSE=0.0393	间接效应显著	
	BootLLCI=−0.3711	BootULCI=−0.2167		
第四步	Sec′=0.054	tc′=−6.487***	c′=−0.154	c′显著，直接效应显著
第五步	a=−0.312	b=0.403	c′=−0.154	ab与c′同号，部分中介效应显著

注：***$p<0.001$，**$p<0.01$，*$p<0.05$

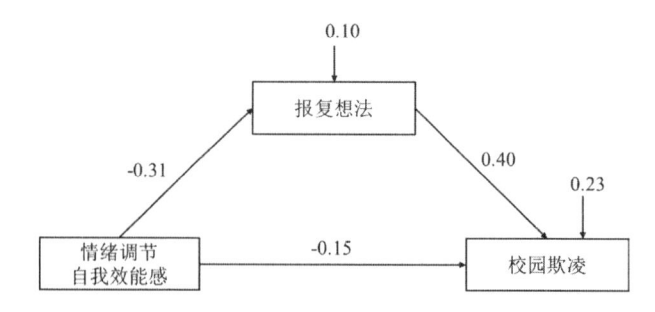

图8-4-6 报复想法在情绪调节自我效能感与校园欺凌间的中介模型

4.愤怒记忆在情绪调节自我效能感与校园欺凌间的中介效应检验

由表8-4-20可知，在中介效应检验程序的第五步ab与c′同号，部分中介效应显著，中介效应占总效应的比例为29.64%，则愤怒记忆在情绪调节自我效能感与校园欺凌间存在显著的部分中介作用。

表8-4-20 愤怒记忆在情绪调节自我效能感与校园欺凌间的中介效应检验

\multicolumn{4}{c	}{中介效应检验程序}	
第一步	SEc=0.056	tc=-11.386***	c=-0.280	c显著，中介效应立论
第二步	SEa=0.007	ta=-10.789***	a=-0.266	a和b显著，间接效应显著
	SEb=0.192	tb=12.894***	b=0.312	
第三步	Effect=-0.1899	BootSE=0.0294	\multicolumn{2}{c	}{间接效应显著}
	BootLLCI=-0.2570	BootULCI=-0.1398		
第四步	Sec'=0.055	tc'=-8.125***	c'=-0.197	c'显著，直接效应显著
第五步	a=-0.266	b=0.312	c'=-0.197	ab与c'同号，部分中介效应显著

注：***$p<0.001$，**$p<0.01$，*$p<0.05$

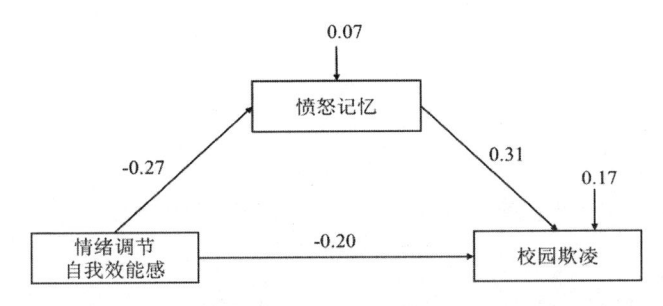

图8-4-7 愤怒记忆在情绪调节自我效能感与校园欺凌间的中介模型

5.理解原因在情绪调节自我效能感与校园欺凌间的中介效应检验

由表8-4-21可知，在中介效应检验程序的第五步ab与c'同号，部分中介效应显著，中介效应占总效应的比例为28.58%，则理解原因在情绪调节自我效能感与校园欺凌间存在显著的部分中介作用。

表8-4-21 理解原因在情绪调节自我效能感与校园欺凌间的中介效应检验

\multicolumn{4}{c	}{中介效应检验程序}	
第一步	SEc=0.056	tc=-11.386***	c=-0.280	c显著，中介效应立论
第二步	SEa=0.006	ta=-9.418***	a=-0.234	a和b显著，间接效应显著
	SEb=0.234	tb=14.443***	b=0.342	

续表

中介效应检验程序				
第三步	Effect=-0.18349	BootSE=0.0289	间接效应显著	
	BootLLCI=-0.2471	BootULCI=-0.1340		
第四步	Sec'=0.054	tc'=-8.416***	c'=-0.199	c'显著， 直接效应显著
第五步	a=-0.234	b=0.342	c'=-0.199	ab与c'同号， 部分中介效应显著

注：***$p<0.001$，**$p<0.01$，*$p<0.05$

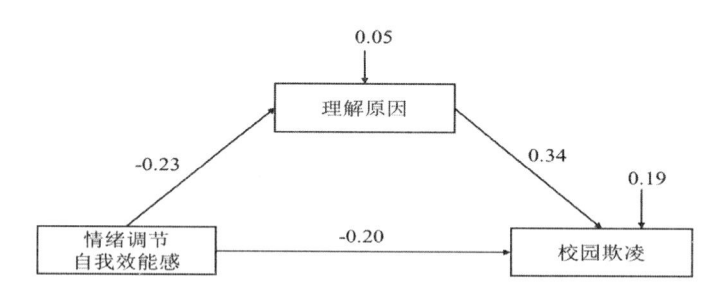

图8-4-8 理解原因在情绪调节自我效能感与校园欺凌间的中介模型

6.愤怒沉浸及潜变量的中介效应检验

使用Mplus8.0对愤怒沉浸及其四个维度进行中介效应检验，结果显示，χ^2/df=7.92，RMSEA=0.067，CFI=0.991，TLI=0.984，整体模型拟合度较差。由于报复想法（0.569）的载荷系数较差，小于0.6，因此在新模型中将移除报复想法这一维度。新模型的结果显示，模型拟合指数可接受，如表8-4-22和下排图8-4-9所示。

表8-4-22 新模型的模型拟合指数

	χ^2	df	χ^2/df	RMSEA	CFI	TLI	SRMR
拟合指数	10.476	4	2.619	0.033	0.998	0.996	0.008

第八章　中介效应的应用

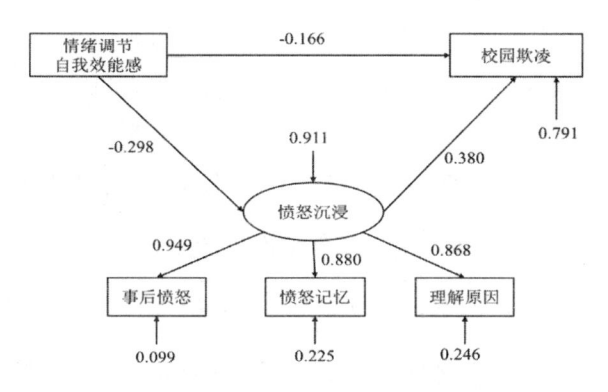

图8-4-9　新模型的中介模型图

（三）中介效应依次检验结果

敌意归因偏向、敌意归因、愤怒沉浸、事后愤怒、报复想法、愤怒记忆和理解原因在情绪调节自我效能感与校园欺凌之间存在部分中介作用；善意归因在情绪调节自我效能感与校园欺凌间没有显著的中介效应。

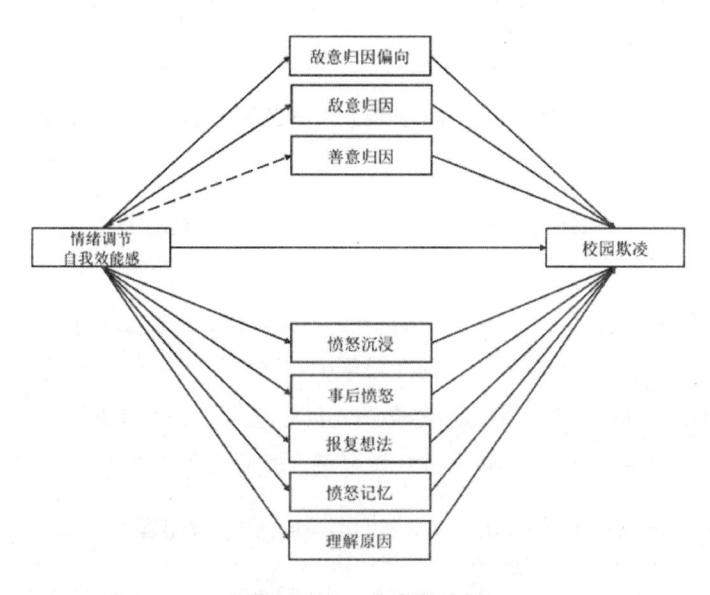

图8-4-10　中介效应图

七、链式中介效应检验及模型

对简单中介效应进行检验后，可知敌意归因偏向、愤怒沉浸在情绪调节自我效能感与校园欺凌之间存在简单中介效应，为了探究这四者之间的链式中介作用,在一元线性回归与简单中介效应的基础上,使用Amos24.0、Mplus8.0和PROCESS进行链式中介模型的打包、生成和检验。由于四个量表的数据的正态分布情况较差,为了验证链式中介模型,采用平衡法对每个量表的题项进行打包,以此缩小组间差异[①]。打包结果如表8-4-23所示。

表8-4-23　各变量的打包情况

	打包1	打包2	打包3
情绪调节自我效能感	17/11/9/2/6	13/14/12/8/1/4	15/16/10/7/3/5
校园欺凌 B:《欺凌者量表》 C:《被欺凌者量表》	B17/B22/B19/B15/B29/ B7/B16/B6/C29/C23/C21/C27/B9/C16/C25/B1/C8/B10/C10	B30/B18/B28/B26/C22/B4/C4/C20/C24/C28/B2/B25/C26/C1/C15/C17/C12/C9/C11/C2	B20/B23/B21/B24/B14/B3/C6/B5/B13/C5/B8/C3/C7/C27/C18/C19/C14/B12/C13/B11
敌意归因偏向	25/17/29/20/31/28/6/2/21/22/19	10/27/30/14/4/26/15/11/3/24/16	9/18/23/7/1/5/8/32/13/12
愤怒沉浸	19/7/15/2/1/12/11	9/8/14/17/16/6	3/5/18/10/4/13

（一）愤怒沉浸和敌意归因偏向在情绪调节自我效能感与校园欺凌间的中介作用

使用Mplus8.0构建链式中介模型,情绪调节自我效能感作为自变量,校园欺凌作为因变量,愤怒沉浸和敌意归因偏向作为中介变量,路径分析发现,情绪调节自我效能感与敌意归因偏向的路径不显著（情绪调节自我效能感—敌意归因偏向的路径不显著）,则在模型中移除。链式中介模型见图8-4-11。

由表8-4-24显示,模型拟合指数 $\chi^2/df=3.06$,RMSEA=0.037,CFI=0.996,TLI=0.994,SRMR=0.017,均符合统计学要求,模型拟合度可接受。

表8-4-24　愤怒沉浸和敌意归因偏向为中介的模型拟合指数

	χ^2	df	χ^2/df	RMSEA	CFI	TLI	SRMR
拟合指数	146.865	48	3.06	0.037	0.996	0.994	0.017

---

① 吴艳,温忠麟.结构方程建模中的题目打包策略[J].心理科学进展,2011,19(12):1859-1867.

随后采用偏差校正的非参数百分位Bootstrap法进行模型的验证，计算95%的置信区间，如表8-4-25所示，敌意归因偏向在情绪调节自我效能感与校园欺凌之间的95%置信区间包含0，这条中介路径并不显著，这与Mplus8.0生成的中介模型图的结果一致。愤怒沉浸在情绪调节自我效能感与校园欺凌间的中介效应95%的置信区间不包含0，中介效应显著。愤怒沉浸和敌意归因偏向在情绪调节自我效能感与校园欺凌之间的链式中介效应95%的置信区间不包含0，因此，链式中介效应显著。

表8-4-25 各路径Bootstrap检验结果的效应量和置信区间

路径	效应量	95%CI
情绪调节自我效能感→校园欺凌	−0.379	−0.484~ −0.274
情绪调节自我效能感→愤怒沉浸→校园欺凌（ind1）	−0.236	−0.305~ −0.176
情绪调节自我效能感→敌意归因偏向→校园欺凌（ind3）	−0.000	−0.020~0.019
情绪调节自我效能感→愤怒沉浸→敌意归因偏向→校园欺凌（ind2）	−0.025	−0.040~ −0.015
C1（ind1—ind2）	−0.211	−0.275~ −0.156
C2（ind1—ind3）	−0.236	−0.309~ −0.171
C3（ind2—ind3）	−0.025	−0.054~ −0.003

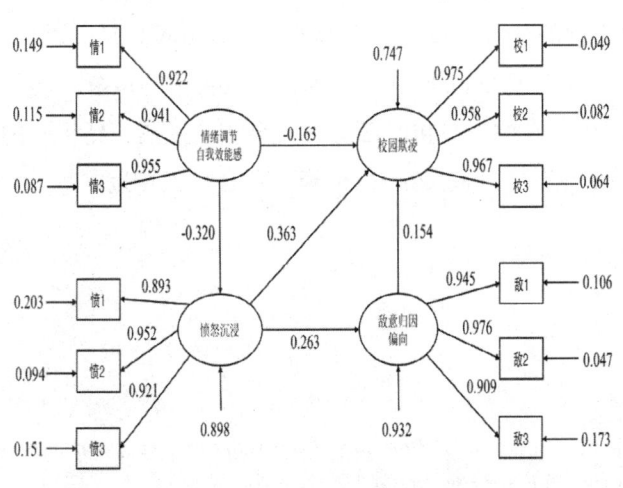

图8-4-11 愤怒沉浸和敌意归因偏向的中介模型图

（注：情1、情2、情3等均为题项打包组）

（二）敌意归因偏向和愤怒沉浸在情绪调节自我效能感与校园欺凌间的中介作用

使用Mplus8.0构建链式中介模型，情绪调节自我效能感作为自变量，校园欺凌作为因变量，敌意归因偏向和愤怒沉浸作为中介变量。路径分析发现，模型所有路径均显著。链式中介模型见图8-4-11。

由表8-4-26显示，模型拟合指数χ^2/df=3.06，RMSEA=0.037，CFI=0.996，TLI=0.994，SRMR=0.017，均符合统计学要求，模型拟合度可接受。

表8-4-26 愤怒沉浸和敌意归因偏向为中介的模型拟合指数

	χ^2	df	χ^2/df	RMSEA	CFI	TLI	SRMR
拟合指数	146.865	48	3.06	0.037	0.996	0.994	0.017

随后采用偏差校正的非参数百分位Bootstrap法进行模型的验证，计算95%的置信区间，如表8-4-27所示，所有的中介路径95%的置信区间都不包含0，所有中介路径都显著，这与中介模型图（图8-4-12）的结果一致。因此，敌意归因偏向和愤怒沉浸在情绪调节自我效能感与校园欺凌之间的链式中介效应显著。

由于打包法平衡了题目独特成分之间的关系，每组之间的负荷和方差相差不大，因此模型的共线性较高，模型拟合指数也较高且接近1。另外题目打包也验证了班达洛斯（Bandalos）和芬尼（Finney）的提醒，题目打包的确会提升模型的拟合度[1]。题目打包时部分误差会相互抵消，新指标的测量误差相对变小[2]，因此，表7-1-1和表7-2-1的模型拟合指数相近。

---

[1] Bandalos D, Finney S J. *Item parceling issue in structural equation modeling. G.A.Marcoulides* [J]. R.E.Schumacker,2001.269-296.

[2] Masaki Matsunaga. *Item Parceling in Structural Equation Modeling: A Primer* [J]. Communication Methods and Measures,2008,2(4).

表8-4-27 各路径Bootstrap检验结果的效应量和置信区间

路径	效应量	95%CI
情绪调节自我效能感→校园欺凌	−0.379	−0.484~−0.274
情绪调节自我效能感→敌意归因偏向→校园欺凌（ind1）	−0.025	−0.049~−0.009
情绪调节自我效能感→愤怒沉浸→校园欺凌（ind3）	−0.223	−0.295~−0.168
情绪调节自我效能感→敌意归因偏向→愤怒沉浸→校园欺凌（ind2）	−0.013	−0.025~−0.005
C1（ind1—ind2）	−0.012	−0.030~−0.003
C2（ind1—ind3）	0.198	0.139~0.268
C3（ind2—ind3）	0.209	0.156~0.277

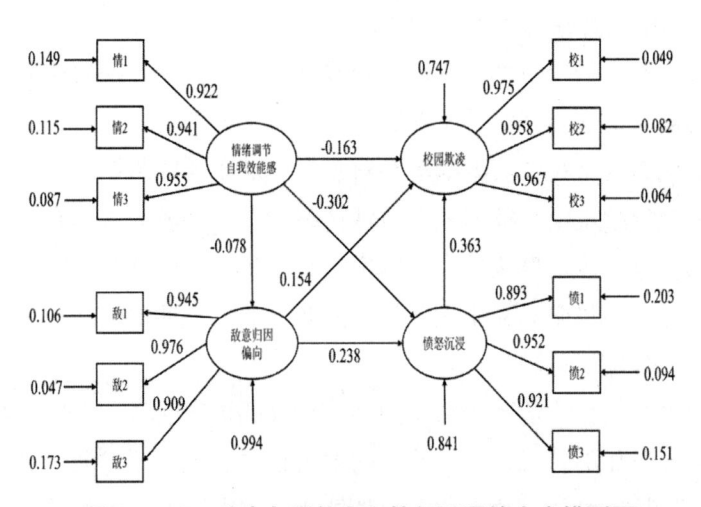

图8-4-12 敌意归因偏向和愤怒沉浸的中介模型图

（注：情1、情2、情3等均为题项打包组）

第五节 分析与讨论

一、各变量的整体状况分析

研究结果表明，在初中生的情绪调节自我效能感总体水平上，项目均分高于理论中值，说明初中生的情绪调节自我效能感，处于中等偏上水平，情况较好，这与朱萦（2020）的研究结果一致。校园欺凌的项目均值远低于理论中值，表明本研究样本的初中生校园欺凌的总体情况较好。敌意归因偏向及维度和愤怒沉浸及维度的项目均值均低于中间值，其中善意归因的项目均值高于敌意归因，表明本研究样本中初中生的善意归因略好，敌意归因水平也较低。

快乐和自豪因子的项目均分高于愤怒、沮丧和内疚因子，初中生的积极情绪调节自我效能感，要优于消极情绪调节自我效能感。初中生管理积极情绪的自信水平明显较好，管理消极情绪的自信水平相对较差，初中生的年龄阶段处于青春期的过渡阶段，升学压力及生理变化和心理冲突，情绪呈现两极化的状态，自信愉悦与低沉沮丧交替，言语行为较为冲动，在一定程度的应激下容易产生攻击行为。因此，积极与消极的情绪调节自我效能感的均值水平佐证了初中生青春期的这一特征。

传统言语欺凌的项目均分远高于校园欺凌和其他维度，表明初中生的言语欺凌情况较多，这与张倩婷（2021）研究结果一致。初中生日常的言语谩骂及讥笑嘲讽较为常见，言语欺凌相对于身体欺凌和网络欺凌等消耗较少，寥寥数语在一定程度上就能够发泄负性情绪，是一种较为直接和"便利"的欺凌方式，所以，言语欺凌的发生频率较高。初中生的社交环境主要集中于校园，基于空间的局限，初中生在校时间要长于网上冲浪时间，传统欺凌的项目均分高于网络欺凌同步了这一特点。

善意归因的项目均值高于敌意归因，但都低于中间值。上述提及初中生的情绪具有两极化的特征，初中阶段的学生独立意识开始发展，世界观与价值观经自身成长环境的潜移默化，负性情绪的增多影响初中生的敌意归因，对于同一事件的归因呈现两极化，总体来说初中生的善意归因水平要高于敌意归因水平，这与大部分学者的研究结果一致。

理解原因维度的项目均值高于愤怒沉浸及其他维度的项目均分，说明初中生的对愤怒事件的反刍主要集中于对事件发生发展的原因理解。青春期的孩子具有"成人感"，从心理上评价并给予自己较高的成熟度，认为自己的认知和行为已经到达成人水准，因此对于日常生活事件发生的反刍多为进行适当的思虑，理解事件发生的背景及原因。

二、各变量在人口学上的差异分析

（一）各变量在性别上的差异分析

初中生情绪调节自我效能感，在性别上具有显著差异，男生在情绪调节自我效能感上，明显要优于女生，男生的消极情绪调节自我效能感好于女生，这与过往学者研究结果一致。这一结果与男女生的性格、思维和认知风格等的差异有关，女生处事心思细腻，对待挫折事件和问题易产生负性情绪，例如愤怒、沮丧、内疚等情绪。男生的思维方式偏向理性，对待事物发展更具有乐观心态。因此，男生管理消极情绪自我效能感的水平要高于男生。

初中生校园欺凌在性别上具有显著差异，男生显著高于女生，这与过往学者的研究结果一致。其中男生的传统身体欺凌极其显著高于女生（t=4.55，p<0.001）。青春期的孩子情绪呈现两极化的状态，极易产生冲动情绪，研究证实，男生的攻击行为显著高于女生，敌意攻击和身体攻击最显著，因此男生的身体欺凌较为显著。

敌意归因偏向在性别上没有显著差异。男女生的敌意归因偏向在已有研究中呈现显著差异[1]，这与过往研究出现不一致的情况。本研究中的初中生的敌意归因偏向水平较低，或被试在测量问卷时存在一定的遮掩。在善意归因维度上，女生的得分显著高于男生，但敌意归因维度男女生没有显著差异。

愤怒沉浸在性别上没有显著差异。研究证明初中生的愤怒沉思在性别上没有显著差异。因为，初中男女生在对待愤怒事件都具有一定的沉思，都会对特定生活情境下的愤怒事件进行思考与琢磨。

（二）各变量在年级上的差异分析

情绪调节自我效能感在年级上有显著差异，其中消极维度、沮丧和内疚因子在年级上具有极其显著的差异，初二的情绪调节自我效能感水平，显著高于初三，初三的水平显著高于初一。初一学生还处在学校适应的阶段，他们的思维和认知还处于小学阶段的程度，对于情绪的处理与思量还较幼稚，

---

[1] 庄子运．父母心理控制与青少年攻击性：敌意归因偏见的中介作用[J]．青少年学刊，2020（02）：54-58.

相较之下，对比初二和初三学生的情绪调节自我效能感，显然还是低水平的；初二和初三的学生经历了学校适应阶段，他们的思维认知、处理情绪能力和情感反应随着年龄增长、知识进益和生活经验的积累，情绪调节自我效能感水平也随之提升，但是初三学生面临中考压力，存在考试焦虑等负性情绪，学业情绪较消极，因此初三的情绪调节自我效能感水平低于初二。

传统言语欺凌在年级上有显著差异，初三情况显著严重于初一，初一显著比初二严重。初三学生面临升学压力，同伴之间的言语交流在释放压力缓解焦虑的同时，可能存在负性言语的攻击。另外初三学生随着学校生活和同伴关系的熟悉，也存在言语戏谑性质的对话，因此初三的传统言语欺凌得分较高。初一学生仍处于学校适应阶段，小学阶段的思维方式仍部分存留，另外，新鲜的校园生活的冲击以及新的同伴关系的建立，初一学生还具有"初生牛犊不畏虎"的基本特征。然而初二学生经历过学校适应，建立了学校的权威感和社会生活的规则感，同伴关系及友谊逐渐趋于稳固，因此初二的传统言语欺凌水平要低于初一。

敌意归因偏向在年级上没有显著差异，个体的敌意归因偏向受个性心理、社会生活经验和家庭教养方式等影响，因此年级差异不显著。

愤怒沉浸、理解原因和愤怒记忆在年级上有显著差异。初二在愤怒沉浸和愤怒记忆上，得分要高于初三，初三程度要高于初一。初一学生正处于学校适应的关键期，忙碌于新校园生活，新的知识体系和人际关系，对于引起愤怒的事件能够产生一定的反刍，但更多忙于自身的学校适应。初三学生的学业压力使得大部分精力集中于学业成绩上，因而初一和初三的程度较低。初二在理解原因上，水平高于初一，初一的情况好于初三。初三学生历时两年之久的学业生涯，心理适应力上较之成熟于其他两个年级，遭遇挫折和愤怒事件，能够较理性地理解原因，内心有较好自洽能力，因此得分较低。初一学生刚刚踏入校园，在言行等方面受到新的约束和限制，人际关系仍处于初始阶段，理解原因方面思虑简单，因此得分也较低。

（三）各变量在是否独生子女上的差异分析

在是否独生子女上，各变量无显著差异，这与过往研究有些出入，例如宁雅舟（2017）的研究结果显示，独生子女的情绪调节自我效能感水平，要优于非独生子女。在本研究中有35.90%的学生是独生子女，近些年来随着国家二胎政策、三胎政策的实施，在教师和家长的积极引导下，孩子对于新生家庭成员的接受度提升，多孩家庭趋于常态，因此独生子女在各变量上没有显著差异。

（四）各变量在是否担任班干部上的差异分析

是否担任班干部，在情绪调节自我效能感上有显著差异，进一步验证过往验结果。班干部在班级内的职责是协助班主任管理班级事务，起到模范带头作用，因此班干部良好的情绪调节自我效能感至关重要，因此班干部的情绪调节自我效能感水平要高于其他同学。

是否担任班干部在校园欺凌上有显著差异，班干部的言行举止接受教师的指导，其他同学的监督和自我的约束，因此班干部在校园欺凌上得分低于其他同学。

是否担任班干部在敌意归因偏向上有显著差异，得分高于其他同学。班干部在班级的管理上既要理性，又存在一定的敏感性，班干部服务于教师和全体同学，难免出现无法顾及全面的情势，班干部在一定程度上较其他同学更加敏感，因此敌意归因偏向的总分较高。但在善意归因维度上，班干部的得分显著高于其他同学，说明班干部在处理班级事务和同伴关系时是十分理智的。

是否担任班干部在愤怒沉浸上没有显著差异，这表明对于初中生无论何种身份都存在对愤怒事件的反刍和沉思。

三、变量间的相关和回归分析

（一）情绪调节自我效能感与校园欺凌的相关及回归分析

情绪调节自我效能感总分，极其显著的负相关于校园欺凌总分，且情绪调节自我效能感对校园欺凌，有极其显著的负向预测。这表明初中生对自身发生在生活中的某些事件或动作之前的，调节自身情绪能力的预判，能够影响到其在同伴中校园欺凌的。

（二）情绪调节自我效能感与敌意归因偏向的相关及回归分析

情绪调节自我效能感与敌意归因偏向和敌意归因维度有非常显著的负

相关，情绪调节自我效能感能够极其显著的负向预测敌意归因偏向和敌意归因维度。有研究指出情绪调节能力的提升促使敌意归因程度的降低。初中生对自身情绪调节能力有较高的期望，就会在一定程度上削弱敌意归因偏向水平。

（三）情绪调节自我效能感与愤怒沉浸的相关及回归分析

情绪调节自我效能感极其显著的负相关于愤怒沉浸，情绪调节自我效能感对愤怒沉浸，有极其显著的负向预测，这一结果更加确认了已有研究，愤怒冗思会导致个体情绪抑制控制变差。反之，良好的情绪自我把控会降低愤怒沉浸水平。

（四）敌意归因偏向与校园欺凌的相关及回归分析

敌意归因偏向与校园欺凌呈现极其显著的正相关，敌意归因偏向能够极其显著的正向预测校园欺凌。研究者曾证明敌意归因与欺负行为显著正相关，这也一定程度证实了两者关系。外国学者盖伊·亚历克萨（Guy Alexa）等人的研究同时也进阶承认，青少年的敌意偏见可能会增加同伴受害或欺凌的风险。初中生给予他人过度的敌意判断，会增加校园欺凌的可能性。善意归因与校园欺凌存在非常显著的正相关，这说明初中生善意归因的水平越高，越可能增加被欺凌的风险。

（五）愤怒沉浸与校园欺凌的相关及回归分析

愤怒沉浸与校园欺凌有极其显著的正相关关系，愤怒沉浸对校园欺凌，有极其显著的正向预测，初中生的愤怒沉浸程度越深，越有极大可能增强其愤怒情绪，继而增加校园欺凌的发生概率。

（六）敌意归因偏向与愤怒沉浸的相关及回归分析

敌意归因偏向与愤怒沉浸间有极其显著的正相关关系，敌意归因偏向能够极其显著的正向预测愤怒沉浸，愤怒沉浸对敌意归因偏向也有极其显著的正向预测作用，这与王月月（2018）的研究结果有相似之处，她的研究结果中敌意归因偏向能够正向预测半年后的愤怒沉浸情况。说明初中生对他人的敌意归因越强，其愤怒沉浸的程度越深，反之，初中生越是对愤怒事件反复思虑的时间越长，就会产生越深的敌意判断。

四、中介效应分析

（一）敌意归因偏向在情绪调节自我效能感与校园欺凌间的中介效应分析

为验证假设2，在一元线性回归的基础上，使用Bootstrap检验间接效应的显著性。为了深入验证分析情绪调节自我效能感与校园欺凌间的作用机制，将敌意归因偏向、敌意归因和善意归因分别进入情绪调节自我效能感与校园欺凌之间进行中介效应的依次检验。善意归因在情绪调节自我效能感与校园欺凌间不存在显著的中介效应。一元线性回归的结果显示，情绪调节自我效能感对善意归因不存在显著的预测作用。说明初中生有效调节自身情绪状况的自信水平，并不能强有力地影响到初中生的善于归因水平，但能有效地降低初中生的敌意归因水平，当初中生削弱了对他人行为的敌意判断，能够极大程度降低初中生校园欺凌发生的可能性。另外，虽然初中生良好的情绪调节自我效能感，不能有效地影响善意归因，但初中生的善意归因的水平越高，越增加了初中生在校园环境中被欺凌的可能性。

（二）愤怒沉浸在情绪调节自我效能感与校园欺凌间的中介效应分析

将愤怒沉浸及其四个维度分别进入情绪调节自我效能感与校园欺凌间进行中介效应的依次检验，愤怒沉浸及其四个维度在情绪调节自我效能感与校园欺凌之间有显著的中介效应。情绪调节自我效能感对愤怒沉浸及其四个维度均具有极其显著的负向预测作用，愤怒沉浸及其四个维度对校园欺凌，有极其显著的正向预测。说明初中生越是对情绪调节能力的信念预判良好，越能够降低初中生的愤怒沉浸水平，越会减少对负性事件的反复思考，也会减少事后愤怒的沉思，降低报复想法出现的可能性，也会削弱对愤怒事件的记忆，在这个过程中也会缓释对愤怒事件原因的消极理解，进而削减了校园欺凌发生的可能性。

（三）愤怒沉浸及维度在情绪调节自我效能感与校园欺凌间的中介效应分析

在愤怒沉浸及其四个维度分别在情绪调节自我效能感与校园欺凌间的简单中介效应的基础上，对愤怒沉浸及其四个维度同时进入中介模型中进行检验，但模型拟合度并不好。检验每条路径的显著性，在各条路径均显著的情况下，由于报复想法的载荷系数较差，因此在模型中将这一维度移除，移除后的新模型各项指数均符合标准。反观愤怒沉浸及其四个维度与校园欺凌的相关性,报复想法与校园欺凌的相关系数最高,说明报复想法是愤怒沉浸在情绪调节自我效能感与校园欺凌间构成中介作用的至关重要的一个因子,因此,报复想法的相关系数最高,以至于可以独立成为一个重要的因子影响情绪调节自我效能感在校园欺凌间的作用。另外,上述中报复想法的中介效应占总效应的比例(44.91%)高于愤怒沉浸及另外三个维度,更加佐证了报复想法的中介效应最显著这一点。由此说明,初中生良好的情绪调节自我效能感能够有效地削弱初中生经历负性事件后的报复想法,这就大大降低了校园欺凌发生的可能性。

(四)愤怒沉浸和敌意归因偏向在情绪调节自我效能感与校园欺凌间的链式中介效应分析

为了验证假设3,为了更细致地探究,情绪调节自我效能感与校园欺凌之间的作用机制,在上述中介效应依次检验的基础上,进行愤怒沉浸和敌意归因偏向在情绪调节自我效能感与校园欺凌之间的链式中介效应检验。路径分析发现,情绪调节自我效能感与敌意归因偏向这一条路径不显著,移除这一条路径后,模型拟合度可接受,因此,形成了情绪调节自我效能感、愤怒沉浸、敌意归因偏向和校园欺凌之间的链式中介。分析产生这一结果的原因,依据社会信息加工模型和一般攻击模型中,人们会在实际的社会交往中爆发情绪并采取攻击行为,负性的事件后,个体的情绪、认知和生理唤醒等会保持当前情绪状态或持续演变并增强,影响个体下一步的判断与抉择,进而增加了攻击行为的可能性。根据这条链式中介路径,初中生提升情绪调节自我效能感的水平,提升自身调节情绪状况的自信水平,能够降低初中生的愤怒沉浸水平,减少其对负性生活事件的反复思考,进而降低初中生的敌意归因偏向水平,削弱其对他人行为的敌意判断,最后降低发生校园欺凌发生的风险。

(五)敌意归因偏向和愤怒沉浸在情绪调节自我效能感与校园欺凌间的链式中介效应分析

为了验证假设4,与假设3的操作步骤相同,有了简单中介效应依次检验的前期结果,进行了敌意归因偏向和愤怒沉浸,在情绪调节自我效能感与校园欺凌之间的链式中介效应检验。在路径分析时发现,每条路径都显著,模型拟合度均可接受，因此，形成了情绪调节自我效能感、敌意归因偏向、愤怒沉浸和校园欺凌之间的链式中介。同样依据社会信息加工模型和一般攻击模型，对这条链式中介进行解释，初中生拥有高层次的情绪调节自我效能感，就得以提升调节情绪能力的信念预判，这会降低初中生的敌意归因偏向水平，即削弱对他人行为的敌意解释，进而降低初中生在负性生活事件时的愤怒沉浸水平，减少对愤怒事件的反复思考次数，也减少了伴随的愤怒情绪记忆和报复想法，最后降低校园欺凌事件发生的可能性。

五、初中生情绪调节自我效能感、敌意归因偏向、愤怒沉浸与校园欺凌之间的关系

综上所述，若想降低初中生校园欺凌发生的可能性，可以通过提升初中生的情绪调节自我效能感的水平，这既能降低初中生敌意归因偏向水平，也能降低初中生的愤怒沉浸水平，这两者同时也能相互影响，都能缓解初中生的消极情绪状态，进而减少校园欺凌的发生。

第六节　结论与建议

一、研究结果及结论

1. 在性别上，男女生在情绪调节自我效能感及各维度因子和校园欺凌及各维度，存在显著差异。

2. 情绪调节自我效能感、消极维度、积极维度、内疚因子和沮丧因子在年级上，都呈现出初二得分显著高于初三、初一。在传统言语欺凌上，初三得分显著高于初一、初二。愤怒沉浸、愤怒记忆和理解原因上呈现出初二得分显著高于初三、初一。

3. 各变量在是否独生上，没有显著差异。

4. 在是否担任班干部上，情绪调节自我效能感及各维度因子、敌意归因偏向和善意归因上班干部得分要显著高于非班干部。班干部的校园欺凌及其维度的得分，要显著低于非班干部。

5. 各变量存在相关显著，有维度或因子存在部分不显著相关。

6. 敌意归因偏向、敌意归因、愤怒沉浸及四个维度分别在情绪调节自我效能感与校园欺凌间存在简单中介效应。

7. 敌意归因偏向和愤怒沉浸在情绪调节自我效能感与校园欺凌间存在链式中介效应；愤怒沉浸和敌意归因偏向在情绪调节自我效能感与校园欺凌间存在链式中介效应。

二、建议与对策

依据研究结果，良好的情绪调节自我效能感、较低的敌意归因偏向和愤怒沉浸水平，都会降低校园欺凌发生的可能性，在应对校园欺凌这个问题上，需要学校、家庭、学生个人乃至社会的共同努力和力量凝聚，由此提出以下几点教育建议及对策；

1. 学校加强对校园欺凌的监管力度，完善校规校纪及媒体监控等硬件设施，加强校园保卫制度；教师引导学生建立良好的同伴关系和师生关系，加强对心理健康教育课程的重视程度，引导学生建立正确的人生观和价值观，教会孩子合理处理消极情绪，学习积极的反刍思维和正确的归因方式。

2. 让父母重视家庭教育的意义，鼓励并尊重孩子的基础上，及时与孩子进行深入交流沟通，对孩子的校园生活有基本的了解，时常关心孩子的心境，教育引导子女的价值观，勇敢地站出来，不做欺凌者、被欺凌者和旁观者。

3. 学生要处理好师生关系和同伴关系，建立积极地人际关系，学会合理地处理消极情绪；提升自身的心理韧性，当校园欺凌发生时能够积极地面对及处理。

4. 加强对校园欺凌法律机制的监督与完善，净化社会环境与网络社交环境。

第九章 调节效应的应用

第一节 内外向在初中生友谊质量对自我概念的调节作用

初中阶段是儿童期向青年期的过渡阶段，初中阶段个体在身体方面的发育速度极快并且迅速成熟，但心理发展相对滞后，处在由幼稚依赖向成熟独立发展的过渡阶段，这种身体与心理发展的不均衡导致过渡阶段充满着矛盾，不会是平稳的过程。从个体角度来看，初中阶段经历着身体的三个改变：身体外形的变化、内在机能健全，性成熟。这些变化加之女生的初潮和男生的首次遗精对于个体的影响是非常深远的，此外初中生个体的思维更加抽象逻辑化，这些内外变化使得个体对于自我的知觉、评价发生了质的变化。而从初中生所处的环境来看，由于开始谋求独立，初中阶段个体与家庭矛盾增多，抵抗父母的监督和保护。有研究表明：在初中时期，儿子与母亲的冲突在增加，相互干涉的次数越来越多、儿子很少会听从母亲，在15—16岁时儿子对于家庭的影响力虽然不及父亲，但已经超过母亲（斯滕伯格（Steinberg））。在初中阶段的社交方面同伴的影响力在某些方面已经超越家长。

有研究发现社会支持系统的功能有社会支持、满意度、陪伴与亲密感、冲突和惩罚五个因素，对于中学生来说，同伴在满意度、陪伴与亲密感、冲突三个因素上给予个体的支持高于家长和教师（邹泓，1991）。这些个体身处环境的改变与自身变化交织在一起共同影响个体自我概念的发展，表现出了独特的阶段特点。有研究发现，小学阶段儿童的自我概念一直处于降低的水平，到了初中阶段更低，到15—16岁开始呈上升趋势，并且表现出性别差异性。以往的研究证实了自我概念的发展受到包括个体因素、环境因素和社会因素多层次的影响，因此，弄清这些因素的对自我概念的影响机制，是有必要的。

研究通过调查初中生学生人格特征、友谊质量和自我概念状况，探索人格特征和友谊质量对初中各个年级学生自我概念的影响和作用方式，最后给出建构积极自我概念，提高自我接纳程度的建议。

第二节 文献综述

一、核心概念界定

（一）人格特征

对于人格特征的研究是心理学中的一个重要分支，自弗洛伊德诞生的人格特征心理学，一直在努力揭开人格特征这个极具神秘色彩的概念的面纱。近代各个人格特征心理学流派在继承和批判弗洛伊德的理论的基础上提出了各自的理论，这些不同的观点提供了一个探索人的复杂性的丰富而令人兴奋的框架。现在普遍采用的教科书将人格特征定义为源于个体身上的稳定行为方式和内部过程。在这个概念中应该注意三点，第一人格特征是一个人稳定的行为方式，强调人格特征是稳定的，可以跨情景，长时间观察到的行为；第二点是内部过程，内部过程在人内部影响着个体怎样认知环境刺激，怎样调节自身情绪和动机；第三点需要注意的是虽然概念中强调的稳定行为和内部过程都是个体内部概念，但是人格特征还是会受到外部环境的影响，诸如父母的教养方式会对人格特征养成产生相当大的影响。

（二）友谊质量

布考斯基（Bukowski）和霍扎（Hoza）提出，友谊的层次模型，认为友谊第一层次为两两个体之间是否存在双向选择积极的情感关系即友谊，第二层次为拥有的相互认可的朋友数量，即友谊范围，第三层次为朋友之间提供的支持、陪伴或冲突水平，即友谊质量。国内学者扶跃辉认为，友谊是两个个体之间以忠诚和相互的情感为特征的亲密而又持久的关系（扶跃辉，2006），而友谊质量描述的是友谊关系的状态，是对个体间友谊关系好坏程度的评价（扶跃辉，2006）。友谊质量是指友谊关系的状态，友谊质量是指友谊的基本特征或性质［布考斯基（Bukowski，1998）］。邹泓等人（1998）针对中国研究结果，对帕克（Parker）和亚舍（Asher，1993）使用的友谊质量量表进行修订，抽取了5个因素，将冲突解决策略纳入帮助与支持维度，修订后的问卷包括帮助与支持、陪伴与娱乐、肯定价值、亲密袒露与交流、冲突与背叛五个维度，5个维度具有较好的内部一致性。万晶晶（2002）对邹泓改编的问卷进一步进行了探索性因素分析，结果自己的研究结果，确定了35题5维度（帮助陪伴、亲密交流、肯定价值、冲突背叛和信任尊重）的友谊质量问卷，这就是本研究使用的友谊质量量表。

（三）自我概念

威廉·詹姆斯一百多年前在其毕生心血巨著《心理学原理》中指出，"自我是认识宇宙的中心"，并首次提出了系统的自我概念的理论，认为自我概念是自己对自己的存在及其状态、特点等的观察和认识，是一种意识和心理的过程。

库利（1902）在《人类本性与社会秩序》中提到我们的自我是镜中我，即提出"镜像自我"的概念，指出自我知觉的内容，主要是通过与他人的相互作用这面镜子而获得的。个体间彼此互动，从他人的观点、评价中自我开导、自我感觉、自我态度。库利从社会学角度说明自我概念主要是在与他人的交往中构建出的。而另一位社会学家米德（Mider）也对自我概念进行了研究，得出自我在本质上是一种社会存在，个体的自我只有通过社会及其不断进行的互动过程才能产生和存在。并提出自我发展的三个阶段：个体的自我发展经历三个阶段：玩耍阶段、游戏阶段和概化他人阶段。

罗杰斯（Rogers）在运用"以来访者为中心"咨询的过程中，发现来访者倾向于使用自我来谈论自己的问题和态度，由此引发罗杰斯对于自我研究的兴趣，并从临床角度对自我概念进行探索。罗杰斯提出自我概念包括具有"我"之特性的一切想法、知觉及其价值，是个体现象场（phenomenal field）中与自身相联系的那部分知觉及其附着的意义，是个体看成"我"的那部分现象场，它是一个有组织的、一致的感知模式。所谓现象场，就是个体通过对世界进行知觉体验到自己，并对这些经历的事物赋予意义，由此就构成了个体的整个经验系统。此外，罗杰斯还区分出了理想我和现实我，所谓理想我就是指个体按一定社会要求对自己最希望成为什么样的人的总的观点，是他人为我们设定的或我们自己设想或期望成为的那个"我"。理想我与心理健康有着密切的关系，如果一个人的理想我与现实我差距过大，会造成诸如抑郁、压抑等的心理问题。

罗森伯格（Rosenberg）认为，自我概念就是个体对自我客体思想和情感的综合，包括生理条件，社会结构，作为社会行动者的自我，能力与潜能，兴趣与态度，作为个性品质的一些本质特征、内在思想、情感与态度。

马库斯（Markus）从认知的角度对自我概念进行了阐释。他认为，个体形成自我概念的方式和形成其他认知结构的方式一样，自我也应该被看作是一种认知结构或图示。这种自我图示（self-schemas）是关于自我的认知的概括，源于过去的经验，可以组织和知道个体社会经验中与自我有关的信息的加工。此外，马库斯还把自我分为了可能自我和动态自我，可能自我就是在未来想成为的自我和害怕成为的自我，动态自我就是在某一特定时刻的自我，所以马库斯认为自我概念是一个主动变化的过程。

沙维尔森（Shavelson，1976）提出，自我概念从广义上说就是一个人对他自己的认知，这些认知由对周围环境的经验和对于经验的解释组成，这些经验尤其容易被强化、重要他人的评价和对自身行为的归因所影响。

伯恩（Byrne，1986）认为，自我概念是人对自己的特长、能力、外表和社会接受性方面的态度、情感和知识的自我知觉，是个体把自己当作客体所做出的知觉，是人在内心深处对于自己形象和看法的评价。

现在脑神经科学证实脑干中的网状体激活系统将神经细胞活动投射到丘脑，然后扩散到整个大脑皮层，使人体保持激活状态，达到意识层面，这种脑神经活动是自我意识形成的基础。

黄希庭（1996）提出，自我概念是个体对自己所有方面的知觉，是一个多维度、有组织的结构，具有评价性且可以与其他人分开。

综上所述，对于自我概念各个研究者虽然没有形成统一的定义，但是自詹姆斯把自我意识分为主我与客我后，随后的研究者都把研究重点转向了对于客我的研究，强调社会性的发展、经验对于自我意识的影响，都认为自我概念是一种指向自身的认知过程，个体关于自身独特的特质特点的认知。自我概念的基础是认识到自己独立于周围的实体，并且开始弄清自己是什么。

二、国外研究现状

（一）国外关于人格特征的研究

特质流派认为，人格特征跨情境非常稳定，极少变化。所谓的特质即人格特征的各个维度，特质流派善于观察在某个维度高分的人的行为，以比较人与人的不同，但较少的设计行为的机制。特质学派的研究者奥尔波特和卡特尔强调对人格特征划分维度进行，划分的维度中包含了体现这一维度的词语。如奥尔波特认为，可以用5到10个词语作为个体人格特征的首要特质，卡特尔则利用因素分析法对人格特征进行降维，最后总结出大五人格特征（神经质性、亲和性、求新性、尽责性和外向性）。特质学派虽然使用实证的方法，但对于特质的划分没有统一标准，各持异见也是其受到诟病的地方。

生物学流派对于人格特征的研究注重遗传对于人格特征的影响，带来了新的研究角度。该流派的早期代表者汉斯·艾森克将人格特征划分为建立在生物基础上的三个维度（内外向、神经质和精神质）。该流派还对气质这一主要由遗传决定的心理学概念做了研究，提出了气质三维度模型（情绪性、活动性和交际性）。用自然选择概念来解释人格特征特点的发展和生存功能，但对于自然选择的这一概念很难进行直接验证，而且由于生物学流派经常使用生物学方法进行气质的实证研究，不同的实验结果使得生物学派研究者根据研究结果不断更改理论模型。

（二）国外关于友谊质量的研究

心理学中对于友谊的研究是儿童社会性发展的重点，友谊和同伴群体关系作为儿童的同伴关系的两大分类，在儿童心理的发展过程中的重要性是其他人际关系不能相提并论的。沙利文（Sullivan）相关的理论用同伴接纳衡量同伴群体关系并认为，同伴接纳指向群体，是单向结构，而友谊指向个体，是双向结构，即友谊质量的高低都会对个体产生好的和不好的影响。随着个体社会需要的不断发展与丰富，友谊和同伴接纳两者的相对重要性持续发生变化，在童年期，同伴群体接纳比友谊更重要，但是在青春期，友谊比同伴群体接纳的意义更大。儿童对社会行为和如何与他人相处的许多认识和技能，更多地在同伴交往中获得（朱智贤，2009）。而初中生正处在青春期前期，友谊对于个体的影响作用越来越重要。在青春期，个体朋友的数量会有小幅减少，但交往深度增加，朋友是青少年获得亲密感和社会支持的重要来源。伯恩特（Berndt，1996）研究发现，友谊发展存在性别差异，虽然男孩和女孩都强调朋友的陪伴、赞同和支持，但对于朋友的期望，女孩希望得到更多帮助，男孩希望平等交流，互相帮助。西尔（Seal）、帕克（Parker，1996）研究发现，男孩的友伴社会网络一般比女孩大，网络间的内在联系也比女孩多。

对于友谊质量的研究主要集中在维度的划分和程度的测量。弗曼（Furman）、比尔曼（Bierman，1984）年经过研究将友谊质量维度划分为热情亲密、冲突和关系排他；布考斯基（Bukowski，1989）将友谊质量维度划分为陪伴、秘密、冲突、帮助和亲密；帕克（Parker）和亚瑟（Asher，1993）将友谊质量维度划分为亲密交流、冲突解决、陪伴与娱乐、帮助和指导、亲密袒露和交流、冲突和不忠；迈克尔·温德尔（Michael Windle，1994）将友谊质量划分为公开的敌对、隐藏的敌对、关系的交互性、自我袒露；拉德（Ladd，1996）将友谊质量维度划分为有效性、帮助、冲突、排他性、袒露消极情感；伯恩特（Berndt）认为，友谊质量由积极维度和消极维度两个基本维度构成以及交往频率的影响因素。

（三）国外关于自我概念的研究

心理学家对于自我概念的兴趣起源于人类在发展到什么时候会认识到自身与周围环境的不同。布朗（Brown，1998）、梅尔佐夫（Meltzoff，1990）研究认为，即使是新生儿也有把自己和周围环境区分开来的能力，比如婴儿可以预测自己的手到自己的嘴边，能用自感器的反馈来模仿部分抚养人的表情，这些能力都能证明新生儿有来自遗传的自我概念，但也可以解释为是生理反射。根据塞缪尔斯（Samuels）和斯特恩（Stern）的研究，婴儿在2—3个月左右就能出线对于自我的探索，5个月可以在自己的同伴中分辨出自己的声音或者在镜子中认出自己。婴儿能在如此小的年龄就能分辨出自己，研究者归因于婴儿频繁的接触镜子和与抚养者的社交游戏，因为在镜子中，婴儿可以通过观察自感觉器发出的动作与镜子中的各个形象的匹配程度来判断哪一个是自己。但是只有18—24个月的大部分婴儿才能通过红点测试（rouge test），准确的知道镜子中的自己是谁。红点测试是1977年戈登·盖勒普为了解黑猩猩有没有自我意识而设计的一个实验，在实验中黑猩猩的脸上会被不经意间贴上一个小红点，然后让黑猩猩站在镜子前面，看黑猩猩能否发现脸上的红点，实验结果是黑猩猩通过了测试，而在给几百个物种做过测试后，只有类人猿和红毛猩猩以及黑猩猩通过了测试。而美国心理学家刘易斯（Lewis）1979年在婴儿身上重复了"红点实验"，并且加入电视和照片，来测查婴儿再认自己的能力。研究发现婴儿在9个月时就已经出现最早的视觉形象上的自我再认，我国学者刘金花在1993年重复了"红点实验"，得出了与刘易斯相同的实验结果。有研究［普里尔（Priel）、德肖宁（deSchonen，1986）］表明生活在游牧部落的儿童通过口红测试的时间和城市的儿童年龄大体相当。以上结果多支持儿童对于自我的觉察与认知体现出了跨文化的一致性，但2—3岁的儿童的自我概念还没有在时间上形成稳定性。

孩子能在18—24个月认出镜子中的自己，一种解释是这时的孩子正处在感知运动图示的内化阶段，另一种来自戈登·盖洛普（Gorden Gallup, 1979）对黑猩猩的研究显示社交经验的影响和认知同样重要。孩子的依恋，父母对孩子的描述性语言和对孩子行为的评价，都对孩子自我概念的形成产生影响。

学前儿童自我概念发展随着认知能力和周围环境刺激越来越复杂和语言的发展，其自我概念也在不断发展，开始对自己有基于外在行为和客体事物的评价能力，但自我概念各个因素发展不平衡。4岁、5岁、6岁幼儿在自我概念及其各维度上都存在显著差异，在自我概念、同伴接纳、母亲接纳、认知能力上表现为6岁>4岁>5岁，而在身体能力这一维度上则表现为6岁>5岁>4岁。4岁和6岁幼儿自我概念、同伴接纳和身体能力差异显著。5、6岁幼儿自我概念及其各维度差异显著（马燕娟，2015）。而且这一时期的儿童自我概念水平还呈现出了显著的性别差异，女生高于男生。

儿童进入学龄期以后，自我概念的水平处于下降的趋势。哈特（Harter, 1982）的研究发现儿童的自我概念在3—9年级总体呈下降趋势，在7年级的时候尤为明显，但随后到了8、9年级则又会有所回升。雅各布斯（Jacobs）等人（2002）对1—12年级学生的一项追踪研究发现儿童在小学阶段的自我概念水平总体呈下降趋势，但是不同领域自我概念下降的程度和速度有所区别，而在中学阶段则有所恢复。马什（Marsh，1989）用他编制的SDQI、SDQII、SDQIII对几千名6—18岁学生的自我概念进行了测量。结果也表明，自我概念的发展有着非常明显的年龄特征，而且自我概念的发展并不是呈直线上升的，而是呈U形曲线，11—14岁的自我概念水平最低。沙普卡（Shapka，2005）运用哈特（Harter）的自我描述问卷对500多名大学生进行了追踪，发现自我概念的很多因素是随着年龄的增长而增长的，但学业自我概念则相反，而身体自我概念一直比较稳定。

（四）国外有关自我概念模型的研究

自我概念的模型从早期的以威廉·詹姆斯为代表的理论取向发展到沙维尔森（Shavelson，1976）提出的测量学取向的多维度多层次模型（multifaceted hierarchical construct），总的来说，多维度多层次的自我概念模型也是采用了理论取向的基本结构，并在现代统计学发展的情况下提出的，两者一脉相承，互相影响发展。

三、国内研究现状

国内大部分的研究的理论基础都是在国外的6大人格特征研究流派的基础上做本土化研究，采用的研究工具是国外经典人格特征量表的中国修订版。在此基础上，国内学者研究对象涵盖从小学生到成年中期，人口学差异从性别差异到差异等跨度巨大，成果丰硕。其中尤以艾森克的三维人格特征理论模型和五因素模型应用最多。有研究（伍明辉，2006；戚少枫，2003；拉热措，2009）发现我国初中生人格特征特质在性别、年级和方面存在显著差异。赵伟柱（2008）等研究发现，中学生在内外向的得分越低而心理健康水平就越低，而神经质、精神质的得分越低心理健康水平就越高。王宝勇（2012）研究发现延边地区初中生人格特征特质与自卑存在显著性相关，其中内外向，掩饰性存在显著性正相关，而神经质存在显著性负相关。赵丹娣（2008）运用EPQ研究发现男女运动员在精神质（P）上存在显著差异，且男运动员的平均分高于女运动员；团体和个人项目的运动员在内外向（E）上存在显著差异，且团体项目运动员的平均分高于个人项目运动员。从上述研究可以看出国内对人格特征的研究涉猎范围广泛，但研究方法集中。

在人格特征五因素模型国内的研究中，研究者研究了儿童和青少年的各年龄段的人格特征结构，结果也验证了五因素模型，同时还编制了本土化的研究工具。张雨青、林薇等人（1995）研究发现由于文化差异，中国家长比家长更加关注"谨慎性（conscientiousness）"分数，以及对谨慎性概念的理解，中国家长对于孩子智力问题更加关注。周晖等人（2000）通过研究编制了本土化适合中国学生的人格特征五因素量表，问卷信效度均较好。邹泓（2003）在其研究中也对该量表进行了修订。

国内对于同伴的研究早于友谊，友谊的研究始于20世纪70年代，早期主要集中于对友谊本身概念及与同伴的区别概念的研究。邹泓（1999）研究发现对于中学生来说，同伴在陪伴与亲密感、冲突、满意度三个维度给予的支持高于父母和教师。但同伴在少年社会化过程中的影响虽然多方面，但与父母的影响相比，更为表面化，范围更小，时间更短。在道德、行为方式和价值观的影像上，父母起决定作用。而友谊的建立对于处于初中阶段的个体来说，是建立在相同行为方式和价值观上的，因此更加强化了父母的价值观，但当二者截然不同时，个体可能产生更多的负向自我概念和社会适应不良。在友谊认知方面，初一学生相比初二学生，更在意关心与帮助、信任与尊重（姚梦萍，2015）。这可能与新的环境与同学有关，个体在适应新环境的过程中，来自同伴的关心和帮助显得格外亲切，也是发展新友谊的基础与可能。而初二同学由于对于环境的融合，个体认知水平和社交技能的发展，更倾向于建立在感情、爱好和志向层面的个人交流。有研究表明初中生友谊质量存在性别差异，初中二年级男、女生朋友之间均出现较多的冲突与背叛，但是女生总体上冲突背叛的水平显著低于男生。进一步调查显示女生更多采取文字发泄与忍耐的方式，这些方式更有利于冲突的解决，而初中生女性思维的迅速发展也是导致与之相关的冲突解决能力高于男生（李晓军，李小梅，2013）。

到了20世纪90年代后，国内学者也开始关注友谊质量维度划分，并在国外研究基础上，借用国外研究工具，在国内进行一系列的研究，并根据研究结果，结合国外已有的关于友谊质量维度的划分，重新划分了友谊质量的维度。李淑湘、陈会昌、陈英和（1997）将友谊质量划分为共同活动和互相帮助、个人交流和冲突解决、榜样和竞争，互相欣赏，亲密交流；邹泓、周晖、周燕（1998）将友谊质量划分为帮助与支持、陪伴与娱乐、肯定价值、亲密袒露与交流、冲突与背叛；于海琴、周宗奎（2004）将友谊质量划分为亲密、安全、陪伴分享、肯定价值和冲突。

国内对自我概念的研究时间长，研究成果较多。从早期的对国外相关研究的文献综述以及对国外理论的介绍（刘萍，王振宏，1997；刘凤娥，黄希庭，2001；孟晋，张进辅，2003；刘岸英，2004），到后期提出本土化理论，使得我国对自我概念的研究不断深入，得出很多有力的结论。我国心理学研究者詹启生、乐国安（2003）围绕构成个体自我概念内涵的个人信息对145名大学生进行调查，采用因素分析方法提取出了7个因子，并且对因子分类形成三级结构（浅层自我、中层自我和深层自我），随着越接近中心，自我的掩饰性和隐藏性越深。

在对自我概念本身的探讨进行大量研究后，在20世纪90年代以后，随着统计方法的发展，结构方程模型的应用，国内开始出现大量有关自我概念与其他变量之间相互关系作用机制的研究，如李晓燕、张兴利等（2016）研究发现流动儿童自我概念与心理健康之间存在正相关关系，自我概念各因子对心理健康有很好的预测作用；纪林芹、魏星等（2012）研究发现儿童的身体自我概念、社交自我概念在同伴拒绝、同伴侵害与攻击的联系中具有中介作用；罗云等（2016）研究发现，学业自我概念与非学业自我概念在积极、消极父母教养方式与学业倦怠关系间起部分中介作用。

耿晓伟（2005）使用内隐联想测验来研究自我概念，韩世辉，张逸凡（2012）对于自我概念心理表征的文化神经科学研究，张嘉江（2015）、李放、邬俊芳等（2016）对于自我概念清晰性的研究都增加了我国自我概念研究方法，研究范围的丰富性。

四、自我概念的影响因素

自我概念的形成是一个受多层次影响生态系统，不仅受个体微观领域变量如外貌形体、认知发展水平和人格特征的影响，还会受到中间层次因素的影响如家庭环境和重要他人，并且会受到宏观社会层面如历史、文化和社会风俗等因素的影响。

马什、哈特、沙维尔森、宋、海蒂（Marsh、Harter、Shavelson、Song、

Hattie)等人在20世纪80年代至90年代早期用各自编制的自我概念量表测量了前青春期以及青春期阶段的青少年自我概念的水平,得出的研究成果改变了一段时间以来自我概念研究停滞不前的状况,位自我概念的研究拓宽了视角,提供新的研究方法,但他们的意图主要是为了建构合理的自我概念理论模型及验证自我概念具有年龄阶段特征的假设,涉及影响因素的研究相对较少,并主要以单个因素(如性别、种族、家庭环境、学业成就、社会地位等)的影响研究为主[海蒂(Hattie,1992)]。国内的相关研究起步较晚、数量不多,周国韬、贺岭峰(1996)曾考察了11—15岁学生自我概念的发展,总结出了一些发展规律,但未涉及影响因素(周国韬,贺岭峰,1996)。2000年前后,对于自我概念的研究开始更多的考察不同变量对自我概念形成和发展的影响。对于自我概念影响因素主要从生态系统思维切入,考察个人、家庭、同伴、学校和社会不同层级对自我概念的不同方式和强度的影响,其中尤以个人、家庭和同伴的研究成果较多。郗浩丽(2002)较为系统地探讨了中学生自我概念的影响因素,发现高年级小学生和初中生自我概念的直接影响因素是同伴接纳、学业成就、父子关系和师生关系,但它们对两阶段自我概念的影响模式有差异。对高年级小学生自我概念的影响具有决定性作用的是同伴接纳;对初中生自我概念影响较大的因素是学业成就和同伴关系。父子关系和师生关系对自我概念的影响作用从高小至初中稍有降低。家庭环境变量对中小学生总体自我概念没有直接影响作用。

(一)友谊质量对自我概念的影响

人际关系圈中的每个人对个体自我概念的影响是不同的。海蒂(Hattie)发现,生活中的重要他人,如父母、老师、同伴对自我概念形成的影响最大。以往的研究主要集中于同伴关系这一友谊质量的上位概念对于自我概念的影响。美国心理学家杜布尼斯(DuBnis)等的研究表明,进入青春期后,随着年龄的增长,青少年更多的受到同伴关系的影响,良好的同伴关系有助于青少年自我的发展。专门从事青少年研究的美国心理学家旺泽尔(Wantzel)发现,良好的同伴关系会有利于个体获得学业成就和产生亲社会行为,并且受同伴欢迎的青少年拥有亲近朋友,对人友好,具有幽默感和智慧。当然,同伴关系也会产生消极的作用。美国心理学家乌尔贝格(Urberg)

等研究发现，同伴会影响个体产生种种行为问题，如抽烟、喝酒等。杜波依斯（DuBois）等对自尊和社会支持所做的研究也发现了类似的结论，同伴的影响比父母的影响更易导致青少年个体的行为问题，不良的同伴关系更深层次的影响青少年自我的发展。同伴对于处于初中阶段的个体社会性的发展，与儿童期显著不同，对个体的自我概念的建立和社会适应性的影响更为重要。

李晶、翟敏（2008）等人在大学生人际关系与自我概念之间的相关性研究中发现：大学期间的人际关系状况对大学生的自我概念有一定的影响。有轻度以上水平人际关系敏感症状的大学生其自我概念水平低于人际关系良好的大学生（$P<0.01$）。人际关系敏感性因子原始分与自我概念各因子之间的相关系数均具有高度显著性（$P<0.01$），相关系数在-0.228~ -0.451之间，表明人际关系敏感症状分值越高，自我概念分值越低（刘金花，2001）。王振宏等人的研究也发现：不同的同伴关系类型对自我概念有不同的影响。其中受欢迎学生在自我概念的多数成分上均显著高于被拒斥学生，尤其在与父母关系自我概念、诚实与可信赖自我概念方面，受欢迎学生不仅显著高于被拒斥学生，也显著高于被忽视、普遍学生（申继亮，李虹，夏勇，刘立新，1993）。而对于友谊质量直接影响于自我概念的研究较少。张晓洲等（2015）研究表明友谊质量中除了"亲密坦露与交流""冲突与背叛"维度分别与自我概念中"学业自我概念"相关不显著外，信任与支持、陪伴与娱乐、肯定价值，与一般自我概念、非学业自我概念和学业自我概念均相关显著，证实了自我概念与友谊质量之间正相关的关系（张晓洲等，2015）。

（二）人格特征对自我概念的影响

遗传对人格特征与自我概念都有中等程度的影响［肯德勒（Kendler），加德纳（Gardner），普雷斯科特（Prescott），1998］，除此之外，人格特征与自我概念在一生中发展的稳定程度相似［罗宾斯（Robins），特热斯涅夫斯基（Trzesniewski），唐纳兰（Donnellan），2003］，而且作为重要的个体变量，他们可能互相影响［罗宾斯（Robins），特蕾西（Tracy），2001］。因此，对自我概念和人格特征的关系进行深入探讨，有助于认识自我概念的结构，也有利于把现有的有关人格特征研究的结果推广到自我概念研究的相关领域。国外关于自我概念与人格特征五因素模型的关系的研究主要以大学生和成人为被试，得出的结论比较一致，即总体自我概念与情绪性呈高负相关，与外向性和谨慎性呈中等程度的正相关，与宜人性和开放性的相关较弱［罗宾斯（Robins），特蕾西（Tracy），特热斯涅夫斯基（Trzesniewski），2001］。弗朗西斯（Francis，1997）以青少年为研究对象，发现高自我概念者倾向于是情绪稳定的外向者。向小平、张春妹（2006）运用Piers-Harris儿童自我意识量表（Children's self-concept Scale，PHCSS）和小五人格特征学生问卷通过研究发现小学生自我概念与人格特征各个维度均存在显著的相关，青少年的自我概念与情绪性具有中等程度的正相关，自我概念与人格特征的相关程度在男女生中并不完全一致，宜人性对女孩自我概念的影响大于男生，而外向性对男生的影响较大，四种人格特征类型学生的自我概念水平两两差异显著，和谐型人格特征学生自我概念最高，保守型其次，退缩型最低。

五、人格特征与友谊质量的关系

人格特征作为独特稳定的具有调控、倾向和动力性质的个体内部心理特征系统，在青春期这一特殊阶段，环境变量对其影响较大。人格特征发展理论认为人格特征与人际关系联系密切，人格特征的发展包含了"人际关系导向"的过程［布拉特（Blatt），1990］。徐敏、马世超（2012）运用用多层线性模型（HLM）考察个体和班级两个水平上的同伴接纳、友谊质量对人格特征的影响，研究发现，班级平均友谊质量对外倾性、亲社会性、认真自控、情绪稳定性有预测作用，友谊质量分别在同伴接纳对智能特征、外倾性、亲社会性、认真自控影响上有部分中介效应。张永欣、孙晓军等（2016）研究发现，人格特征五因素模型中外向性、宜人性、尽责性、开放性与友谊质量显著正相关。希纳（Shiner，2000）研究发现，外向性、宜人性、谨慎性和情绪性是儿童社交能力的重要预测因素。宜人且外向的儿童在不同情境中均一致地表现出更高的社交能力，体验到更多的社会支持。情绪性得分高，或谨慎性得分低的儿童则表现出各种适应困难［艾森伯格（Eisenberg），法布（Fabes），格思里（Guthrie），2000］。总的来说，友谊质量与人格特征相关实证研究不多，但从理论层面可以得出，在青春期人格特征仍然处于发展阶段，而友谊对于这一阶段个体的影响变得越发重要，两者是相互影响的。

第三节 研究设计

一、研究对象

给初中生发出调查问卷416份,其中有388有效问卷,剔除了信息缺失和明显规律性作答以及答题空缺率10%以上的问卷28份,有效率91.42%。

二、研究方法

(一)文献法

文献法也称历史文献法,就是搜集和分析研究各种现存的有关文献资料,从中选取信息,以达到某种调查研究目的的方法。通过文献的查阅,可以了解以往的研究成果与理论,并能发现以往研究的不足与空白,从而提出研究问题和假设来补充现有理论。对于文献的分析,可以发现以后的研究方向,有针对性的调整所要进行的研究的目的和意义,指导研究进行。在本研究中,通过对中外文献研究的查找与总结,在理论上确定人格特征、友谊质量和自我概念三者之间的关系,为后续关于三者关系的结构方程模型的建立寻找扎实的理论基础。

(二)问卷调查法

问卷调查法通常是由多项测验内容综合编制而成,用对若干个问题的评分衡量一个概念或者变量,量表法是运用量表形式衡量被试对某一问题或概念的态度的方法。量表法的运用,关键在于编制量表,选择被试和结果分析。本研究研究工具全部为总加量表(EPQ、友谊质量量表和Song-Hattie自我概念量表),通过量表测量得出关于研究对象人格特征、友谊质量和自我概念的可量化的数据。

三、研究工具

(一)艾森克人格问卷(儿童版)

艾森克人格问卷(Eysenck Personality Questionnaire,EPQ)由英国心理学家H.J.艾森克编制的一种自陈量表,是在《艾森克人格特征调查表》基础上发展而成，有成人问卷和儿童问卷两种格式。

该量表包括四个分量表：内外倾向量表（E），情绪性量表（N），心理变态量表（P，又称精神质）和效度量表（L）。有男女常模。P、E、N量表得分随年龄增加而下降，L则上升。精神病人的P、N分数都较高，L分数极高，有良好的信度和效度。中国的修订本仍分儿童和成人两式，但项目数量分别由原版的97和107变为98和88项。因量表题目较原版少，使用方便，比较适用。在此次研究中，该量表的克隆巴赫α系数（Cronbach's α）为0.721，可以接受。Bartlett球形检验$P<0.01$，KMO值为0.760。在检验前由于各问卷题目较多，样本量较少，因此考虑进行项目打包（item parceling）。打包方法采用因子法中的平衡法（总分），使用该法可以忽略组内差异，让组间差异变小（吴艳，温忠麟，2011）。首先对EPQ儿童版进行打包，共有88道题分为内外向、神经质、精神质和掩饰性，每个维度有3个指标变量，精神质P对应打包后3个观察指标为P1，P2和P3；神经质为N1，N2，N3；内外向EE1，EE2，EE3。AMOS 22.0按的多群组验证性因素分析结果表明模型拟合良好（χ^2/df=1.272，GFI=0.962，AGFI=0.908，NFI=0.932，IFI=0.985，CFI=0.984，RMSEA=0.027），似然比检验$\Delta\chi^2$=20.399，Δdf=12，p=0.060>0.05，表明问卷具有跨群组效度。

（二）友谊质量量表

友谊质量量表（Friendship Quality Questionaire），最初由帕克（Parker）和亚瑟（Asher）在1993年编制，我国学者邹泓等在1998年翻译并修订了汉语版本。帕克（Parker）和亚瑟（Asher）的量表中共40个项目，分为6个维度，即：肯定与关心、帮助与指导、陪伴与娱乐、亲密袒露与交流、冲突解决策略以及冲突与背叛。邹泓在研究中通过探索性因素分析去掉了不适合中国学生的5道题，将原先预想的冲突解决策略维度中的题目自然归入帮助与支持维度，修订后的维度为帮助与支持、陪伴与娱乐、肯定价值、亲密袒露与交流、冲突与背叛。但在探索性因素分析中冲突背叛出现路径负荷负数的情况，且冲突背叛衡量的是友谊质量反面的衡量效度，不应当作为友谊质量的指标，因此，在验证性因素分析中将其删除。每个被试在每个维度上的分数是该维度所有项目分数之和的平均。在此次研究中，该量表的Cronbach's α

系数为.894，信度较好。Bartlett球形检验$P<0.01$，KMO值为0.913。对友谊质量量表采用内部一致性法按维度打包（平均分），其中帮助对应帮助陪伴、亲密对应亲密交流，肯定对应肯定价值，信任对应信任尊重；使用AMOS 22.0进行结构效度检验，按多群组验证性因素分析表明问卷结构效度良好（χ^2/df=0.085，GFI=0.994，AGFI=0.970，NFI=0.995，IFI=10.000，CFI=10.000，RMSEA=0.000），似然比检验$\Delta\chi^2$=7.504，Δdf=6，p=0.276>0.05，表明问卷具有跨群组效度。

（三）自我概念量表

宋-海蒂（Song-Hattie）自我概念量表是由宋（Song）和海蒂（Httie）于1984年在沙维尔森（Shavelson）自我概念模型的基础上提出了新的多层次多维度自我概念模型，根据此模型编制的量表。周国韬、贺岭峰（1996）修订了该量表，修订后与马什（Marsh）的自我描述问卷相关为0.81，再测信度0.83。该量表共有7个子量表，分别是能力自我、成就自我、班级自我、家庭自我同伴自我、身体自我和自信自我，每个子量表5题，共35题。其中前三个子量表构成"学业自我概念分量表"，后四个子量表构成非学业自我概念子量表。非学业自我概念子量表分为社会自我概念和自我呈现自我概念。社会自我概念包括家庭和同伴两个方面，与一个人生活中重要他人有关。自我呈现自我概念包括身体和自信两个方面，与人们怎样向他人表现自己有关。量表每题6点计分，1—6表示从"完全不符合"到"完全符合"，各题的分数相加组成子量表或分量表的得分。在此次研究中，该量表的Cronbach's α系数为0.866，信度较好。Bartlett球形检验$P<0.01$，KMO值为0.884。在结构效度检验前对宋-海蒂（Song-Hattie）自我概念量表进行项目打包，采用内部一致性法按维度打包（总分），其中能力对应能力自我，成就对应成就自我，班级对应班级自我，家庭对应家庭自我，同伴对应同伴自我，身体对应身体自我，自信对应自信自我。使用AMOS 22.0进行结构效度检验，方法为按的多群组验证性因素分析。首先验证了三因素模型，有学业自我概念、社会自我概念和自我展现自我概念三个潜变量，结果表明问卷结构效度可以接受（χ^2/df=2.924，GFI=0.912，AGFI=0.831，NFI=0.908，IFI=0.938，CFI=0.937，RMSEA=0.071），嵌套模型比较中$\Delta\chi^2$=3.513，Δdf=4，

p=0.476>0.05，表示模型具有跨群组效度。在一阶模型拟合良好的基础上，进一步验证二阶模型，即潜变量学业自我概念、社会自我概念和自我展现自我概念又受到自我概念的影响，组成二阶模型。经过检验后，模型拟合良好（χ^2/df=1.301，GFI=0.927，AGFI=0.884，NFI=0.887，IFI=0.971，CFI=0.970，RMSEA=0.028），且二阶因子与一阶因子的回归系数在0.73~0.95之间，似然比检验$\Delta\chi^2$=4.828，Δdf=4，p=0.305>0.05，表明模型具有跨群组效度。

四、数据分析

友谊质量量表共有数据321×35=11235个，其中缺失值80个，占0.71%。艾森克人格问卷（儿童版）共有数据328*88=28248个，其中确实值69个，占0.24%。Song-Hattie自我概念问卷：共有数据321×35=11235个，其中缺失值97个，占0.86%。对于缺失值的替换采用SPSS 20.0中的回归替换方法。

第四节　研究结果

一、共同方法偏差

本研究由于全部采用量表形式进行数据的收集，所以可能存在共同方法偏差。所谓共同方法偏差（common method variance，CMV）指两个变量之间变异的重叠是因为使用同类测量工具而导致，而不是代表潜在构想之间的真实关系［泰奥（Teo，2011）］。鉴于此，本研究进行CMV的检验是必要的。检验方法采用Harman单因素检验法，相较于传统的把所有变量放到一个探索性因素分析来检验未旋转的因素分析结果的方法，现在普遍采用的是用验证性因素分析设定公因子数为1，这样可以对"单一因素解释了所有的变异"这一假设作更为精确的检验［龙立荣、方俐洛、凌文辁，2003；哈里斯（Harris）、莫斯霍尔德（Mossholder），1996］。本研究采用验证性因素分析方法进行CMV检验，进行验证性因素分析，首先检验7因素模型，P1，P2，P3组成精神质潜变量；E1，E2，E3组成内外向潜变量；N1，N2，N3组成神经质潜变量；帮助、亲密、肯定、信任组成友谊质量潜变量；能力、成就、班级组成学业自我概念潜变量，家庭、同伴组成社会自我概念潜变量，身体、自信组成自我展现自我概念潜变量。AMOS22.0运行后显示模型拟合良好

（χ^2/df=1.646，GFI=0.941 AGFI=0.914，NFI=0.933，IFI=0.972，CFI=0.972，RMSEA=0.041）。相对比设定公共因子为1的模型拟合十分不理想（χ^2/df=12.579，GFI=0.554 AGFI=0.454，NFI=0.389，IFI=0.409，CFI=0.406，RMSEA=0.173），卡方检验显示7因子模型对数据的适配显著好于1因素模型（$\Delta\chi^2$=2115.661，Δdf=30，$p<0.001$），综合检验结果表明，本研究共同方法偏差（CMV）影响较小。

二、结果

（一）初中生人格特征、友谊质量和自我概念状况及差异

表9-4-1显示在群组内精神质P、神经质N、内外向E和掩饰性L均不存在显著性别差异。

表9-4-1　初中生人格特征各维度性别差异表

	n	精神质P	内外向E	神经质N	掩饰性L
男生	63	60.08 ± 10.757	38.81 ± 10.188	51.90 ± 6.805	46.75 ± 7.359
女生	58	67.50 ± 13.120	36.03 ± 12.969	51.64 ± 7.157	42.67 ± 7.904
F		1.958	3.845	0.208	0.134

表9-4-2显示了EPQ各维度标准分的年级差异情况。在四个维度中，精神质（P）、内外向（E）和掩饰性三个维度均存在显著差异，进一步事后（post-hoc）检验（LSD）发现在精神质维度上七年级与八年级差异显著（$p<.001$），七年级与九年级差异显著（$p<.001$）；在内外向维度上七年级和九年级差异显著（$p<0.01$）；在掩饰性维度上七年级与八年级差异显著（$p<00.05$），七年级与九年级差异显著（$p<0.01$）。

表9-4-2　初中生人格特征各维度年级差异表

	n	精神质P	内外向E	神经质N	掩饰性L
七年级	46	70.00 ± 12.156	33.47 ± 11.395	53.04 ± 6.278	47.82 ± 8.073
八年级	35	60.00 ± 11.504	38.28 ± 11.878	50.42 ± 7.609	43.00 ± 8.761
九年级	40	59.50 ± 10.729	41.37 ± 10.438	51.50 ± 6.998	42.87 ± 5.533
F		11.355***	5.413**	1.466	5.980**

注：*：$p<0.05$，**：$p<0.01$，***：$p<.001$，下同

表9-4-3是友谊质量各维度相别差异表，表中显示友谊质量的帮助陪伴、亲密交流、肯定价值、冲突背叛和信任尊重维度不存在显著性别差异。

表9-4-3　初中生友谊质量各维度性别差异表

	n	帮助陪伴	亲密交流	肯定价值	冲突背叛	信任尊重
男生	63	2.627 ± 0.429	2.595 ± 0.621	2.454 ± 0.552	2.352 ± 0.496	2.603 ± 0.508
女生	58	2.638 ± 0.398	2.698 ± 0.448	2.538 ± 0.605	2.394 ± 0.476	2.583 ± 0.520
F		0.428	3.747	0.359	0.292	0.002

表9-4-4是友谊质量各维度年级差异表，从表中可看出肯定价值维度和冲突背叛维度差异显著（$p<0.05$）。事后（post-hoc）检验（LSD）显示在肯定价值维度上七年级与八年级差异显著（$p<0.05$），七年级与九年级差异显著（$p<0.05$）；在冲突背叛维度上七年级与九年级差异显著（$p<0.01$）。

表9-4-4　初中生友谊质量各维度年级差异表

	n	帮助陪伴	亲密交流	肯定价值	冲突背叛	信任尊重
七年级	46	2.633 ± 0.438	2.701 ± 0.611	2.661 ± 0.581	2.210 ± 0.524	2.641 ± 0.517
八年级	35	2.628 ± 0.345	2.514 ± 0.492	2.388 ± 0.555	2.419 ± 0.403	2.514 ± 0.449
九年级	40	2.634 ± 0.446	2.693 ± 0.501	2.395 ± 0.561	2.517 ± 0.460	2.608 ± 0.559
F		0.002	0.247	3.206*	4.783*	0.633

表9-4-5显示自我概念各维度只有在自信自我维度存在显著性别差异（$p<0.05$），在能力自我、成就自我、班级自我、家庭自我、同伴自我和身体自我维度不存在显著差异。

表9-4-5　初中生自我概念各维度性别差异表

	n	能力自我	成就自我	班级自我	家庭自我	同伴自我	身体自我	自信自我
男生	63	18.19 ± 5.450	16.65 ± 5.206	15.84 ± 4.151	17.25 ± 4.479	18.33 ± 4.863	17.21 ± 4.084	18.65 ± 5.033
女生	58	17.95 ± 50.000	17.10 ± 5.587	16.33 ± 3.653	18.71 ± 4.234	19.55 ± 4.362	19.21 ± 4.455	19.45 ± 4.389
F		2.211	0.257	0.583	0.166	1.176	1.101	4.061*

表9-4-6显示自我概念年级差异在能力自我、家庭自我、同伴自我维度上显著。事后（post-hoc）检验（LSD）表明，在能力自我维度上七年级和九年级差异显著（$p<0.01$），八年级和九年级差异显著（$p<0.05$）；在家庭自我维度上七年级与九年级差异显著（$p<0.01$）；在同伴自我维度上七年级和九年级差异显著（$p<0.01$），八年级和九年级差异显著（$p<0.01$）。

表9-4-6 初中生自我概念各维度年级差异表

	n	能力自我	成就自我	班级自我	家庭自我	同伴自我	身体自我	自信自我
七年级	46	16.89 ± 4.985	16.09 ± 5.155	16.59 ± 4.204	16.57 ± 4.177	18.07 ± 4.986	18.15 ± 4.361	18.39 ± 5.475
八年级	35	17.43 ± 5.060	17.29 ± 5.496	15.31 ± 3.879	18.26 ± 4.680	17.94 ± 4.783	17.23 ± 4.124	18.77 ± 3.979
九年级	40	20.00 ± 5.194	17.40 ± 5.541	16.15 ± 3.570	19.28 ± 4.405	20.75 ± 3.572	19.00 ± 4.512	20.00 ± 4.374
F		4.410*	0.785	1.064	4.402*	4.953**	1.551	1.316

（二）初中生人格特征、友谊质量和自我概念状况及差异

表9-4-7显示EPQ标准分性别差异表，表中显示在内外向维度上男生和女生差异显著，其他维度差异不显著。

表9-4-7 初中生人格特征各维度性别差异表

	n	精神质P	内外向E	神经质N	掩饰性L
男生	95	42.68 ± 8.593	46.37 ± 12.933	52.74 ± 11.434	49.32 ± 9.069
女生	72	46.32 ± 7.506	49.17 ± 10.209	520.01 ± 10.093	47.92 ± 9.991
F		2.805	5.758*	0.819	0.171

表9-4-8显示EPQ标准分年级差异表，在内外向维度和掩饰性维度上存在显著差异。事后（post-hoc）检验（LSD）表明，在内外向维度上七年级和八年级差异显著（$p<0.01$），八年级和九年级差异显著（$p<0.05$）；采用事后检验（Tamhane）方法，在掩饰性维度上七年级和九年级差异显著（$p<0.001$），八年级和九年级差异显著（$p<0.01$）。

表9-4-8　初中生人格特征各维度年级差异表

	n	精神质P	内外向E	神经质N	掩饰性L
七年级	46	43.89 ± 7.800	45.48 ± 10.577	52.22 ± 10.191	51.59 ± 7.820
八年级	35	44.19 ± 8.740	510.05 ± 13.030	51.13 ± 10.993	49.35 ± 10.845
九年级	40	44.88 ± 8.589	45.60 ± 10.999	54.64 ± 11.497	43.45 ± 7.366
F		0.180	4.386*	1.336	10.621***

表9-4-9显示在友谊质量的帮助陪伴、亲密交流、肯定价值、冲突背叛、信任尊重各个维度上不存在显著性别差异。

表9-4-9　初中生友谊质量各维度性别差异表

	n	帮助陪伴	亲密交流	肯定价值	冲突背叛	信任尊重
男生	95	3.074 ± 0.533	3.071 ± 0.629	2.964 ± 0.550	2.468 ± 0.545	30.058 ± 0.570
女生	72	3.245 ± 0.470	3.198 ± 0.720	3.039 ± 0.543	2.708 ± 0.525	3.260 ± 0.551
F		1.022	3.874	0.072	0.048	0.092

表9-4-10显示在帮助陪伴维度、亲密交流和肯定价值维度上存在显著差异。事后（post-hoc）检验（LSD）显示，在帮助陪伴维度上七年级和八年级差异显著（$p<0.001$），八年级和九年级差异显著（$p<0.01$）；在亲密交流维度上七年级和八年级差异显著（$p<0.05$）；在肯定价值维度上七年级和八年级差异显著（$p<0.01$），八年级和九年级差异显著（$p<0.01$）。

表9-4-10　初中生友谊质量各维度年级差异表

	n	帮助陪伴	亲密交流	肯定价值	冲突背叛	信任尊重
七年级	63	30.012 ± 0.547	2.972 ± 0.747	2.895 ± 0.598	2.616 ± 0.575	3.071 ± 0.636
八年级	62	3.345 ± 0.473	3.274 ± 0.605	3.177 ± 0.467	2.586 ± 0.575	3.221 ± 0.569
九年级	42	3.062 ± 0.430	3.137 ± 0.603	2.881 ± 0.515	2.484 ± 0.462	3.143 ± 0.449
F		7.999***	3.259*	5.729**	0.764	1.095

如表9-4-11所示，在自我概念年级差异方面，能力自我、成就自我、班级自我、家庭自我、同伴自我、身体自我、自信自我各维度均不存在性别差异。

表9-4-11 初中生自我概念各维度性别差异表

	n	能力自我	成就自我	班级自我	家庭自我	同伴自我	身体自我	自信自我
男生	95	18.51 ± 5.021	17.34 ± 5.608	15.83 ± 3.557	17.22 ± 4.231	19.72 ± 3.726	17.89 ± 3.981	20.39 ± 4.543
女生	72	18.08 ± 5.756	16.64 ± 5.727	15.60 ± 3.946	17.35 ± 4.440	19.81 ± 4.552	17.19 ± 4.949	19.13 ± 4.785
F		2.296	0.117	1.182	0.004	2.279	3.455	0.007

如表9-4-12所示，自我概念各维度均存在年级差异。事后（Post-hoc）检验（LSD）表明在能力自我维度八年级和九年级差异显著（$p<0.01$）；在成就自我维度运用事后检验（Tamhane）方法检验发现七年级和九年级差异显著（$p<0.01$），八年级和九年级差异显著（$p<0.001$）；在班级自我维度LSD方法检验发现七年级与八年级差异显著（$p<0.05$），八年级与九年级差异显著（$p<0.01$）；在家庭自我维度LSD方法检验显示七年级与八年级差异显著（$p<0.01$）；在同伴自我维度七年级和八年级差异显著（$p<0.001$），八年级和九年级差异显著（$p<0.001$）；在身体自我维度事后检验（Tamhane）方法检验发现七年级与八年级差异显著（$p<0.01$），八年级与九年级差异显著（$p<0.05$）；在自信自我维度LSD方法检验发现七年级和八年级差异显著（$p<0.05$），八年级和九年级差异显著（$p<0.01$）。

表9-4-12 初中生自我概念各维度年级差异表

	n	能力自我	成就自我	班级自我	家庭自我	同伴自我	身体自我	自信自我
七年级	63	18.28 ± 4.700	17.68 ± 4.463	15.36 ± 3.721	16.42 ± 4.316	18.78 ± 4.093	16.40 ± 4.222	19.14 ± 4.631
八年级	62	19.64 ± 5.477	18.53 ± 5.998	16.76 ± 4.023	18.44 ± 3.982	21.53 ± 3.903	190.01 ± 4.860	21.39 ± 4.967
九年级	42	16.45 ± 5.576	13.88 ± 5.614	14.76 ± 2.869	16.86 ± 4.481	18.60 ± 3.476	17.29 ± 3.440	18.63 ± 3.684
F		4.686*	10.128***	4.262*	3.822*	10.400**	5.908**	5.821**

（三）初中生人格特征、友谊质量和自我概念状况及差异

如表9-4-13所示，精神质P、神经质N和掩饰性L均不存在显著性别差异，在内外向维度上存在显著的性别差异（$p<0.01$）。

表9-4-13　初中生人格特征各维度性别差异表

	n	精神质P	神经质N	内外向E	掩饰性L
男生	51	44.51 ± 10.453	53.04 ± 10.866	47.45 ± 12.937	50.69 ± 8.603
女生	49	47.76 ± 7.975	5S2.55 ± 9.954	51.53 ± 8.968	53.37 ± 7.865
F		1.313	0.551	7.727**	0.471

如表9-4-14所示，精神质P和内外向E的标准分不存在显著年级差异，在神经质N维度年级差异显著（$p<0.05$），事后检验（Post-hoc）（LSD）发现在神经质维度上七年级与八年级差异显著（$p<0.05$），八年级和九年级差异显著（$p<0.05$）。

表9-4-14　初中生人格特征各维度年级差异表

	n	精神质P	内外向E	神经质N	掩饰性L
七年级	43	46.63 ± 9.557	48.14 ± 11.235	54.42 ± 8.466	53.49 ± 8.348
八年级	32	44.06 ± 9.108	52.66 ± 12.635	48.59 ± 11.517	50.47 ± 8.553
九年级	25	47.80 ± 9.474	47.60 ± 8.912	55.40 ± 10.599	51.40 ± 7.842
F		1.230	1.948	4.188*	1.304

如表9-4-15所示，友谊质量各维度中，肯定价值存在性别差异（p<0.01），帮助陪伴、亲密交流、冲突背叛、信任尊重维度均未有显著差异。

表9-4-15　初中生友谊质量各维度性别差异表

	n	帮助陪伴	亲密交流	肯定价值	冲突背叛	信任尊重
男生	51	2.980 ± 0.509	2.980 ± 0.576	2.863 ± 0.647	2.603 ± 0.435	2.961 ± 0.596
女生	49	3.027 ± 0.491	30.051 ± 0.580	2.877 ± 0.463	2.370 ± 0.523	3.041 ± 0.570
F		0.125	0.059	7.422**	2.432	1.166

如表9-4-16所示，除冲突背叛外，帮助陪伴、亲密交流、肯定价值、信任尊重均存在显著差异。事后检验（Post-hoc）（LSD）表明在帮助陪伴维度七年级和九年级差异显著（$p<0.05$），八年级和九年级差异显著

（$p<0.001$）；在亲密交流维度八年级和九年级差异显著（$p<0.01$）；肯定价值维度八年级和九年级差异显著（$p<0.01$）；信任尊重维度七年级和九年级差异显著（$p<0.05$），八年级和九年级差异显著（$p<0.01$）。

表9-4-16 初中生友谊质量各维度年级差异表

	n	帮助陪伴	亲密交流	肯定价值	冲突背叛	信任尊重
七年级	43	30.011±0.434	30.012±0.529	2.846±0.575	2.546±0.487	3.040±0.589
八年级	32	3.217±0.504	3.202±0.570	3.075±0.560	2.383±0.599	3.165±0.513
九年级	25	2.717±0.472	2.780±0.596	2.648±0.456	2.526±0.314	2.720±0.572
F		80.058**	4.006*	4.406*	1.102	4.597*

如表9-4-17所示，自我概念的能力自我、成就自我、班级自我、家庭自我、同伴自我、身体自我、自信自我各维度均不存在显著性别差异。

表9-4-17 初中生自我概念各维度性别差异表

	n	能力自我	成就自我	班级自我	家庭自我	同伴自我	身体自我	自信自我
男生	51	18.76±5.262	17.51±5.597	16.13±4.480	17.80±4.665	18.89±4.746	18.18±4.190	19.93±4.714
女生	49	19.90±5.108	17.99±5.453	16.50±3.237	17.42±3.699	20.00±4.148	17.79±4.222	20.76±4.697
F		0.000	0.265	3.374	2.240	1.232	0.001	0.452

如表9-4-18所示，自我概念各个维度中能力自我、同伴自我和自信自我的差异年级显著成就自我、班级自我、家庭自我、身体自我年级差异不显著。事后（Post-hoc）检验（LSD）显示在能力自我七年级和九年级差异显著（$p<0.01$），八年级和九年级差异显著（$p<0.001$）；同伴自我七年级与九年级差异显著（$p<0.01$），八年级和九年级差异显著（$p<0.01$）；自信自我七年级和九年级差异显著（$p<0.01$），八年级和九年级差异显著（$p<0.001$）。

表9-4-18 初中生自我概念各维度年级差异表

	n	能力自我	成就自我	班级自我	家庭自我	同伴自我	身体自我	自信自我
七年级	43	19.55±4.368	17.95±5.875	16.31±4.219	17.91±4.644	19.77±4.479	18.46±4.485	20.64±4.160
八年级	32	21.47±4.709	19.13±5.002	17.19±3.745	17.67±3.407	20.93±3.618	18.50±3.483	22.09±4.479

续表

	n	能力自我	成就自我	班级自我	家庭自我	同伴自我	身体自我	自信自我
九年级	25	16.18 ± 5.716	15.62 ± 4.996	15.20 ± 3.367	17.04 ± 4.430	16.92 ± 4.564	16.50 ± 4.295	17.56 ± 4.501
F		8.456***	3.009	1.849	0.336	6.519**	2.135	7.576**

初中生人格特征、友谊质量和自我概念的相关关系。

如表9-4-19所示，精神质维度与除班级自我和同伴自我和自信自我维度之外所有自我概念维度在0.01水平相关；内外向与所有自我概念维度相关显著；神经质维度与能力自我、成就自我、同伴自我和自信自我维度在0.01水平相关显著；掩饰性维度与能力在我、成就自我、班级自我和自信自我维度显著相关。

表9-4-19 初中生人格特征各维度与自我概念相关表

	精神质P	内外向E	神经质N	掩饰性L	能力自我	成就自我	班级自我	家庭自我	同伴自我	身体自我	自信自我
精神质P	1										
内外向E	0.071	1									
神经质N	0.268**	−0.067	1								
掩饰性L	−0.253**	0.134**	−0.224**	1							
能力自我	−0.113**	0.210**	−0.124**	0.136**	1						
成就自我	−0.152**	0.189**	−0.314**	0.213**	0.618**	1					
班级自我	0.093	0.136**	−0.061	−0.006	0.449**	0.561**	1				
家庭自我	0.103**	0.102*	0.055	−0.059	0.356**	0.305**	0.499**	1			
同伴自我	−0.045	0.258**	−0.187**	0.067	0.586**	0.535**	0.524**	0.571**	1		
身体自我	0.137**	0.170**	−0.085	0.026	0.425**	0.418**	0.546**	0.419**	0.567**	1	
自信自我	−0.052	0.345**	−0.197**	0.138**	0.547**	0.602**	0.545**	0.405**	0.636**	0.609**	1

注：**：在0.01水平相关（双侧），*：在0.05水平相关（双侧），下同

如表9-4-20所示，友谊质量各维度与自我概念各维度相关关系。友谊质量帮助陪伴维度与自我概念所有维度均在0.01水平相关；亲密交流维度与能力自我、班级自我、同伴自我、身体自我和自信自我均在0.01水平相关，与成就自我和家庭自我在0.05水平相关；肯定价值维度除与家庭自我不相关外与其他自我概念维度在0.01水平上相关；冲突背叛维度与所有自我概念维度均不相关；信任尊重维度除与家庭自我不相关外，与其他自我概念维度在0.01水平相关显著。

表9-4-20 初中生友谊质量各维度与自我概念相关表

	帮助陪伴	亲密交流	肯定价值	冲突背叛	信任尊重	能力自我	成就自我	班级自我	家庭自我	同伴自我	身体自我	自信自我
帮助陪伴	1											
亲密交流	0.751**	1										
肯定价值	0.692**	0.603**	1									
冲突背叛	−0.064	−0.082	−0.117*	1								
信任尊重	0.803**	0.721**	0.637**	−0.051	1							
能力自我	0.282**	0.241**	0.228**	−0.018	0.177**	1						
成就自我	0.178**	0.110*	0.154**	0.037	0.125**	0.618**	1					
班级自我	0.200**	0.151**	0.140**	−0.067	0.158**	0.449**	0.561**	1				
家庭自我	0.145**	0.101*	0.062	−0.051	0.078	0.356**	0.305**	0.499**	1			
同伴自我	0.339**	0.252**	0.269**	−0.013	0.284**	0.586**	0.535**	0.524**	0.571**	1		
身体自我	0.243**	0.222**	0.211**	−0.088	0.176**	0.425**	0.418**	0.546**	0.419**	0.567**	1	
自信自我	0.318**	0.247**	0.270**	−0.084	0.274**	0.547**	0.602**	0.545**	0.405**	0.636**	0.609**	1

（四）初中生人格特征、友谊质量和自我概念的分层回归分析

为控制人口学变量的影响，采用分层回归的方法，首先将年级、性别和纳入回归方程（采用强迫进入法）作为控制变量，第二层将友谊质量和人格特征纳入回归方程（采用强迫进入法），根据相关研究删除掩饰性L和冲突背叛维度，分析第二步自变量进入回归方程后方程解释率的变化程度。

如表9-4-21所示，显示内外向，帮助陪伴显著正向预测能力自我，信任尊重维度显著负向预测能力自我；年级对成就自我的预测作用显著，内外向和显著正向预测成就自我，神经质显著负向预测成就自我；精神质显著正向预测班级自我；内外向和帮助陪伴显著正向预测同伴自我，神经质显著负向预测同伴自我；精神质显著正向预测身体自我；内外向和帮助陪伴显著正向预测自信自我，精神质显著负向预测自信自我。

表9-4-21 初中生人格特征、友谊质量各维度与自我概念回归表

预测变量		能力自我 B	能力自我 SE	能力自我 β	成就自我 B	成就自我 SE	成就自我 β	班级自我 B	班级自我 SE	班级自我 β	家庭自我 B	家庭自我 SE	家庭自我 β	同伴自我 B	同伴自我 SE	同伴自我 β	身体自我 B	身体自我 SE	身体自我 β	自信自我 B	自信自我 SE	自信自我 β
第一步	性别	0.246	0.535	0.024	0.843	0.442	0.097	0.257	0.391	0.033	0.406	0.435	0.047	0.843	0.442	0.097	0.302	0.443	0.035	0.076	0.482	0.008
	年级	-0.172	0.330	-0.027	0.106	0.272	0.020	-0.315	0.241	-0.067	0.345	0.268	0.065	0.106	0.272	0.020	0.004	0.273	0.001	-0.184	0.297	-0.032
	民族	0.119	0.312	0.019	0.468	0.258	0.092	-0.200	0.228	-0.045	-0.358	0.254	-0.072	0.468	0.258	0.092	-0.295	0.259	-0.058	0.362	0.281	0.066
	R	0.040			0.107			0.086			0.132			0.132			0.069			0.074		
	ΔR²	0.002			0.011			0.007			0.017			0.017			0.005			0.005		
	ΔF	0.205			1.486			0.947			2.262			2.262			0.612			0.701		
第二步	精神质P	-0.054	0.032	-0.092	0.026	0.034	0.034	0.052	0.024	0.112*	0.038	0.027	0.080	0.016	0.026	0.034	0.044	0.021	0.144*	0.010	0.027	0.019
	内外向E	0.071	0.023	0.155**	0.019	0.019	0.157**	0.024	0.018	0.072	0.020	0.020	0.052	0.060	0.019	0.157**	0.017	0.018	0.055	0.113	0.020	0.271***
	神经质N	-0.046	0.027	-0.084	0.022	0.022	-0.172**	-0.031	0.021	-0.077	0.021	0.023	0.048	-0.078	0.022	-0.172**	-0.031	0.022	-0.074	-0.085	0.024	-0.175***
	帮助陪伴	2.827	0.940	0.285**	0.765	0.765	0.258**	1.665	0.712	0.229	2.328	0.802	0.287	2.132	0.765	0.258**	1.251	0.759	0.164	1.695	0.811	0.186*
	亲密交流	10.015	0.625	0.125	0.508	0.508	-0.010	0.049	0.473	0.008	-0.013	0.533	-0.002	-0.065	0.508	-0.010	0.270	0.502	0.043	0.174	0.539	0.024
	肯定价值	0.650	0.603	0.074	0.487	0.487	0.076	0.118	0.453	0.018	-0.244	0.511	-0.034	0.550	0.487	0.076	0.423	0.483	0.063	0.677	0.517	0.086
	信任尊重	-1.707	0.741	-0.197*	0.603	0.603	0.009	-0.014	0.561	-0.002	-0.521	0.632	-0.074	0.068	0.603	0.009	-0.133	0.595	-0.020	0.094	0.639	0.012
	R	0.380			0.411			0.289			0.255			0.425			0.378			0.464		
	ΔR²	0.143			0.157			0.076			0.052			0.163			0.138			0.209		
	ΔF	7.856***			8.883***			4.477***			30.016**			10.735***			8.679***			14.369***		

（五）初中生人格特征、友谊质量和自我概念的结构方程模型

在建立结构方程模型之前对数据进行正态性检验，所有打包后的观察变量的偏态系数（Skewness）绝对值在0.024~1.074之间，峰态系数（Kurtosis）绝对值在0.005~1.609之间，均接近正态分布。研究者韦斯特、芬奇、柯伦、芬尼和迪斯蒂法诺（West、Finch、Curran、Finney & DiStefano）基于以往研究经验指出，偏态和峰态系数的绝对值分别小于2和7时，采用极大似然估计法（Maximum Likelihood）是可以接受的。因此，所有打包后的观察变量满足用极大似然估计法建立结构方程模型的前提假设。

根据问卷结构和理论构想，构建人格特征、友谊质量和自我概念的单向递归模型。模型包括8个潜变量精神质、神经质、内外向、友谊质量学业自我概念、社会自我概念和自我展现和自我概念，其中精神质包括3个指示变量（P1，P2，P3）；神经质包括3个指示变量（N1，N2，N3）；内外向包括3个指示变量（EE1，EE2，EE3）；友谊质量包括帮助陪伴、亲密交流、肯定价值和信任尊重4个指示变量；学业自我概念包括能力自我、成就自我和班级自我3个指示变量；社会自我概念包括家庭自我和同伴自我2个指示变量；自我展现自我概念包括身体自我和自信自我2个指示变量，自我概念是二阶因子。

在AMOS22.0执行多群组分析，模型对数据的拟合不佳。嵌套模型比较检验（Nested Model Comparison）显示测量系数模型、结构系数模型、结构协方差模型、结构残差变量方差模型和测量残差变量方差模型的似然比检验结果除结构系数模型不显著（$p=0.704$）外，其余模型均$p<0.001$，表示各群组模型存在差异。在对群组中友谊质量对自我概念的路径系数$\beta=0.152$（$p=0.264$），精神质对自我概念的路径系数$\beta=0.130$（$p=0.463$），内外向对自我概念的路径系数$\beta=0.236$（$p=0.263$），神经质对自我概念的路径系数$\beta=-0.245$（$p=0.301$），各路径系数均没有达到显著水平，说明群组数据与理论模型不匹配。同时，精神质对自我概念的路径系数$\beta=0.024$（$p=0.845$)，精神质对自我概念的路径系数$\beta=-0.169$（$p=0.401$）均没有达到显著水平，考虑将其删除。

人格特征各维度调节效应的检验，根据吴艳，温忠麟（2010）推荐的乘积指标方法，即先将所有变量中心化，然后采用马什（Marsh）等（2004）提

出的配对准则即根据完全标准化解中的负荷大小进行配对乘积，然后使用无约束方法建立没有均值结构的模型。

使用Mplus7.0对调节效应进行检验。根据［布朗（Browne），库德克（Cudeck），1993］提出的模型拟合原则，指出比较拟合指数（CFI）、标准拟合指数（TLI）达到0.90或以上，拟合的模型结果可以接受；近似误差均方根（RMSEA）、标准化均方根残差（SRMR）小于0.05说明模型结果拟合得很好，在0.05—0.08之间则表明模型结果基本可以接受。

1.内外向调节效应检验

根据完全标准化解中的负荷大小，将EE1与帮助陪伴构建乘积项，EE2与亲密交流构建乘积项，EE3与信任尊重构建乘积项。

在建构完交互项建构模型，检验发现友谊质量主效应显著；检验发现内外向主效应显著，内外向与友谊质量交互项路径系数显著见图9-4-1。

表9-4-22显示在模型拟合程度上卡方显著，CFI和TLI指数均大于0.90，SRMR指数小于0.80，表示模型拟合良好，RMSEA指数大于0.80小于0.10。

表9-4-22　初中生群组内外向调节效应模型拟合指数

χ^2	df	AIC	BIC	CFI	TLI	SRMR	RMSEA
204.008	110	5037.273	5149.295	0.928	0.911	0.646	0.092

表9-4-23显示在模型拟合程度上卡方显著，CFI和TLI指数均大于0.90，SRMR指数小于0.80，表示模型拟合良好，RMSEA指数大于0.08小于0.10。

表9-4-23　初中生群组内外向调节效应模型拟合指数

χ^2	df	AIC	BIC	CFI	TLI	SRMR	RMSEA
284.081	110	9144.009	9278.083	0.931	0.908	0.626	0.097

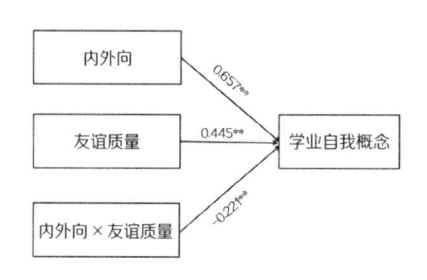

图9-4-1　内外向调节作用路径图

2.神经质调节效应检验

根据完全标准化解中的负荷大小,将N1与信任尊重构建乘积项,将N2与亲密交流构建乘积项,将N3与帮助陪伴构建乘积项。

表9-4-24显示在模型拟合程度上卡方显著,CFI和TLI指数均小于.90,SRMR指数小于0.80,RMSEA指数大于0.10,模型拟合很差。

表9-4-24 初中生群组神经质调节效应模型拟合指数

χ^2	df	AIC	BIC	CFI	TLI	SRMR	RMSEA
273.077	110	6120.083	6226.895	0.835	0.800	0.681	0.120

表9-4-25显示在模型拟合程度上卡方显著,CFI和TLI指数均小于0.90,SRMR指数小于0.80,RMSEA指数大于0.10,模型拟合很差。

表9-4-25 群组神经质调节效应模型拟合指数

χ^2	df	AIC	BIC	CFI	TLI	SRMR	RMSEA
344.671	112	10246.289	10374.127	0.861	0.831	0.631	0.112

第五节 分析与讨论

一、人格特征对于自我概念的影响

相关分析显示,精神质维度与除班级自我和同伴自我和自信自我维度之外所有自我概念维度相关显著($p<0.01$),其中与能力自我、成就自我、同伴自我为负相关,其余相关维度为正相关;内外向与所有自我概念维度显著正相关($p<0.01$);神经质维度与能力自我、成就自我、同伴自我和身体自我维度显著负相关($p<0.01$)。进一步回归分析发现精神质可显著正向预测班级自我和身体自我;内外向可显著正向预测能力自我、成就自我、同伴自我和自信自我;神经质可显著负向预测成就自我、同伴自我和自信自我。这一点验证了弗朗西斯(Francis,1997)的研究成果,也验证了研究假设,即在青初中生,自我概念较高者为情绪稳定的外向者这一结论。在理论模型中和群体都表现出神经质对自我概念的负向影响,内外向对自我概念的

正向影响的关系。

二、友谊质量对于自我概念的影响

相关研究显示友谊质量帮助陪伴维度与自我概念所有维度正相关显著（$p<0.01$）；亲密交流维度与自我概念所有维度正相关显著（$p<0.01$）；肯定价值维度除与家庭自我相关不显著之外，与其他自我概念维度均正相关显著（$p<0.01$）；信任尊重维度除与家庭自我相关不显著之外，与其他自我概念维度均正相关显著（$p<0.01$）；进一步回归分析发现帮助陪伴显著正向影响能力自我、同伴自我和自信自我；信任尊重显著负向影响能力自我；在理论模型中和群组均表现出友谊质量对自我概念的正向影响作用，且路径系数较大，影响程度较强，此研究结果验证了假设。

三、人格特征在友谊质量对自我概念影响中的调节效应

对于人格特征各维度调节效应的检验发现，在群组和群组中，内外向与友谊质量交互项对自我概念的路径系数显著，说明内外向的调节效应显著（$p<0.05$），路径系数是负数调节方向为反方向，即当内外向得分高时，友谊质量对自我概念的正向影响会削弱，当内外向得分低时，友谊质量对自我概念的正向影响会增强。当被试比较外向活泼，关注点在外界，敢于冒险，乐观，喜欢社交时友谊质量对自我概念的促进作用会变小；而当被试安静、离群、保守，交友不广但有挚友，做事有计划有规律时，友谊质量对自我概念的积极影响作用会变强。友谊质量是高于同伴接纳的更深层次的关于友谊的概念，它强调的是朋友交往的质量。对于外向的人来说，他们朋友多，喜欢新奇的刺激，自然对友谊深度不那么看重，也没有那么认可，而对于内向的人来说，朋友较少，关注点在自己的内心，更多的时间会单独度过，而身边一两个挚友对其自身的影响会非常深刻。

第六节　结论与建议

一、研究结论

研究得到的主要结论如下：

1. 人格特征各维度年级差异表现在的精神质、内外向和掩饰性维度，内外向和掩饰性维度以及神经质维度，初二年级水平低于初一和初三这一趋势在各间普遍存在，掩饰性随年级上升而下降的趋势也在3个年级间体现。

2. 研究没有得出自我概念在初中阶段呈倒U型发展趋势的结论；在初中生中，自我概念有差异的各维度均呈现随年级增长而增长的特征，和初中生在自我概念有显著差异的维度都呈现初二分数高于初一和初三的分布趋势。

3. 精神质与能力自我和成就自我负相关，与家庭自我和身体自我正相关；内外向与所有自我概念维度正相关；神经质与除家庭自我和身体自我维度的所有自我概念维度负相关；友谊质量各维度中帮助陪伴和亲密交流与自我概念所有维度正相关，肯定价值和信任尊重与家庭自我除外的所有自我概念维度正相关。

4. 在友谊质量和人格特征对自我概念的影响机制探讨上，研究得出在群组内，内外向是友谊质量对自我概念影响的调节变量且起着负向调节作用。

二、初中生建立积极自我概念的建议

初中阶段是青春期的开始，是由幼稚向成熟的转换阶段。由于身体、内在机能和性功能的快速发展并成熟，对于个体的自我概念的冲击是巨大的，因此在这一阶段有必要帮助个体正确看待自身变化，建构更加积极的自我概念。

1. 在年级差异层面多个自我概念维度呈现出了初二水平高于初一和初三的特点，说明学生对于环境的尽快融入和较轻的学习压力都有助于提高初中生的自我概念水平。因此，学校层面在初一年级多举办学校生活适应活动，让学生迅速了解周围的学习生活环境。在初三面临巨大的升学压力的情况下，学校应在保证正常的教学任务完成情况下，适时开展一些减压活动，或举办一些减压讲座，帮助学生维持和提高自我接纳水平。

2. 在和初中生中友谊质量对自我概念的影响都是正向显著的，且路径系数较大，说明友谊质量对自我概念的影响体现跨文化一致性且程度较强和性质正向的特点。一方面从正面积极引导，不要过多提倡竞争，多举办有合作过程的集体活动让学生共同参与，彼此了解，尽量不要让学生产生孤独感和隔离感，让每一个学生与其他同伴建立联系，在同伴接纳水平下发展高质量的友谊。另一方面，有些学生没有上进心，不服管教，价值观扭曲，即所谓"问题少年"，这类学生在老师悉心教导，帮助改正的情况下，也要注意在他们改过自新前，尽量控制他们与其他学生的交往深度，即注意避免高质量友谊的消极影响，也就是说一方面他们需要其他同学的鼓励、关注与支持，但老师也要注意，其他同学可以接纳这类学生，但最好不要发展深度的友谊，避免影响其他同学积极自我概念的建构。

3. 从研究中得出的内外向正向影响自我概念以及神经质负向影响自我概念这一结论出发，建议家长和老师应帮助学生了解自身人格特征，并且鼓励孩子交朋友，对极端内向和神经质高的个体应重点观察，经常鼓励他们多与同伴交往接触，发展高质量的友谊，如果这些孩子退缩行为严重的话因实施心理干预，以免在未来对自我的评价越来越低，甚至发生更严重的人格特征障碍。

4. 在日常的学校生活和放学后同伴之间的陪伴中，家长和老师应特别关注友谊质量高的个体间冲突与背叛因素的影响，在很多理论框架下，冲突与背叛因素作为友谊质量的构成因素之一，反映了双方友谊的韧性，以及交往的频率。在现实生活中，很多朋友之间发生冲突后关系反而能更好，而很多朋友之间表面关系不错，从来没有矛盾但也有交往深度过低的可能。本研究发现冲突与背叛并不是一个好的友谊质量的因素，对友谊质量预测能力很弱，因此，如果发现友谊双方产生冲突，说明双方友谊破碎的可能性很大，家长及老师应及时关注，给予更多的沟通疏导，发展与其他个体的友谊，以免对个体自我概念产生影响。

5. 从内外向起到了友谊质量对自我概念影响的负向调节作用这一研究结论来看，建议应鼓励学生通过不断自我观察与反省了解自身的人格特征特质，并根据自身人格特征特质认识到自身适合广泛交友还是个别交友。老师应该尊重学生的人格特征特质，比如外向型人格特征的孩子可以考虑安排在班委会中，这样可以使学生发挥自身优势，使得自我评价提高，从而提高自我概念水平；对内向型人格特征的孩子应鼓励他们结交个别挚友，共同学习，敦促共同进步，从而在自我概念上更能接纳自己，建构积极自我。

参考文献

［1］曹杏田，张丽华. 青少年情绪调节自我效能感和自我控制在自尊与攻击性的关系中的链式中介作用[J]. 中国心理卫生杂志，2018，32（07）：574-579.

［2］陈珂. 家庭教养方式对儿童攻击性行为的影响：同伴关系的中介作用[D]. 西宁：青海师范大学，2019.

［3］陈婷，张垠，马智群. 父母冲突对初中生攻击行为的影响：情绪调节自我效能感与情绪不安全感的链式中介作用[J]. 中国临床心理学杂志，2020，28（05）：1038-1041.

［4］陈义霞. 初中生人格特质、情绪调节自我效能感与学校适应关系研究[D]. 扬州：扬州大学，2019.

［5］程美玲. 初中生攻击行为与亲子依恋、同伴关系的相关研究[D]. 南昌：南昌大学，2018.

［6］董佩佩. 幼儿的攻击倾向与认知特点及其绘本游戏干预研究[D]. 重庆：西南大学，2020.

［7］杜明卓，仝宇. 同伴交往、暴力态度与青少年攻击行为的关系：有中介的模型[J]. 才智，2020（32）：61-62.

［8］方春秋. 高中生父母教养方式、情绪调节自我效能感和人际关系的关系研究[D]. 哈尔滨：哈尔滨师范大学，2019.

［9］高建城. 反刍思维对宽恕的影响[D]. 曲阜：曲阜师范大学，2020.

［10］高秋爽，张琳，张思凡，陈亮. 不良同伴交往与中职生的问题行为：性别的调节作用[J]. 青少年学刊，2019（03）：23-30.

［11］韩婷芷. 职业目标如何影响本科生的学习质量——求知欲与自我效能感的中介作用与遮掩效应[J]. 中国高教研究，2021（12）：30-36.

［12］贺诗雨. 青少年足球运动员运动攻击的干预研究[D]. 成都：四川师范大学，2020.

[13]贺星.中小学教师情绪调节自我效能感、人格特质与职业倦怠的关系研究[D].深圳：深圳大学，2018.

[14]胡艳霞.愤怒沉思、宽恕与攻击行为的关系研究[D].南京：南京师范大学，2018.

[15]纪艳婷.中学生校园欺凌及其与家庭教养方式、自尊的关系研究[D].哈尔滨：哈尔滨师范大学，2018.

[16]姜若椿.初中生归因方式、情绪调节策略与攻击行为的关系研究[D].保定：河北大学，2016.

[17]姜文斌.父母教养方式、同伴关系对青少年亲社会行为的影响[J].贵州师范大学学报（社会科学版），2020（04）：50-58.

[18]蒋红.中职生情绪调节自我效能感、应对方式与其人格特质的关系[D].喀什：喀什大学，2019.

[19]雷玉菊，王琳，周宗奎，朱晓伟，窦刚.社会排斥对关系攻击的影响：自尊及内隐人格观的作用[J].中国临床心理学杂志，2019，27（03）：501-505.

[20]黎嘉慧.初中生友谊质量与情绪调节自我效能感、生活满意度的关系研究[D].深圳：深圳大学，2018.

[21]李菁菁，窦凯，聂衍刚.亲子依恋与青少年外化问题行为：情绪调节自我效能感的中介作用[J].中国临床心理学杂志，2018，26（06）：1168-1172.

[22]李琳.中职生自尊与攻击性行为的关系：自我增强的中介作用[D].开封：河南大学，2018.

[23]李铭洁.中职生情绪调节、人际关系满意度与主观幸福感关系及干预研究[D].曲阜师范大学，2019.

[24]李俏俏.受欺负对大学生攻击行为的影响：相对剥夺感和愤怒反刍思维的多重中介作用[D].哈尔滨：哈尔滨师范大学，2019.

[25]李须.情绪表达欠缺和敌意归因偏差对大学生攻击性的影响[D].上海：上海师范大学，2018.

[26]李宣琳.父母心理控制对大学生攻击行为的影响[D].开封：河南大学，2020.

［27］李雪芹，张敏. 同伴交友特征的性别差异[J]. 杭州师范大学学报（自然科学版），2016，15（03）：241-246.

［28］联合国教科文组织. 校园暴力与欺凌：全球现状报告[M]. 巴黎：联合国教科文组织，2017：9-48

［29］林董怡. 初中生遭受校园欺凌影响因素及对策研究[D]. 杭州：浙江大学，2018.

［30］刘国萍. 基于PPCT模型的初中生情绪调节自我效能感和同伴互动关系研究[D]. 南宁：广西民族大学，2020.

［31］刘雅. 认知重评团体辅导对降低初中生反刍思维的实验研究[D]. 昆明：云南师范大学，2019.

［32］路海东，闫艳，王雪莹，武会青. 青少年同伴关系-欺凌者与被欺凌者量表修订及应用[J]. 中国健康心理学杂志，2021，29（03）：460-467.

［33］罗薇. 中小学教师对待校园欺凌的外显和内隐态度的比较研究[D]. 成都：四川师范大学，2019.

［34］罗章莲. 中学生宽恕倾向、愤怒反刍与外显、内隐攻击性的关系研究[D]. 贵阳：贵州师范大学，2019.

［35］吕嘉焕. 社交焦虑、应对倾向、反刍思维及初中生校园欺凌的现状与关系研究[D]. 南宁：广西民族大学，2020.

［36］马德森，矫志庆. 道德推脱对儿童青少年校园体育欺凌行为的影响：有调节的中介模型[J]. 天津体育学院学报，2019，34（01）：80-85.

［37］宁雅舟. 青少年师生依恋与亲社会行为的关系：情绪调节自我效能感的中介作用[D]. 湘潭：湖南科技大学，2017.

［38］彭小燕，窦凯，梁钰炫，方浩帆，聂衍刚. 青少年同伴依恋与外化问题行为：自尊和情绪调节自我效能感中介作用[J]. 中国健康心理学杂志，2021，29（01）：118-123.

［39］权方英，夏凌翔. 敌意归因偏向对反应性攻击的预测及报复动机的中介作用[J]. 心理科学，2019，42（06）：1434-1440.

［40］任海涛. "校园欺凌"的概念界定及其法律责任[J]. 华东师范大学学报（教育科学版），2017，35（02）：43-50+118.

［41］沈蕾，江黛苔，曾哲，段亚杰，刘伟. 大学生网络游戏沉迷与攻

击的关系：敌意归因的作用[J]. 心理研究，2020，13（04）：366-374.

［42］宋琳琳. 父母教养方式对初中生攻击行为的影响[D]. 保定：河北大学，2020.

［43］宋潇，褚晓伟，范翠英. 同伴依恋与初中生网络欺负：共情和对待网络欺负积极态度的中介作用[J]. 中国临床心理学杂志，2020，28（06）：1209-1214.

［44］孙明珠. 父母教养方式与中职生攻击行为的关系研究[D]. 扬州：扬州大学，2020.

［45］汪玲. 初中生现实暴力接触与问题行为的关系研究[D]. 重庆：西南大学，2017.

［46］王慧敏. 初中生情绪智力、同伴关系、校园欺凌的关系及干预研究[D]. 呼和浩特：内蒙古师范大学，2019.

［47］王梦雅. 中职生校园暴力行为与父母教养方式、同伴关系的研究[D]. 保定：河北大学，2016.

［48］王梦颖. 自我损耗与愤怒反刍对大学生运动员攻击行为的影响[D]. 北京：北京体育大学，2019.

［49］王清. 教师民主型领导和小学生责任感的关系：班级氛围、同伴关系的中介作用[D]. 湖南师范大学，2020.

［50］王淑莲. 挫折情境对不同愤怒沉思水平中职生攻击性的影响[D]. 福州：福建师范大学，2019.

［51］王晓丹. 同伴支持与大学生情绪适应的关系：情绪调节自我效能感的中介作用[J]. 平顶山学院学报，2020，35（06）：99-104.

［52］王玉洁，窦凯，聂衍刚. 同伴疏离与青少年社交焦虑：情绪调节效能感的中介效应[J]. 教育导刊，2020（07）：39-43.

［53］王玉洁，窦凯. 同伴依恋与青少年抑郁的关系：情绪调节效能感的中介作用[J]. 中国健康心理学杂志，2019，27（07）：1092-1095.

［54］王月月. 愤怒沉浸的认知机制与脑机制[D]. 重庆：西南大学，2018.

［55］韦育坤. 大学生生活事件、认知情绪调节与压力后成长的关系[D]. 广西师范大学，2018.

[56] 魏文静. 后疫情时期社区工作人员社会支持与正负性情绪的关系：情绪调节自我效能感的中介作用及干预[D]. 重庆：西南大学，2020.

[57] 温忠麟，叶宝娟. 中介效应分析：方法和模型发展[J]. 心理科学进展，2014，22（05）：731-745.

[58] 温忠麟. 张雷，侯杰泰，刘红云.中介效应检验程序及其应用[J]. 心理学报，2004（05）：614-620.

[59] 邬辛佳. 情境线索与表情识别对罪犯的敌意归因偏向的影响[D]. 武汉：武汉大学，2018.

[60] 吴晓薇，黄玲，何晓琴，唐海波，蒲唯丹. 大学生社交焦虑与攻击、抑郁：情绪调节自我效能感的中介作用[J]. 中国临床心理学杂志，2015，23（05）：804-807.

[61] 吴艳，温忠麟. 结构方程建模中的题目打包策略[J]. 心理科学进展，2011，19（12）：1859-1867.

[62] 夏添，蔡丹. 从独生子女变成哥哥姐姐——独生子女与非独生子女的心理差异[J]. 大众心理学，2021（02）：46+43.

[63] 肖子怡，王东，张文娜. 大学生学校归属感、自我效能感和学业水平的相关研究[J]. 智库时代，2019（17）：283-284.

[64] 熊慧素，潘新圆，陈勇成. 服刑人员与普通群体攻击行为归因方式分析[J]. 中国健康心理学杂志，2017，25（08）：1202-1205.

[65] 熊岚. 联合国教科文组织发布《数字背后：结束校园暴力和欺凌》报告[J]. 世界教育信息，2019，32（04）：73.

[66] 闫盼盼. 初中生家庭教养方式、共情及校园欺凌的现状及其关系研究[D]. 昆明：云南师范大学，2020.

[67] 严小艺. 父母的教养方式对初中生攻击行为的影响：心理素质的中介作用[D]. 石家庄：河北大学，2021.

[68] 杨洁强. 初中生冷漠无情特质对攻击行为的影响：道德推脱、同伴关系的作用[D]. 太原：山西大学，2019.

[69] 杨思雨. 初中生校园欺凌、自我控制、领悟社会支持与班级氛围的现状及关系研究[D]. 南宁：广西民族大学，2020.

[70] 姚婷婷. 流动儿童亲子依恋与主观幸福感的关系[D]. 济南：济南

大学，2020.

［71］于腾旭，刘文，刘方，车翰博. 心理虐待对8～12岁儿童攻击行为的影响：认知重评的中介作用[J]. 中国临床心理学杂志，2021，29（02）：282-286.

［72］俞凌云，马早明. "校园欺凌"：内涵辨识、应用限度与重新界定[J]. 教育发展研究，2018，38（12）：26-33.

［73］张帆. 祖辈教养方式、同伴关系对青少年亲社会行为和攻击行为的影响[D]. 太原：山西大学，2020.

［74］张洁，陈亮，张良，潘斌，李腾飞，纪林芹，张文新. 父母心理控制与小学生的欺负行为：敌意归因和冷酷无情的作用检验[J]. 心理发展与教育，2020，36（06）：715-724.

［75］张丽华，苗丽. 敌意解释偏向与攻击的关系[J]. 心理科学进展，2019，27（12）：2097-2108.

［76］张倩婷. 校园欺凌、自我认同与初中生主观幸福感的关系研究[D]. 石家庄：河北大学，2021.

［77］张蔷. 小学生社交焦虑、情绪调节自我效能感与攻击行为的关系研究[D]. 石家庄：河北师范大学，2020.

［78］张世麒，张野，张珊珊. 初中生师生关系在心理虐待忽视与校园欺凌间的中介作用[J]. 中国学校卫生，2018，39（08）：1182-1184+1188.

［79］张裕灵. 中学生同伴关系、学校归属感与校园欺凌的关系研究[D]. 重庆：西南大学，2020.

［80］张媛媛. 愤怒冗思对攻击行为的影响：状态和特质自我控制的不同作用[D]. 南昌：江西师范大学，2019.

［81］中华人民共和国教育部. 教育部《加强中小学生欺凌综合治理方案》有关情况介绍[Z]. 中华人民共和国教育部网站. 2017-12-27.

［82］中华人民共和国教育部.教育部财政部关于实施中小学幼儿园教师国家级培训计划（2021-2025年)的通知[Z]. 中华人民共和国教育部网站. 2021-05-19.

［83］朱萦. 儿童期心理虐待、情绪调节自我效能感、心理韧性与初中生校园欺凌的现状及关系研究[D]. 南宁：广西民族大学，2020.

[84] 庄子运. 父母心理控制与青少年攻击性：敌意归因偏见的中介作用[J]. 青少年学刊，2020（02）：54-58.

[85] Wenfeng Zhu, Yunli Chen. *Childhood maltreatment and aggression: The mediating roles of hostile attribution bias and anger rumination*[J]. Personality and Individual Differences, 2020, 162.

[86] Yuchang Jin, Miaoyin Zhang, Yanan Wang, Junxiu An. *The relationship between trait mindfulness, loneliness, regulatory emotional self-efficacy, and subjective well-being*[J]. Personality and Individual Differences, 2020, 154.

后 记

本书是青海师范大学研究生课程建设项目（YK202007）的成果。感谢学校给了一个平台，让我有机会将相关的资料整理成册，感谢编写本书的所有成员。具体人员是：王蔚（编写第七章）、彭楷荔（编写第八章）、王佳恒（编写第九章）、王彩霞、牛颖、张凯慧、孙艺和刘娟。

随着个体的成长，同伴开始逐渐取代家庭，对青少年产生了更大影响。青春期是青少年个体身心成长的关键期，情绪体验也更加复杂、强烈，情绪所感知的内容也更加广泛。青少年会选择同伴作为自己倾诉、玩乐、分享的主要对象，青少年的行为、身心健康、认知水平和社会行为表现都受到同伴关系水平的影响。当个体建立起良好的同伴关系时，能够促进其认知及个性的发展。同伴关系可以为个体提供必要的社会支持，并满足个体的情感安全和归属的需要。良好的同伴关系还可以帮助个体形成正确的三观，掌握各项社会技能。

在同伴关系的研究中，选择的变量很多，本书总结了已有的研究，通过回归分析、中介效应和调节效应建立模型的方法，为进一步研究同伴关系提供了支持。

祁乐瑛
2022年3月15日